现代电弧炉
炼钢用氧理论及技术

朱荣 著

北京
冶金工业出版社
2018

内 容 提 要

本书是作者及所在团队多年来在电弧炉炼钢用氧技术领域的研究成果，介绍了近年来国内外电弧炉用氧技术的发展、电弧炉炼钢氧气射流理论、电弧炉炼钢氧气喷枪设计、氧气射流冷态测试及数值模拟技术、电弧炉炼钢用氧装置、电弧炉炼钢供氧工艺及相关技术、电炉炼钢供氧与供电优化及智能控制，以及各种形式电弧炉供氧及典型厂家应用情况分析和电弧炉炼钢复合吹炼技术的应用。全书内容深入、系统，既有理论深度，又有技术支撑，具有较高的理论性和实用性。

本书可供从事电弧炉冶金生产、科研、管理方面的科技人员参考，也可作为普通高等学校相关专业高年级本科生和研究生的教学参考书。

图书在版编目(CIP)数据

现代电弧炉炼钢用氧理论及技术/朱荣著．—北京：冶金工业出版社，2018．4

ISBN 978-7-5024-7745-5

Ⅰ．①现…　Ⅱ．①朱…　Ⅲ．①电弧炉—电炉炼钢—吹氧（冶金炉）　Ⅳ．①TF741．5

中国版本图书馆 CIP 数据核字（2018）第 051047 号

出 版 人　谭学余

地　　址　北京市东城区嵩祝院北巷 39 号　邮编　100009　电话　（010）64027926

网　　址　www.cnmip.com.cn　电子信箱　yjcbs@cnmip.com.cn

责任编辑　常国平　美术编辑　彭子赫　版式设计　孙跃红

责任校对　郭惠兰　责任印制　李玉山

ISBN 978-7-5024-7745-5

冶金工业出版社出版发行；各地新华书店经销；北京兰星球彩色印刷有限公司印刷

2018 年 4 月第 1 版，2018 年 4 月第 1 次印刷

169mm×239mm；17.75 印张；346 千字；273 页

69.00 元

冶金工业出版社　投稿电话　（010）64027932　投稿信箱　tougao@cnmip.com.cn

冶金工业出版社营销中心　电话　（010）64044283　传真　（010）64027893

冶金书店　地址　北京市东四西大街 46 号（100010）　电话　（010）65289081（兼传真）

冶金工业出版社天猫旗舰店　yjgycbs.tmall.com

（本书如有印装质量问题，本社营销中心负责退换）

前　　言

电弧炉炼钢是目前主要炼钢方法之一，具有流程短、节能环保等特点。随着废钢积蓄量及回收量的增加，电炉钢产量将不断增加。我国电弧炉炼钢是高品质特殊钢冶炼的主要工艺流程，为能源交通、机械制造、国防军工等领域关键装备及零部件生产提供所需的钢铁材料。

电弧炉炼钢的主要能量由电能及化学能组成，随着电弧炉炉料的多元化，化学能的利用显得越来越重要，氧气的使用量也在不断提高。但长期以来受电弧炉炉型结构等的影响及限制，电弧炉用氧效率、钢铁料消耗等技术经济指标与转炉炼钢相比，仍有一定差距。如何提高电弧炉用氧效率，减少钢液过氧化，充分发挥化学能的作用，实现电弧炉节电及提高能源利用率，一直是电弧炉炼钢的发展趋势和目标。

目前国内专门针对电弧炉炼钢用氧理论及实践的书籍很少，相关电弧炉炼钢工程技术及研究人员在工程实践中缺乏相关理论及工程应用实例借鉴，本书是目前国内第一部专门针对电弧炉炼钢用氧的专业书籍，希望本书的出版能为此提供一定的指导和帮助。书中内容是作者及其团队在参考分析国内外电弧炉炼钢用氧相关文献的基础上，对多年从事电弧炉炼钢研究成果的总结。全书从气体射流基础理论，氧枪结构、布置、设计及制造技术等方面进行了详细的阐述；同时结合供电及冶炼智能化进行了分析和讨论。

本书第 1 章为绪论部分，主要介绍了电弧炉炼钢相关技术；

第 2 章介绍了氧气射流理论基础；第 3 章系统介绍了电弧炉炼钢氧枪设计基础；第 4 章借助课题组的实验平台，介绍了电弧炉氧气射流的冷态测试及模拟方法，解决了氧枪设计参数的制定原则，并为氧枪制作及吹炼工艺的制定提供了帮助；第 5 章对电弧炉炼钢用氧装置及技术特点进行了详细的阐述，为电弧炉的氧枪选型、尺寸、水冷要求等提出了解决方案；第 6 章分析了电弧炉炼钢供氧工艺及对冶炼过程各项技术经济指标的影响；第 7 章介绍了电弧炉炼钢用氧的相关技术，分析了各单元技术如何配合发挥效能；第 8 章研究了电弧炉炼钢供氧与供电的关系及智能控制方法；第 9 章介绍了各种形式电弧炉供氧及典型厂家应用情况；第 10 章介绍了电弧炉炼钢复合吹炼技术的应用。

本书的出版得到了北京科技大学冶金喷枪研究中心及北京荣诚科技有限公司同仁的鼎力帮助；得到了天津钢管股份有限公司、西宁特殊钢股份有限公司、新余钢铁有限责任公司、衡阳华菱钢管公司、莱芜钢铁股份有限公司等企业工程技术人员的大力支持；北京科技大学冶金与生态工程学院的董凯、杨凌志、刘润藻等老师，以及杨岩、魏光升、胡绍岩、李易霖、陈挺、马国宏、刘福海、王宏阳等学生收集整理资料并提出了许多宝贵意见，在此一并表示衷心的感谢。

本书出版得到钢铁冶金新技术国家重点实验室的资助，在此也表示感谢！

由于作者水平所限，书中难免错误和不妥之处，敬请广大专家和读者批评、指正。

作　者

2018 年 2 月

目　录

1 绪　论

电弧炉炼钢至今已有百余年历史，近40年来发展尤为迅速。纵观其技术进展史，缩短冶炼周期、提高钢液洁净度、降低生产成本一直是电弧炉炼钢技术进步的主旋律。而炼钢喷吹氧气的提出及其在电弧炉炼钢领域的应用，对电弧炉炼钢具有革命性的影响[1]。

氧气用于电弧炉炼钢始于第一次世界大战期间，有人提出在炼钢电弧炉中应用氧气的创意。1940年，Cheline提出在电弧炉中利用“喷氧枪”喷吹氧气冶炼不锈钢，该方法由于能够有效利用大量廉价的不锈钢废料（废料利用可占炉料总重的70%~100%）而颇受欢迎。然而，由于当时制氧成本高、氧气供应短缺等原因，电弧炉冶炼使用氧气量较少。

20世纪50年代，大型空气分离制氧装置的研发应用大大降低了工业用氧的生产成本，氧气开始用于电弧炉冶炼。1948年，美国11个工厂41座电弧炉（9~95t）采用氧气进行冶炼，1951年扩展至220座电弧炉，氧气广泛用于沸腾钢、半镇静钢和各级别碳素钢的生产；1953~1956年，苏联电弧炉冶炼用氧技术迅速发展，到1957年已广泛用于苏联电炉钢厂绝大部分钢号（包括军工钢）的生产。20世纪60年代初，供氧冶炼技术在电弧炉炼钢领域得到了广泛推广。

20世纪70年代，为应对第一次能源危机，日本在电弧炉方面开展了一系列提高生产率、节省能源的技术开发工作，其中之一是富氧操作，即在全熔化期向废钢中喷吹氧气，使一部分铁氧化作为热源促进熔化。但由于此方法铁氧化严重，又开发了在废钢熔化完成后立即向钢液吹碳粉的方法即喷碳粉法，以提高钢液收得率。近30年，随着许多新技术、新工艺的采用，世界电弧炉炼钢迅速发展，其技术经济指标得到了根本性改善。

提高吨钢用氧量、增加化学能输入是强化电弧炉冶炼、提高生产节奏的最有效手段之一[2]。在熔池碳源充分时，每喷吹$1m^3$氧气相当于向炉内供应3~4kW·h的电能。特别是部分电弧炉采用生铁及热装铁水后，化学能的比例大大提高，输入氧气已成为现代电弧炉炼钢工艺的一个重要特点。因此，电弧炉炼钢高效供氧对加快冶炼节奏、大幅度降低生产成本非常重要[3]。目前电弧炉供氧有多种形式，包括炉门供氧、炉壁供氧、熔池埋入式供氧及炉顶供氧等，同一电弧炉上可以同时使用多种供氧装置。

近年，我国电弧炉炼钢用氧技术的开发也取得了显著进步，相关技术及装备已达国际先进水平[4]。截止到2015年，我国电弧炉出钢量在100t以上的有30座以上，已投产和正在建设的50t以上的超高功率电弧炉100余座。表1-1列出了我国典型60t以上的电弧炉主要技术指标[5,6]。

随着容量大型化和金属原料多技术的发展，电弧炉炼钢冶炼周期缩短，生产更为高效。冶炼过程配加铁水使得电弧炉冶炼所需的氧气量大幅度提高，见表1-2。

表1-1　我国典型60t以上的电弧炉主要技术指标

企业名称	公称容量×座数	变压器功率/MV·A	耗氧量（标态）/$m^3 \cdot t^{-1}$	电耗/$kW \cdot h \cdot t^{-1}$	冶炼时间/min
天津钢管	150t×1	90	44	332	54
宝钢公司	150t×1(DC)	99	47	366.9	56.7
宝钢浦钢	100t×2(DC)	73	27.27	518	92
宝钢五钢	100t×1(DC)	76	45.42	524	78
南钢公司	100t×1	60	38	310	45
苏州钢厂	100t×1(DC)	100	15.6	456	75
安钢	100t×1	72	40.8	164.9	42.9
沙钢永新	70t×1	54	42.7	420	75
沙钢润忠	90t×1	65	35.02	330	53
江阴兴澄	100t×1(DC)	100	50	160	65
淮钢	70t×1	60	36.2	341	57
杭钢	80t×1	80	28.29	453	64
舞阳	90t×1	60	35.14	428	78
涟源	60t×1	50	76.07	484	173
广钢	60t×1	52	35.73	488	73
成都无缝	90t×1	65	39.79	547	71
西宁	60t×1	36	37	325	59
新疆八一	70t×1	60	39	339	60

表 1-2 不同炉容量和原料条件下的氧气需求量

炉容量 /t	原料	配碳量 /%	用氧时间 /min	脱碳速度 /%·min^{-1}	所需总氧量 /$m^3 \cdot h^{-1}$	所需供氧强度 /$m^3 \cdot (min \cdot t)^{-1}$
30	废钢 85%、生铁 15%	0.8	40	0.018	462	0.26
60	废钢 70%、铁水 30%	1.5	30	0.047	2410	0.67
150	废钢 70%、铁水 30%	1.5	25	0.056	7180	0.80

注：1. 按钢液终点碳含量 0.1%，有 30%的碳元素氧化生产了 CO_2，氧气利用率按 85%计；
2. 未计入脱硅、脱锰等元素的耗氧量。

合理的电弧炉用氧制度对电弧炉炼钢经济指标的改善起到了重要的作用。由于受电弧炉炉型的限制，其炉体及熔池高度相对较浅，限制了电弧炉供氧强度的提高。因此，研究者开发了多种电弧炉炼钢高效用氧技术，主要的用氧方式包括多种形式供氧、氧燃烧嘴、二次燃烧，将它们有效结合可改善熔池的搅拌效果、促进冶金反应、降低电耗以及提高生产率[7,8]。

近年来，电弧炉冶炼过程用氧技术日趋成熟和高效化，电弧炉炼钢强化及优化用氧主要体现在以下几方面：加速熔池冶金反应进程的高效氧气喷吹技术、以节电助熔为目的的氧燃烧嘴技术、可充分利用炉内烟气化学潜能的二次燃烧技术、强化电弧热效率和炉体寿命的泡沫渣技术等相关技术。下面对其逐一介绍。

1.1 氧气喷吹技术

电弧炉炼钢氧气喷吹技术是强化电弧炉冶炼的重要手段，主要具有以下功能：(1) 氧气射流穿入熔池搅动钢液；(2) 切割废钢，提高废钢熔化速度，使熔池温度均匀；(3) 改善渣-钢动力学条件，快速脱磷；(4) 改善泡沫渣操作，屏蔽弧光对炉衬的辐射，有利于提高电热效率和升温速度，缩短冶炼时间。

如何根据生产工艺向电弧炉内高效喷吹氧气直接影响到钢的质量、能耗和生产作业率，是电弧炉炼钢的关键。由此，多种形式及功能的电弧炉供氧喷吹技术得以开发。

1.1.1 炉门供氧技术

为加速炉内废钢熔化，传统电弧炉操作是采用炉门人工吹氧的方法，即操作工人手持吹氧管从炉门切割废钢，或将吹氧管插入熔池加速废钢熔化和熔池脱碳。随着用氧量逐渐增加，人工吹氧的方法已不能满足生产的需要；同时，考虑到人工吹氧劳动条件差、不安全、效率不稳定等因素，现代电弧炉炼钢开发出电弧炉炉门氧枪机械装置，可在主控室内遥控喷吹氧气。由于造泡沫渣的需要，在向炉内吹氧的同时，须向炉内喷入碳粉，炉门碳氧枪随之得到开发。

电弧炉炉门吹氧设备按水冷方式分为两大类：一类是水冷式炉门碳氧枪，一类是消耗式炉门碳氧枪，如图 1-1 和图 1-2 所示。水冷式炉门碳氧枪在炉内工作时，水平角度与竖直角度均可调整，以便灵活地实现助熔废钢与造泡沫渣的功能。但由于喷枪采用套管水冷方式，水冷式炉门碳氧枪伸入炉内时不可插入熔池，以免发生爆炸，也不能与炉内废钢接触，否则会影响喷枪的寿命。消耗式炉门碳氧枪是用机械手驱动的三根外层涂料的钢管直接插入熔池，也可用于切割废钢助熔，喷枪一边工作一边消耗，其在炉内的活动范围较水冷式炉门碳氧枪大。

图 1-1 水冷式炉门碳氧枪

图 1-2 消耗式炉门碳氧枪

水冷式炉门碳氧枪具有氧气利用率高；泡沫渣效果好；脱碳、脱磷效果稳定以及自动化程度高等优点。如新余 50t 电弧炉使用这种氧枪后，吨钢可节约氧气 $5m^3$，电耗降低 31kW · h[9]。但它主要在钢铁料温度低时需要与氧燃烧嘴配合使用，不能连续吹氧以及吹氧深度不易控制，操作中不能与钢液接触，有一定的局限性。消耗式炉门碳氧枪在炉内可更早地开始切割废钢，在炉内活动空间大，且不用担心水冷式炉门碳氧枪会发生的漏水事故，但操作过程中隔一段时间需要接吹氧管，增加一些麻烦。

1.1.2 炉壁供氧技术

电弧炉炉壁供氧是为了消除炉内冷区，保证炉料均衡熔化，利用炉壁模块化控制喷射纯氧以提高电弧炉的比功率输入，提高生产效率。图 1-3 所示为电弧炉炉壁供氧模块。

炉壁氧枪主要有脱碳、助熔、二次燃烧及造泡沫渣等功能[10]。炉壁氧枪的安装方式与传统的安装方式相比较，安装位置更接近熔池，射流到熔池的距离与传统的安装方式相比缩短了 40%~50%，可大大提高熔池脱碳速度和氧气利用效率；可将熔池内的燃烧与熔池上方的燃烧有机结合起来，提高了冶炼过程热效率；可在炉内实现多点喷射，精确控制吹氧量和碳粉喷吹量，泡沫渣效果好。

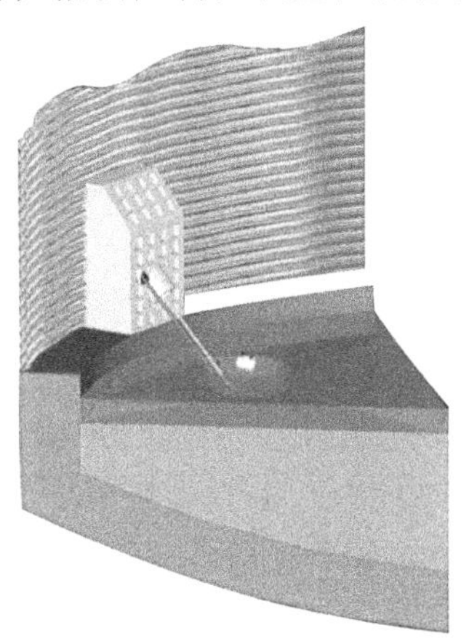

图 1-3 电弧炉炉壁供氧模块

1.1.3 EBT 供氧技术

为实现无渣出钢，现代电弧炉均采用偏心炉底出钢技术（EBT），不仅减少了出钢过程的下渣量，而且缩短了冶炼周期、减小了出钢温降。但同时也使得 EBT 区成为电弧炉内冷区之一，造成该区的废钢熔化速度较慢、熔池成分与中心区域成分差别较大等问题。

在偏心炉侧上方安装 EBT 氧枪进行吹氧助熔，可解决 EBT 冷区问题，如图 1-4 所示。EBT 氧枪能促进 EBT 区域的废钢熔化，完全解决了 EBT 区域的废钢在出钢时还未熔化而造成的出钢口打不开等问题，并在出现熔池后，提高 EBT 区的熔池温度，均匀熔池成分。出钢时，EBT 区域的温度及成分与炉门口区域温度及成分仅相差 0.5%~1.0%。

图 1-4　电弧炉 EBT 氧枪安装

1.2　氧燃烧嘴技术

电弧炉冶炼电耗的高低、冶炼时间的长短，很大程度上取决于熔化期时间，即取决于废钢熔化的快慢。电弧炉炼钢过程中，炉料由电弧区逐渐向外依次熔化。对于三相交流电弧炉，尤其是超高功率电弧炉，在电极之间对应炉壁处形成的 3 个冷区使废钢熔化不均匀，熔化时间较长。

国外于 20 世纪 50 年代在电弧炉炼钢中就已开始采用氧燃烧嘴技术。发展到 80 年代，日本已有 80%的电弧炉、欧洲有 30%～40%的电弧炉采用氧燃烧嘴技术。国内氧燃烧嘴技术的开发早在 60 年代就已开始。由于受到油、气资源的限制，工业推广没有铺开。80 年代初，由于煤炭资源丰富、价格较低，煤氧烧嘴技术得到了大力开发。北京科技大学成功研发了煤氧烧嘴技术，在国内多家电弧炉企业推广使用，取得了平均冶炼电耗降低 60～100kW·h/t、冶炼时间缩短 15～30min 的良好效果[11]。

采用全废钢冶炼的电弧炉炼钢工艺已普遍采用氧燃烧嘴技术，保证了炉料的同步熔化。同时，氧燃烧嘴还可以提高炉内 CO 的二次燃烧率，有效地缩短冶炼时间，提高电弧炉的生产效率。目前，根据使用燃料的不同，氧燃烧嘴主要有油氧烧嘴、煤氧烧嘴、燃气烧嘴等几种形式，所用燃料有柴油、重油、煤粉和天然气等物质。各种类型烧嘴的特点和氧燃理想配比见表 1-3[11]。

表 1-3　各种类型烧嘴的特点和氧燃理想配比

烧嘴类型	特　点	氧燃理想配比
油氧烧嘴	需配置油处理及汽化装置，氧、油量通过节流阀调节，自动控制水平较高。从设备投资、使用和维护方面比较，轻柴油优势明显	一般氧油比为 2∶1，为使烧嘴达到最佳供热量，根据投入电量来改变均匀熔化时所需的最佳烧嘴油量

续表 1-3

烧嘴类型	特　点	氧燃理想配比
煤氧烧嘴	需配置煤粉制备设备，虽然煤资源丰富、价格低，但是装备复杂、投资大，容易产生污染，目前已不再使用。	氧煤比控制在 1.5∶1 左右时，吨钢电耗最低
燃气烧嘴	天然气发热值高、易控制，是良好的气体燃料。设备投资少，操作控制简单，安全性最好	理想配比为 2∶1 时，火焰温度及操作效率最高；理想配比小于 2∶1 时，火焰温度降低，废气温度提高；理想配比大于 2∶1 时，碳及合金氧化显著，消耗量增加

氧燃烧嘴主要用于熔化期，因为其产生的热量主要通过辐射和强制对流传递给废钢，这两种传热方式都主要依赖于废钢和火焰的温度差以及废钢的表面积。因此，烧嘴的效率在废钢熔化开始阶段是最高的，此时火焰被相对较冷的废钢包围着。随着废钢温度的升高和废钢表面的缩减，烧嘴的效率不断降低。图 1-5 显示了烧嘴效率与熔化时间的关系[12]。从图中可以看到，为了达到合理的效率，烧嘴应该在熔化期完成大约 50%后就停止使用，此后由于效率较低，即使继续使用氧燃烧嘴也无法达到助熔节电的效果，反而只会增加氧气和燃料的消耗。

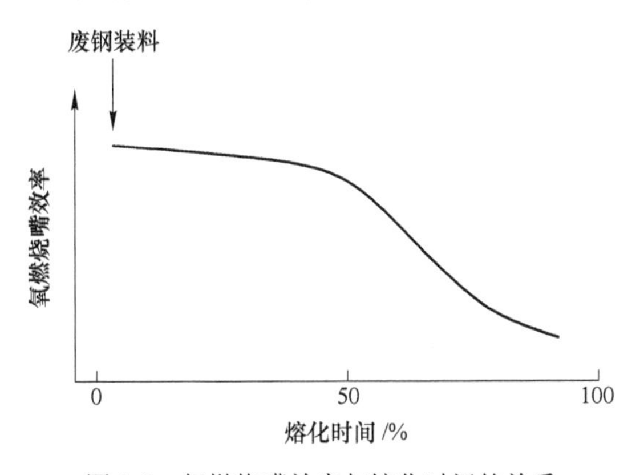

图 1-5　氧燃烧嘴效率与熔化时间的关系

1.3　泡沫渣技术

泡沫渣技术是在 20 世纪 70 年代末提出的。所谓泡沫渣是指在不增大渣量的前提下使炉渣呈很厚的泡沫状，即熔渣中形成大量的微小气泡，且气泡的总体积大于液渣的体积，液渣成为渣中微小气泡的薄膜而将各个气泡隔开，气泡自由移动困难而滞留在熔渣中，这种渣气系统称为泡沫渣。电弧炉泡沫渣技术是在冶炼过程中，通过增加炉料的碳含量和利用吹氧管向熔池吹氧等手段来诱发和控制炉渣的泡沫化。

为缩短冶炼时间、提高生产率，现代电弧炉炼钢采用较高的二次电压和功率因数进行长电弧冶炼操作，增加有功功率的输入，提高炉料熔化速率。但电弧强大的热流向炉壁辐射，增加了炉壁的热负荷，使耐火材料的熔损和热量的损失增加。为了使电弧的热量尽可能多地进入钢液，需要采用泡沫渣技术。

在电弧炉冶炼过程中，在吹氧的同时向熔池内喷碳粉或碳化硅粉，形成强烈的碳氧反应，在渣层内形成大量的 CO 气体泡沫。通常泡沫使渣的厚度达到电弧长度的 2.5~3.0 倍，能将电弧完全屏蔽在内，减少电弧向炉顶和炉壁的辐射，延长电弧炉炉体寿命，并提高电弧炉的热效率。

泡沫渣技术适用于大容量超高功率电弧炉，在电弧较长的直流电弧炉上使用效果更为突出。泡沫渣可使电弧对熔池的传热效率从30%提高到60%，甚至可达到90%以上，冶炼周期缩短 10%~14%，冶炼电耗降低约 22%，电极消耗减少 1~2kg/t，并能提高电弧炉炉龄，减少炉衬材料消耗。因而，泡沫渣技术使得生产成本降低，同时提高了生产率，也使噪声减少，噪声污染得到控制。如北京科技大学和抚顺特钢在出钢量为 14.6t、变压器容量为 5000kV·A 的电弧炉上进行泡沫渣试验，节电效果可达 38.5kW·h/t[13]。

要得到比较理想的泡沫渣，必须满足一定的条件。喷吹碳粉和氧气造泡沫渣是超高功率电弧炉生产的必要条件。钢水中含［C］量较高时，决定碳氧反应速率是氧气的供给速率。供氧速率提高，碳氧反应速率高，单位时间产生 CO 数量多，有利于炉内产生和保持泡沫渣。适当提高炉渣黏度会有利于 CO 气泡在渣内滞留，有利于保护炉内的泡沫渣。一般来讲，在 1600℃，渣中 FeO 的质量分数为 20%的情况下，碱度保持在 2.0~2.2 附近，泡沫渣高度达到最高点[14]。

对于大型电弧炉，要求泡沫渣厚度不小于 500mm，电弧埋在泡沫渣中才能得到高的热效率、高的熔池加热速度、低电极消耗量和较长的炉衬寿命。每吨钢喷吹碳粉 6~10kg，燃烧这部分碳粉需 6~10m^3氧气。

1.4 炉气二次燃烧技术

近年来，越来越多的电弧炉采用废钢、生铁块、铁水和 DRI 等高碳炉料代替部分废钢。另外，一些钢厂向炉内喷入碳粉以利用碳氧反应的化学热来降低电耗。这样，电弧炉内钢液碳含量较高，在冶炼过程中可产生 CO 含量较高的炉气。因此，为利用 CO 的化学潜热，电弧炉二次燃烧（简称 PC）技术应运而生。

在电弧炉炼钢中，炉气能量的损失有两种形式[15]：（1）高温炉气带走的物理显热；（2）炉气可燃成分带走的化学能。电弧炉炼钢过程中，产生的大量含有较高 CO（含量达到 30%~40%，最高达 60%）和一定量 H_2及 CH_4的炉气，其所携带的热量约为向电弧炉输入总能量的10%，有的高达20%，造成大量的能量浪费。废气中的物理显热很难被熔池吸收，一般作为废钢预热的热源或其他热源而利用。而可燃气体所携带的化学潜热若能使其在炉内通过化学反应释放出来就可以为熔池所吸收。实践表明，二次燃烧技术可显著提高生产率、缩短冶炼周期和节约电能。

二次燃烧技术就是通过控制氧枪向炉内喷吹氧气，使炉内 CO 气体进一步氧化生成 CO_2气体并放出化学潜热，随后热量被废钢或熔池有效吸收。通常，该技术用于废钢熔化期，也可在泡沫渣中实现二次燃烧，泡沫渣会将吸收的热量传递给熔池。提高电弧炉内气体的二次燃烧率可促进燃烧产生的能量向炉料传递，起到降低电耗和缩短冶炼时间的效果。

电弧炉二次燃烧技术主要有两种：泡沫渣二次燃烧技术和自由空间二次燃烧技术。文献表明[16,17]：由于自由空间二次燃烧（炉气燃烧）技术是使氧与熔池上方的 CO 气体反应，二次燃烧产生的热量通过辐射和对流方式向渣层传递，然后由渣层向钢液传递，其传热效率为 30%~50%；而采用泡沫渣二次燃烧技术，由于二次燃烧产生的热量直接由炉渣向钢液中传递，其传热效率为炉气二次燃烧技术的 2~3 倍。对泡沫渣中的二次燃烧和自由空间的二次燃烧各方面进行比较，结果见表 1-4。

表 1-4 自由空间和泡沫渣二次燃烧的辐射与对流传热比较

项目	自由空间二次燃烧	泡沫渣二次燃烧
PC 氧气流量（标态）/$m^3 \cdot min^{-1}$	32.2	22.34
PC 产生净热能/MW	12.1	8.4
PC 传递到熔池热能/MW	3.4	5.9
对流热传递所占比例/%	1	85
辐射热传递所占比例/%	99	15
PC 热传递效率估计值/%	28.1	70.2
PC 热传递效率实测值/%	13.8	72
节能估计值（标态）/$kW \cdot h \cdot m^{-3} O_2$	1.75	4.4
节能实测值（标态）/$kW \cdot h \cdot m^{-3} O_2$	0.84	4.5
水冷炉壁、炉盖和尾气的热损失/MW	8.7	2.5
炉气温度升高值/℃	195	55

根据表 1-4 可知，要提高炉气的二次燃烧率和得到较高的热效率，二次燃烧在泡沫渣中进行效果更好。Nucor 公司 60t 电弧炉应用美国 Praxair 公司二次燃烧技术取得了良好的效果[18]：喷吹 2.834m^3氧气，吨钢可节约电能 1.35kW·h，冶炼周期缩短 1~2min，吨钢总效益为 2.5 美元。

二次燃烧虽然是20世纪90年代的技术，但发展很快，美国、日本、德国、法国及意大利等均达到工业应用水平。德国BCW公司的大量试验得到，一般用于二次燃烧的氧量为16.8m^3/t，该厂实际节电62kW·h/t；若能将冶炼过程中来自吹氧和泡沫渣中产生的CO完全燃烧成CO_2，可节电80kW·h/t[19]。根据巴登钢厂80t交流电弧炉使用喷氧二次燃烧技术的经验，最多可降低电耗30kW·h/t，氧-电能转换系数比可达3.5kW·h/m^3（标态），炉气中CO含量可减少20%，可缩短供电时间9%[20]。

国内二次燃烧技术也在迅速发展。如江苏淮钢与美国Praxair公司合作，引进电弧炉二次燃烧技术，其二次燃烧枪复合在电弧炉主氧枪（MORE型）内与主氧枪同步进出，枪头区域的高浓度CO能及时、有效地与二次燃烧枪喷吹的氧气反应，提高了生产效率。

二次燃烧技术的主要发展趋势为在不同冶炼时间控制空气和氧气的喷吹，首先尽可能喷射空气，然后仅在大量产生CO时喷入纯氧，以提高燃烧效率，促进熔化过程的安全、稳定。

1.5 集束射流技术

氧枪是氧气炼钢中向炼钢炉内输送氧气的专用设备，其性能的好坏对于炼钢过程具有十分重要的影响，它直接影响到钢的质量、能耗和生产作业率。传统超声速氧枪的主要缺点是：氧气射流速度衰减快，对熔池的冲击搅拌能力小，炉内氧气的有效使用率低，钢液过氧化严重。集束射流（Coherent Jet）氧枪技术是一种新型的氧气喷吹技术，它很好地解决了传统超声速氧枪存在的上述缺陷。

集束射流技术的原理是在主氧射流周围设置环状保护气流（由燃气和氧气燃烧产生），使得主氧射流超声速核心段长度延长，形成类似激光束一样的射流。其氧气流股的动能损失减小，并因此具有极强的穿透力和搅拌力，实现向熔池高速供氧脱碳，改善了炉内热量和成分的均匀性，对促进钢渣反应、均匀钢水成分和温度、提高氧气利用率、金属收得率等具有十分明显的效果。因此，集束射流技术是近年来电弧炉炼钢领域内的一项变革性技术。生产实践表明，电弧炉炼钢采用集束射流技术后，冶炼周期缩短10min以上，吨钢电耗降低50kW·h以上[21~25]。

集束射流技术不仅可取代传统意义上的炉壁助熔烧嘴及炉门氧枪，而且能够根据冶炼进程的变化，最大限度加快助熔速度，实现“关起炉门炼钢”。采用集束射流技术，其氧气射流比传统超声速方式增加40%~80%的射程，实现炉内多点脱碳，可获得满意的脱碳和升温效果。

集束射流氧枪基于气体动力学原理设计，在超声速喷管周围增加燃气和辅氧喷吹环节，利用高温燃气射流引导主氧射流，使其能够在较长的距离内保持出口时的直径和速度。图 1-6 所示为普通超声速射流与集束射流的比较情况。

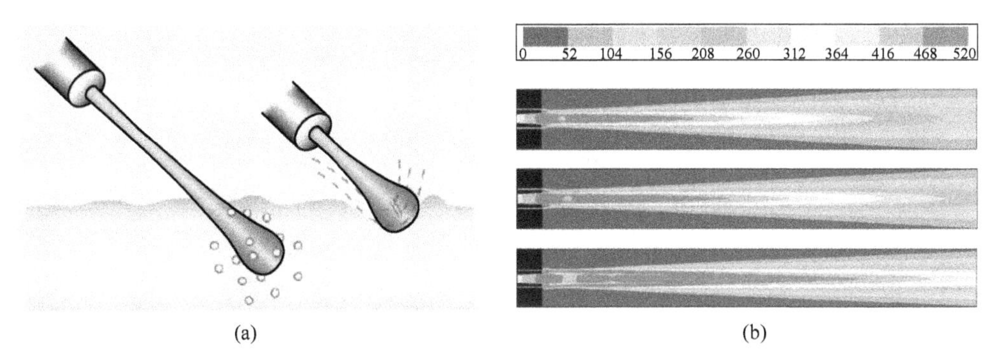

图 1-6 普通超声速射流与集束射流比较
（a）示意图；（b）数值模拟图

如图 1-6 所示，集束射流的长度远大于超声速射流的长度，而且集束射流能够在很长的喷射距离上保持很高的集束状态，能够更好地将氧气喷吹到熔池深处。集束射流在氧枪喷头与熔池间距离大于超声速射流喷头与熔池距离条件下，氧气流股可形成更大的穿透深度，同时射入熔池的流股最终分散为气泡，明显增加了氧气与熔池的接触面积，改善了炼钢反应的动力学条件，提高了氧气利用率[26]。

目前国内外很多电弧炉已采用该项技术，电弧炉炼钢技术经济指标大大提高。2006 年，安阳钢铁公司 100t 竖式电弧炉采用北京科技大学开发的 USTB 集束射流技术，在电弧炉炉壁安装四个 USTB 集束供氧装置，在热装 40%铁水条件下，冶炼电耗比原平均电耗 220kW · h/t 下降了 60～80kW · h/t，达到 160kW/t 以下，金属收得率提高 2%～3%，冶炼时间缩短 3～5min，生产成本降低 80 元/t 以上，进一步缩短了与同容量转炉在操作成本上的差距。同时，兑入铁水后的强脱碳操作未出现大沸腾现象，杜绝了炉壁及炉顶粘钢现象的发生，提高了生产效率[26]。USTB 集束射流技术在其他厂多座电弧炉上也取得了类似效果。

北京科技大学冶金喷枪研究中心在不断优化现有电弧炉炼钢集束射流技术的同时，相继开发出低热值集束射流、预热式集束射流等技术并在国内电弧炉推广应用。

目前，北京科技大学冶金喷枪研究中心在集束射流技术基础上，结合电弧炉底吹技术开发出电弧炉炼钢复合吹炼技术——以集束供氧应用新技术和同步长寿底吹技术为核心，实现供电、供氧及底吹等单元的操作集成，满足多元炉料条件下的电弧炉炼钢的技术要求[27]。该技术已在国内天津钢管、西宁特钢等多座电弧炉推广应用，实际生产效果显著，平均吨钢冶炼电耗降低 12. 17kW · h，钢铁料消耗降低 19. 57kg，氧气、天然气和石灰消耗分别降低 2. 74m^3（标态）、

1.36m^3（标态）和1.83kg，成本降低约68.04元[27]。

总之，多种形式的电弧炉炼钢用氧技术是相辅相成的，如何实现电弧炉炼钢过程氧气的高效输送，达到缩短冶炼时间及节能降耗目的，是目前电弧炉炼钢清洁、高效、节能生产的关键。因此，在炼钢过程的不同阶段应根据不同的工艺条件将各电弧炉炼钢用氧技术有效地结合，取长补短，实现电弧炉冶炼过程的优化供氧，并实现智能化冶炼，完成冶炼的终点控制，以取得最佳的生产效果。

参考文献

[1] Dieter Ameling. State-of-the-art and future developments in electric steelmaking [J]. Stahl and Eisen, 2000, 23 (5): 80~84.
[2] 曾汉才，韩才元．燃烧技术 [M]. 武汉：华中理工大学出版社，1991.
[3] 赵激．短流程炼钢新技术研究 [D]. 贵阳：贵州大学，2005.
[4] 李翔．南钢100t超高功率电弧炉强化用氧技术 [C] //首届全国炼钢用氧学术会议论文集，2000.
[5] 袁章福，潘贻芳，等．炼钢氧枪技术 [M]. 北京：冶金工业出版社，2007.
[6] 阎立懿，武振廷，芮树森．中国大型电弧炉发展概况 [J]. 特殊钢，1999，20 (4): 25~28.
[7] 朱荣．一种电炉炼钢炉壁用水冷模块，中国专利，Editor.
[8] 朱荣．电弧炉用氧计算机分时段控制技术，中国专利，Editor.
[9] 朱荣，仇永全，孙彦辉．电弧炉多功能炉门枪装置的研制及实践 [J]. 钢铁，1999，34 (11): 26~28.
[10] 赵沛，蒋汉华．钢铁节能技术分析 [M]. 北京：冶金工业出版社，1999.
[11] 朱荣，仇永全．电炉煤氧助熔技术的应用及发展 [J]. 特殊钢，1997，18 (增刊): 60~63.
[12] Mikael Burnner, Martin Petersson. Optimal distribution of oxygen in high-efficiency electric arc furnaces [J]. Iron and Steel Engineer, 1990 (7): 33~37.
[13] 马廷温，王平．跨世纪的电弧炉炼钢技术 [J]. 特殊钢，1995，16 (2): 3~9.
[14] 姜均普．钢铁生产短流程新技术——沙钢的实践（炼钢篇）[M]. 北京：冶金工业出版社，2000.
[15] 程常桂．二次燃烧技术在电弧炉中的应用 [J]. 炼钢，1996 (3): 58~62.
[16] 孙彦辉，朱荣，等．电炉二次燃烧的工业试验 [C] //第十届全国炼钢学术会议论文集，1998.
[17] Sarma B, Mathur P C, Selines R J. Heat transfer rates and mechanisms in EAF post-Combustion [J]. Research Gate, 1997: 41~49.
[18] G D, M P. Recent developments in post-combustion technology at Nucor plymouth [J]. Iron and Steelmaker, 1995: 29~32.

[19] Jeremy A. Post-combustion——A Practical&Technical Evaluation, in Electric Furnace Conference Proceedings, 1995: 199.

[20] 周祖德. 德国巴登公司的电炉用氧技术 [J]. 甘肃冶金, 1997, 68 (2): 13~19.

[21] Lyons M, Bermel C. Operation Result of Coherent Jets at Birmingham Steel Seattle Steel Division, in Electric Furnace Conference Proceedings, 1999: 237~239.

[22] Koncsics D, Pravin, Mathuretal. Results of Oxygen Injection in the EFA With Praxair Coherent Jet Injectors in Electric Furnace Conference Proceedings, 1997.

[23] Sarma B, Mathur P C, Selinesetal R J. Fundamental Aspects of Coherent Gas Jets in Process Technology Conference Proceedings, 1998.

[24] Andreas Metzn, Gerhard Bunemann, Johannes Greinacheretal. Oxygen technology for highly efficient electric arc steelmaking [J]. MPI International, 2000 (4): 84~92.

[25] Klein K H, Schindler. The Increased use of oxygen and post combustion at BSW [J]. Steel Times International, 1995, 19 (3): 18~22.

[26] 杨竹芳, 王振宙, 朱荣, 等. 集束射流氧枪的设计与应用 [J]. 北京科技大学学报, 2007, 29 (S1): 81~84.

[27] 马国宏, 朱荣, 刘润藻, 等. 电弧炉炼钢复合吹炼技术的发展及应用 [J]. 工业加热, 2015, 45 (2): 1~3.

2 氧气射流理论基础

根据流体力学原理分析：气体密度随压强和温度变化而变化，当气体的速度相对于当地的声速很小时，其密度的相对变化不大，仍可近似地把它当做不可压缩流体来处理。然而，当气体以接近和超过声速的速度流动时，其流动参数的变化规律与不可压缩流体流动有本质差别，主要是因为流场中气体的密度变化很大，此时必须考虑气体的可压缩性[1]。

本章主要讨论氧气射流的相关理论基础[2]。在电弧炉炼钢生产过程中，氧气射流是高速流动的气体，在一定条件下，氧气喷管设计的是否合理，直接影响到炼钢的产量及质量、喷管和炉衬的寿命以及工人的劳动条件。工程技术人员为改进氧气喷管的设计、加工及操作工艺，有必要了解一些氧气射流的理论基础知识。

2.1 气体动力学基础

2.1.1 气体状态参量

力学中，用位置和速度两个参量来描述一个质点（物体）的运动状态。在气体力学中研究的是大量分子的集体状态，这集体的状态常用压强 p、体积 V 及温度 T（或 t）来描述。下面先简单地介绍这三个量的意义和单位，用这三个量来描述气体的状态。

（1）压强。气体分子是不停地在运动着的，就要经常与容器器壁碰撞，这种碰撞的宏观表现是气体对器壁的压力。

如果以 F_n 代表压力，A 代表器壁的面积，作用在单位面积上的压力称为压强，用 p 表示，则：

$$p = \frac{F_n}{A} \tag{2-1}$$

（2）温度。温度是一个比较复杂的物理量，它的本质和物质的分子运动密切相关。温度的分度方法——温标，在物理学和气体力学中常用的有两种：

1）摄氏温标。规定在一个大气压下纯水的冰点的温度为零度，沸点的温度为一百度。单位记为℃。

2）绝对温标。规定摄氏零下 273.16 度为零度。它的分度法与摄氏温标相同，即绝对温度相差一度时，摄氏温度也相差一度。单位记为 K。

用 T 表示绝对温度，t 表示摄氏温度，则：

$$T = t + 273.16 \tag{2-2}$$

（3）体积。由于气体分子间的作用力很小，热运动使容器内的气体具有充满容器内空间的性质。气体体积的意义是气体分子所能达到的空间，实际上也就等于容器的体积。应该注意，气体的体积与气体分子本身体积的总和是完全不同的。

一定质量的气体在一定容器中具有一定的体积 V，如果气体的各部分都具有同一温度 T 和同一压强 p，就代表着气体处于一定的状态。换言之，对一定量的气体，它的 p、V、T 三个量就决定了它的状态。这三个表征气体状态的量称为气体的状态参量。

应该注意：只有当气体内各处的温度和压强都完全一致时，才能用一定的温度 T 和压强 p 来描述其状态。如有一定量的气体，它的温度和压强各处不同，那么事实证明，只要它与外界没有能量的交换，内部也无任何形式能量的转化（比如没有发生化学变化或原子核变化等），则各部分的温度和压强必然渐渐趋于一致，并且在达到各处一致后，它的状态可以长时间保持不变，这样的状态称为平衡状态。下面将讨论平衡状态下，气体的实验规律。

2.1.2 气体实验定律

在研究气体的状态变化时，常保持质量 m 不变，即以一定量的气体为对象，来研究它在不同状态时，压强、体积和温度之间的关系。实验研究结果，得出以下三条定律。

（1）玻意耳定律。当一定质量的气体的温度保持与体积的乘积等于恒量。用数学公式表示为：

$$pV = 恒量 \tag{2-3}$$

（2）盖吕萨克定律。当一定质量的气体的压强保持不变时，它的体积与温度的乘积呈线性变化。用数学公式表示为：

$$V_t = V_0(1 + \beta t) \tag{2-4}$$

式中，V_t 是温度为 t℃时气体的体积；V_0 是 0℃时气体的体积；β 是气体的体积膨胀系数。一切气体在温度不太低，压强不太高时，V_0 是恒量，因此式（2-4）可以写成下面的形式：

$$\frac{V}{T} = 恒量 \tag{2-5}$$

即一定质量的气体的压强保持不变时，它的体积与绝对温度呈正比。

（3）查理定律。一定质量的气体当体积保持不变时，它的压强是随温度线性变化的，数学表示式为：

$$p_t = p_0(1 + \alpha t) \tag{2-6}$$

式中，p_t 是温度为 t℃时的压强；p_0 是 0℃时气体的压强；α 是压强温度系数。实验证明，一切气体，当体积不变时，压强与热力学温度呈正比。因而很容易得出查理定律的另一表达式，即：

$$\frac{p}{T} = \text{恒量} \tag{2-7}$$

式（2-7）说明：当一定质量的气体的体积保持不变时，它的压强与绝对温度呈正比。

上述三条定律是在一定条件下，从实验中总结出来的。但是，实验定律只能反映实验范围内的客观事实，因此这些定律都有一定的局限性和近似性。对一般的气体，只有压强不太大（与大气压比较）、温度不太高（与室温比较）时，才能遵守上面的三条定律。如果压强很大而温度又很低，实验数值和根据定律所求的数值就会有很大的偏差。

根据气体实验定律，可以推导理想气体状态方程，即适合于理想气体条件时，表征气体状态四个参量 p、V、T、m 之间的关系[3]。

$$\frac{pV}{T} = \text{恒量},\ PV = mRT \tag{2-8}$$

式（2-8）是理想气体状态方程的不同形式，式中恒量的大小取决于气体质量的多少。

2.1.3　气体的过程变化

实验证明，不同的气体遵守前节三条实验定律的范围是不同的。不容易液化的气体如氮、氧、氢、氦等遵守的比较好的。因此，我们可以设想这样一种气体，它能在任何一种情况下都遵守玻意耳定律、盖·吕萨克定律和查理定律，这种想象的气体称为理想气体。实际上，理想气体是不存在的，不过在常温下，当压强较低时，很多实际存在的气体，即真实气体，如氮、氧、氢、氦等，都可以近似地看做理想气体。

气体从一个状态变化到另一个状态时，必须经过无数中间状态，如果这些中间状态都无限地接近于平衡状态，则称这种状态变化的过程为平衡过程。在平衡过程中，温度保持不变的，称为等温过程；压强保持不变的，称为等压过程；体积保持不变的，称为等容过程。

2.2　一维可压缩流动基本方程

2.2.1　连续性方程

对于不是放射性的气体来讲，在管道内流动的过程中，气体的质量是守恒的，即气体的总量既不会减少也不会增加。设管道中某一截面上，面积为 A_1、气体密度为 ρ_1、流速为 v_1，另一截面上，分别为 A_2、ρ_2、v_2，则两截面的质量流量为：

$$(G_m)_1 = A_1 v_1 \rho_1 \tag{2-9}$$

$$(G_m)_2 = A_2 v_2 \rho_2 \tag{2-10}$$

如果气流在 A_1和 A_2两截面之间没有壅塞，同时在此两截面间又无另外的气源。根据质量守恒的原则，通过 A_1和 A_2截面上的质量流量应相等，即：

$$A_1 v_1 \rho_1 = A_2 v_2 \rho_2 = A v \rho = \text{恒量} \tag{2-11}$$

式（2-11）称为气体流动的连续性方程。它说明在管道中流动的气体，不同截面上的质量流量保持不变。如果是等截面管道，即 $A_1 = A_2 = A$，上述方程为：

$$v_1 \rho_1 = v_2 \rho_2 = v\rho = \text{恒量} \tag{2-12}$$

式中，$v\rho$ 表示单位面积上通过的质量流量，称为密流。因此，式（2-12）说明在等截面管流中，气体的密流保持不变。

2.2.2 动量方程

下面研究气体在管道中流动时，气流总压的变化规律。设气流在等截面管中流动，先讨论气流与管壁之间无摩擦的情况，然后再讨论气流与管壁之间有摩擦的情况，从而得到相应的流动规律。

设气流在等截面长直管道中流动，在管道上任选两个截面，1—1 和 2—2 截面，设在两截面上气流的参数分别为 ρ_1、p_1、v_1 和 ρ_2、p_2、v_2。两截面之间气体的质量为 Δm，作用在 Δm 上的外力为 f_1和 f_2，方向如图 2-1 所示。

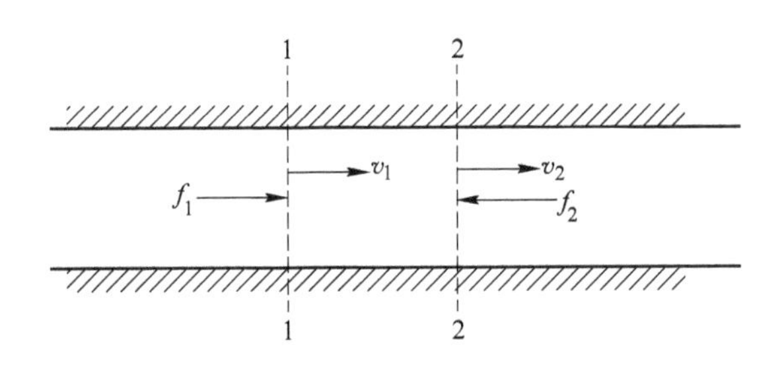

图 2-1 作用在气流元上的外力示意图

流动是连续的，通过 1—1 截面和 2—2 截面的质量流量应相等，即：

$$G_m = \rho_1 v_1 A = \rho_2 v_2 A$$

式中，A 为等截面管的截面积。

设质量为 Δm 的气体从 1—1 截面流经 2—2 截面所需的时间为 $\Delta\tau$。作用在 Δm 上的合外力应为 $f_1 - f_2$，应用牛顿第二定律，可以得到下面的公式：

$$f_1 - f_2 = \Delta m \frac{\Delta v}{\Delta \tau} = \frac{\Delta m}{\Delta \tau}\Delta v \tag{2-13}$$

式中，$\frac{\Delta m}{\Delta \tau}$即为通过截面 A 的质量流量，即：

$$\frac{\Delta m}{\Delta \tau} = G_m = \rho_1 v_1 A_1 = \rho_2 v_2 A_2 \tag{2-14}$$

而 Δv 则为 2—2 截面上的速度 v_2 与 1—1 截面上的速度 v_1 之差，即 $\Delta v = v_2 - v_1$，所以：

$$f_1 - f_2 = G_m(v_2 - v_1) \tag{2-15}$$

用截面积 A 除等式（2-15）两端，得：

$$\frac{f_1}{A} - \frac{f_2}{A} = \frac{G_m}{A}v_2 - \frac{G_m}{A}v_1 \tag{2-16}$$

根据压强的定义，则有：

$$p_1 - p_2 = \rho_2 v_2^2 - \rho_1 v_1^2 \tag{2-17}$$

或

$$p_1 + \rho_1 v_1^2 = p_2 + \rho_2 v_2^2 \tag{2-18}$$

式中，p_1 和 p_2 为气流在 1—1 截面和 2—2 截面上的静压；$\rho_1 v_1^2$ 和 $\rho_2 v_2^2$ 为气流作定向运动时，在 1—1 截面和 2—2 截面上的动压。式（2-17）说明，在管道中流动的气体，当气体与管道之间无摩擦阻力存在时，气体的静压与动压之间可以相互转化，静压与动压之和保持不变。式（2-17）虽然是在等截面管的条件下推出的，但它对非等截面管也是适用的，一般把上述关系式称为动量方程。

动量方程的微分形式为：

$$\mathrm{d}p + \rho v \mathrm{d}v = 0 \tag{2-19}$$

式（2-19）又称欧拉方程。

2.2.3 能量方程

气体在管道中流动时，任选一气体微团，设该微团内气体的质量为 m，单位质量气体的热焓用 h 表示。气体微团的动能为$\frac{1}{2}mv^2$。对气体微团应用热力学第一定律：

$$\mathrm{d}Q = \mathrm{d}(mh) + \mathrm{d}\left(\frac{1}{2}mv^2\right) \tag{2-20}$$

若流动是绝热的，则 $\mathrm{d}Q = 0$，所以：

$$d\left(mh + \frac{1}{2}mv^2\right) = 0 \tag{2-21}$$

或

$$d\left(h + \frac{1}{2}v^2\right) = 0 \tag{2-22}$$

即

$$h + \frac{1}{2}v^2 = \text{恒量} \tag{2-23}$$

或

$$h + \frac{1}{2}v^2 = h_1 + \frac{1}{2}v_1^2 = h_2 + \frac{1}{2}v_2^2 = \cdots = \text{恒量} \tag{2-24}$$

式（2-24）说明，气体作绝热流动时，单位质量的气体其动能与热焓可以相互转化，但它们的总和保持不变。它说明了气体流动过程中能量转化和守恒的规律。

2.3 亚声速气流与超声速气流流动

2.3.1 声速

声速就是声波的传播速度。传播声波的弹性介质可以是固体、液体或气体，其中最主要的是空气。声波在气体中的传播速度与气体分子的热运动速度有关，实验证明：气体分子的热运动速度越快，声波的传播速度也越快。气体分子的热运动速度的大小，决定于气体温度的高低，因此，声速也与温度有关。下面我们找出它们之间的定量关系。

为什么要建立声速的概念呢？因为高速气流运动都是与声速相比较来衡量的。气流的速度小于声速时，称为亚声速气流；气流的速度等于声速时，称为声速气流；气流的速度大于声速时，称为超声速气流。气流速度的范围不同，其流动特性也不相同。

声波在空气中传播是绝热过程，根据绝热方程，$p=K\rho^k$，于是：

$$\frac{dp}{d\rho} = K(\text{恒量})\rho^{k-1} = K\frac{p}{\rho} \tag{2-25}$$

又因 $\rho=\dfrac{p}{RT}$，所以$\dfrac{dp}{d\rho}=KRT$，则：

$$c = \sqrt{KRT} \quad (c\text{ 为声速}) \tag{2-26}$$

从式（2-26）可以看出，声音在气体中传播速度不仅与气体的种类有关（因为不同气体的 R 值不同），同时与气体的绝对温度也有关。气体温度相同，但气体的种类不同，则声速不同；气体种类相同，若气温不同，则声速也不相同。

2.3.2 马赫数、马赫角、马赫锥和马赫线

气体力学实践证明：气体流股的特性，取决于气体流速与声速之比，这个比

值称为马赫数[3]。定义为：

$$M = \frac{v}{c} \tag{2-27}$$

式中，v 为气体的流速；c 为声速，由流速 v 的同一点处气体温度所决定。气体流动过程中，一般情况温度是逐点变化的，所以流股中不同点的声速也是不相同的。亚声速气流的马赫数小于 1；声速气流的马赫数等于 1；超声速气流的马赫数大于 1。

超声速流的气体，声波不能向上游传播，这是亚声速流与超声速流的本质差别。

下面考虑发生在一个有限区域力的压力扰动在空间中的传播，可以得到在亚声速气流或超声速气流的情况下，气流的进一步特征。点 B 处的瞬时扰动点源在等速流动的气体中，以球面波形传播，球面的中心则以气体的流速前进，如图 2-2 所示。在 B 点处的连续扰动，例如安放一个小障碍物在 B 点所产生的扰动，可以看做是一系列的瞬时扰动。如果流速 v 比声速小，则障碍物的影响能向各个方向传播，但在各个方向的强度可能有所不同。然而，如果流速超过声速，则所有这些球面波就都局限于点 B 后的锥面内，如图 2-3 所示。锥面外的空间就完全不受障碍物的影响。对于物体（如弹丸）通过静止空气的情形，类似的关系也适用。如果弹丸的速度超过声速，它的影响就将局限于如图 2-3 所示的锥面内。

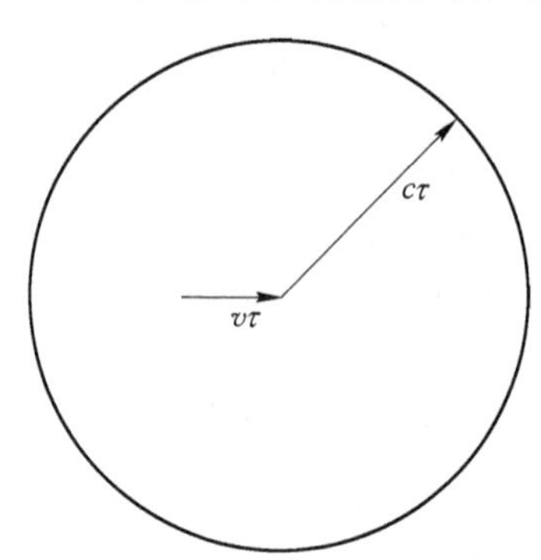

图 2-2 $v<c$ 时的压力波

锥面的半顶角 α 称为马赫角，如图 2-3 所示，马赫数可按下法求得，在很短的时间 τ 内，扰动点源的扰动扩张到半径为 $c\tau$ 的球面，在时间 τ 内，球心移动一段距离 $v\tau$。锥面与球面相切，所以：

$$\sin\alpha = \frac{c\tau}{v\tau} = \frac{c}{v} = \frac{1}{M} \tag{2-28}$$

式（2-28）说明：马赫角的正弦与马赫数呈反比，因此，马赫数越高，相应的马赫角越小。

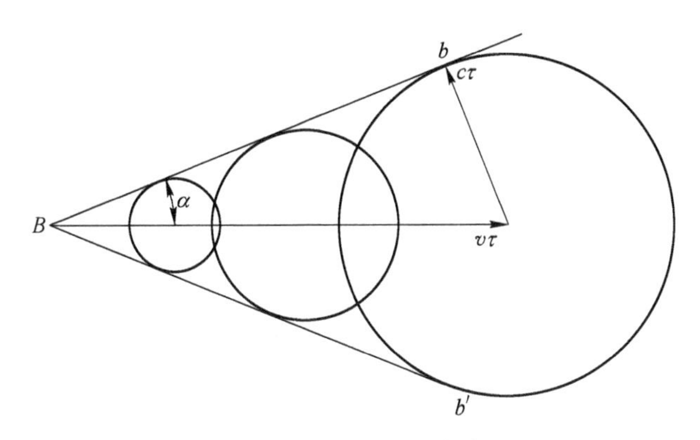

图 2-3 $v>c$ 时的压力波

锥面称为马赫锥。直线 Bb 和 Bb'称为马赫线。

由图 2-2 可见，在亚声速气流中，没有马赫角、马赫锥和马赫线。

2.3.3 亚声速气流与超声速气流特性

对于流动着的气体中压力传播的情形，可以借随气体一起运动的坐标系，使其转化为上面考虑的静止气体的情况。由此可见，压力是以速度 c 相对于气体传播的。相对于气流在其中以速度 v 流动的空间，往下游的传播速度是（$c+v$），往上游的传播速度是（$c-v$）。从这里可以看到，在 $v>c$ 的情况下，压力的改变便根本不能向上游传播。所以，在超声速气流的情况下气体所表现出的特性与亚声速气流的情况有本质的区别。

（1）亚声速气流（$M<1$），则 $M^2<1$，（M^2-1）为小于 1 的负值。要使气流速度增加（即 $dv>0$），必须使断面减少（即 $dA<0$），而且速度的相对变化率比面积的相对变化率大。也就是说，亚声速气流在收缩管内速度增加；而在扩张管内速度则减小。

（2）声速气流（$M=1$），气体在管道中运动的临界状态，说明在临界截面（用符号 A^* 表示）的条件下，面积的变化 $dA=0$，即如果用等截面管道时，可以获得声速。

（3）超声速气流（$M>1$，M^2-1）>0。这说明：管道界面的增大必然得到气流速度的增加；管道截面的减小必然使气流速度减小。这就说明了扩张形管道可以使声速气流加速；而收缩形管道则使超声速气流减速。

综上所述，要想将亚声速气流加速到超声速气流，除在气流上加以足够的压力外，必须采用收缩-扩张型的管道才能实现，否则就不可能得到超声速气流（气体在管道内运动的条件下）。

2.4　激波

2.4.1　什么是激波

超声速气流受阻转变为亚声速气流时，气体的压强、温度和密度将突然增加，这时如果把气体中的压强分布用曲面表示出来，在密度大的气层里，这个面就像个小山峰一样。用照相的方法把它照下来，相片上就呈现一条条黑线，图 2-4 所示的便是超声速喷头喷射气流时，用阴影法观察到的黑线组，这些黑线出现的地方就是气体中压强密度高峰区域，相机拍完后会出现这种侧影，这就是气流中产生的激波的阴影。

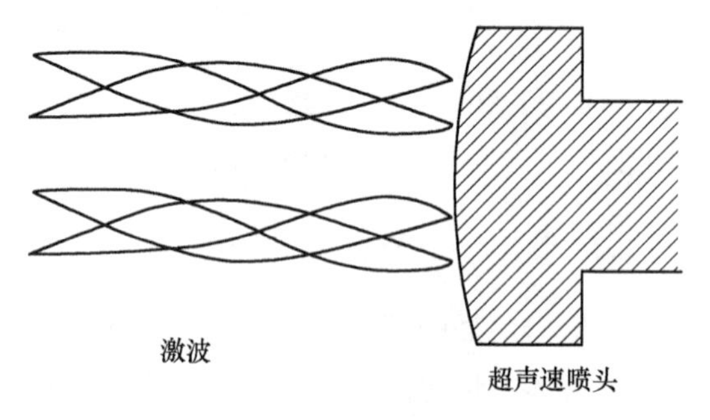

图 2-4　超声速射流时激波阴影示意图

通常，产生激波的方法有下面三种[4]：

（1）用火药或原子核等的爆炸产生激波，如放鞭炮时的“啪”，炸弹爆炸式的“轰”，空气中就出现激波。

（2）使固体物在气体中超声速运动，如弹丸或超声速飞机等的飞行过程，也产生激波，弹丸尖端和尾后发出的两组黑斜线就是激波，如图 2-5 所示。

（3）使气体压缩后，利用气体的压力能推动气体运动，获得高速，并产生超声速气流，如超声速氧气喷管等。

激波的形状并不都是一样的。大体来讲，激波共有以下几种：球面激波、柱面激波和平面激波等。平面激波又分为正面激波（正激波）和斜面激波（斜激波）两种。它们的共同点是：在和波面垂直的方向，压强、温度、密度的变化都是突然的。在普通情况下，这种变化可以利用跃变来表示，如图 2-6 所示。这个不连续的跃变差，通常用压强差 Δp 来表示，称为激波的强度。激波越强，跃变差就越大。

平面激波中，激波面与气流方向互相垂直者，称为正激波，如图 2-6 所示。激波面与气流方向之间不互相垂直而呈任意夹角者，称为斜激波，如图 2-5 所示。

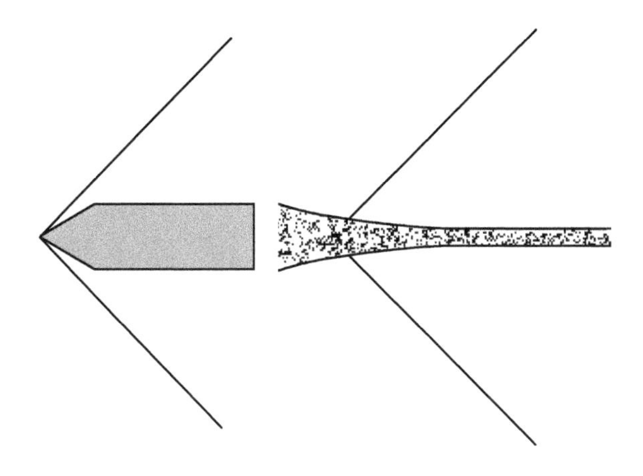

图 2-5　弹丸飞行时产生的激波示意图

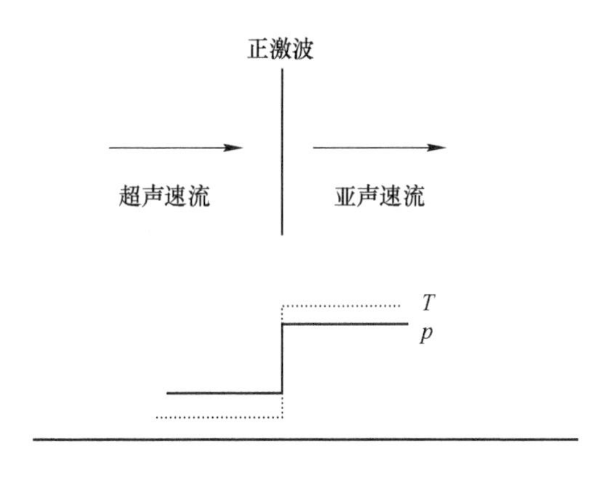

图 2-6　压强和温度在激波前后的分布

超声波气流的流程中，如果出现激波，则必然有一部分动能转化为热能，因此气流速度降低，气流的动压必降低，尤其是出现正激波之后，气流的动压降低更明显。

激波只能在超声速气流降低到亚声速气流时，才会出现；当亚声速气流加速到超声速气流时，不会出现激波。这可以从热力学理论得到证明。下面仅作定性的说明。

2.4.2　激波产生的条件

为什么只有超声速气流才出现激波，而亚声速气流不出现激波呢？声速是在气流介质中压强（或密度）的传播速度。当气流速度低于声速时（$M<1$），气流

受阻滞（如障碍物）在障碍物的前段及四周出现的加密气层不十分显著。因为当气流的密度或压强稍有增加，压强变化可逆气流方向传播到上游，使上游的气体分子预示到下游出现障碍物，提前分开，并沿障碍物两侧绕过，使障碍物前段气体密度和压强增加的不多，气体参量 p、ρ、T 的跃变面不会出现。因此，亚声速气流不出现激波。

超声速气流（$M>1$）遇到障碍物时，气体分子被阻滞，由于气流速度大于声速，压强和密度的变化不能逆气流方向传到上游，上游气体分子不能预示到下游障碍物的存在，必然接原来气体的流动方向直冲到障碍物，密度、压强和温度急剧提高，形成跃变面，因而产生激波。

在定常流动的情况下（参看图 2-6），激波面上各处的参量 G_m、动量和能量（动能和焓）在通过激波时是不变的（当然还需假设气体通过激波后并不发生化学变化）。这三个条件中的前两个通常称为力学条件，激波应满足这两个条件。对于气体而言，通过激波的变化必须是绝热的、不可逆的，即通过激波时熵是向正的方向跃变的。这些关系在气体动力学中就是激波产生的条件。根据这三个条件，可以找出激波后和激波前的压强比、温度比、密度比与马赫数 M 之间的关系，而且马赫数永远大于 1。

由于激波的压缩而产生的压强、温度、密度增加的倍数是与马赫数的平方呈正比的。当激波趋近于声波（弱激波）时，马赫数便趋近于 1，波前、波后的状态也便接近。相反地，随着激波强度的增加，波后的压强和温度便迅速上升。另外，密度虽然也有增加，但增加很慢，在激波极强烈时，密度比接近于恒量。对于空气而言，这个恒量接近于 6，这就是说，利用激波来压缩空气，密度最大不能超过 6 倍。

理论和实验证明：超声速气流通过正激波后，流速降为亚声速。如果用 v_1 表示正激波前的气流速度，v_2 表示正激波后的气流速度，C^* 表示临界条件下的声速，理论上可以证明：

$$v_1 v_2 = C^{*2} \tag{2-29}$$

式（2-29）说明，超声速气流通过正激波以后，必然变为亚声速气流。

超声速气流遇到障碍物迫使气流改变方向时，将产生斜激波。图 2-7 所示为超声速气流被尖劈面所阻，气流方向改变时产生两组斜激波的情况[5]。

2.4.3 光学方法观察激波

激波是超声速流动的空气压强、温度以及密度发生跃变时的产物，流动空气的密度所产生的显著变化，使我们有可能用光学方法来研究它。在流动过程中，

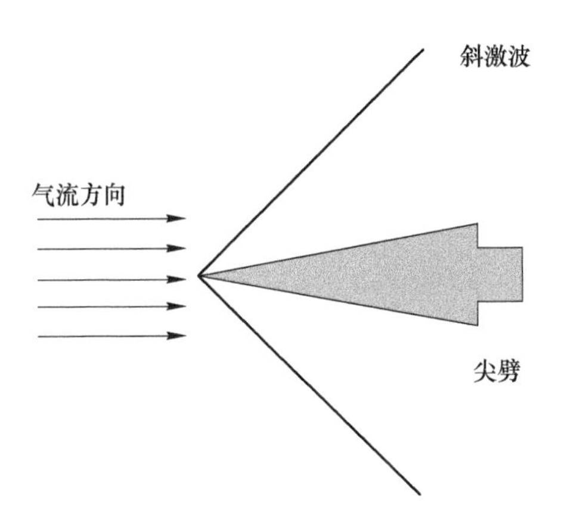

图 2-7　超声速流改变方向时产生斜激波示意图

对空气观察或照相，可以得到激波的投影图形。对气流进行光学观察的根据是光的折射系数 n 与空气的密度呈正比，可用下式表示：

$$n = 1 + 0.000294 \frac{\rho}{\rho_{标}} \tag{2-30}$$

式中，$\rho_{标}$ 为温度为 0℃ 与压强为 0.1MPa 时的空气密度。在激波面上，空气密度比它附近空间气体密度大几倍，因此折射系数也大。用光照时，由于激波面空气折射系数大，光折射也大，因此，在屏幕上的投影为黑线（激波线）。紧靠着黑线则必出现亮线，这是由于激波面附近的气体密度小以及激波面折射的光叠加在其上形成的。

用光学方法能获得明显的激波，可以用下面的理由来解释。

当气流突然从超声速 $v_1>C^*$ 转变到亚声速 $v_2<C^*$ 时，由于空气的内摩擦与导热性的影响，在气体内形成了内附面层，在内附面层中由速度 v_1 转变到速度 v_2，从物理上来讲，是连续进行的。这个内附面层可以确定激波的厚度，泰拉得出激波厚度（cm）的计算公式为：

$$激波厚度 = \frac{b}{v_1 - v_2} \tag{2-31}$$

式中，v_1 与 v_2 的单位为 cm/s，系数 $b=1\text{cm}^2/\text{s}$。大约有 80% 的总速度变化发生在较厚的激波中，例如，假若经过平面激波，流动速度变化 $v_1-v_2\approx34$ m/s 时，则激波的厚度大约为 0.3cm，因此，激波厚度是很小的。按照数学的意义来讲，压强与密度的跃变不是间断的，它们是在一段有限的距离内完成的。因此，在用眼观察或用光照将其投影在屏幕上时，激波是有明显厚度（或宽度）的直线。图 2-5 和图 2-7 所示的激波线就是用照相方法得到的。

用来观察或拍照激波的光学仪器有干涉仪、纹影仪和阴影仪。

参 考 文 献

[1] 张先棹. 冶金传输原理 [M]. 北京：冶金工业出版社，2004.
[2] A. H. 夏皮罗. 可压缩流的动力学与热力学（上册）[M]. 陈立子，等译. 北京：科学出版社，1996.
[3] 林建忠. 流体力学 [M]. 北京：清华大学出版社，2005.
[4] J. 舍克里. 冶金中的流体流动现象 [M]. 彭一川，等译. 北京：冶金工业出版社，1985.
[5] 普朗特. 流体力学概论 [M]. 郭永怀，陆士嘉，译. 北京：科学出版社，1974.

3 氧枪设计基础

本章针对电弧炉炼钢用氧枪的射流参数及设计进行了阐述，并介绍了集束射流的应用情况及射流特征，详细分析及确定了超声速氧枪及集速射流氧枪的设计参数。

3.1 超声速喷管设计

炼钢所用的喷头一般都采用收缩-扩张型超声速喷头，又称拉瓦尔喷头。这种喷头射出的气流速度大于声速，喷头出口速度在500m/s左右，因而流股较为稳定；气流的能量利用率高，便于较高的枪位操作，从而提高喷头的寿命。若吹炼工艺过程合理，可以获得较好的经济效益。

3.1.1 供氧量与理论设计氧压的确定

单位时间的供氧量取决于供氧强度和炉容量。其中，供氧强度与熔池碳含量有关，电弧炉的供氧强度通常低于转炉。供氧量由吨钢耗氧量、出钢量和吹氧量的物料平衡计算确定。

$$\text{供氧量}=\frac{\text{吨钢耗氧量}\times\text{出钢量}}{\text{吹氧时间}} \tag{3-1}$$

理论设计氧压即喷管入口压力，是设计喷管喉口和出口直径的重要参数。一般电弧炉氧枪的氧压使用范围为0.4~1.0MPa，理论设计氧压是氧枪在工况下工作的压力。生产实践中，实际氧压与设计值会有一定偏离。一般来讲，只要不高于理论设计值的120%氧枪均能较好地工作。若氧压出现负偏离，即低于理论设计氧压，则会出现过度膨胀，在喷管内部产生激波，射流能量损失加大，同时引起压力和速度的急剧变化，射流品质恶化，影响吹炼效果。

考虑到边界层的存在，使得喷嘴出口有效面积减小，从而使得理论设计氧压低于设计值。

3.1.2 喉口大小确定

虽然收缩段的设计从其自身来讲较为重要，但对喷管的超声速性能没有直接影响。出口马赫数取决于喉口和出口的面积比，因此，准确计算喉口大小是设计超声速喷管的前提。

喷管喉口氧气流量计算公式为：

$$Q = \frac{60}{\rho}\sqrt{\frac{\kappa}{R}\left(\frac{2}{\kappa + 1}\right)^{\frac{\kappa+1}{\kappa-1}}}\frac{A_{喉}\,p_0}{\sqrt{T_0}} \tag{3-2}$$

式中，Q 为氧气体积流量，m^3/min；ρ 为氧气密度；κ 为常数，对于氧气等双原子气体为 1.4；$R=259.83m^2/(s^2 \cdot K)$，为气体常数；$T_0$为氧气滞止温度，一般取 298K；$A_{喉}$为喉口面积，$m^2$；$p_0$为理论设计氧压，MPa。

代入数据，上式可简化为：

$$Q = 1.782\frac{A_{喉}\,p_0}{\sqrt{T_0}} \tag{3-3}$$

有必要指出，上述流量计算公式是基于理想气体等熵流计算而得，实际气体流动必定有摩擦，不可能完全绝热；气体流动时会在喷管壁面处产生边界层，从而减小了喉口的有效面积。按上述公式计算出的理论流量与实际流量必定存在一定误差，需要加以修正。通常用流量系数 C_D表示由边界层带来的实际流量与理论流量的偏差，即 $C_D=Q_{理}/Q_{实}$。冶金喷枪多为多孔式喷头，C_D 通常取 0.90~0.96。

$$Q_{实} = 1.782C_D\frac{A_{喉}\,p_0}{\sqrt{T_0}} \tag{3-4}$$

3.1.3　收缩角及收缩段长度

收缩段是喷管的重要组成部分，其作用不仅能使来自顶端的气流均匀加速，而且能提高试验区的流场品质，即改善流场均匀性、稳定性，降低湍流度。实践表明：只要收缩比不太大，气流在收缩段加速过程中是不易产生分离的。因此，收缩段的性能主要取决于收缩角和收缩段长度。

拉瓦尔喷管收缩段半锥角（$\alpha_{收}/2$）一般为 18°~23°，最大不超过 30°。收缩角越大，收缩段长度越短。收缩段入口直径 $d_{收}$可由以下公式确定：

$$\tan(\alpha_{收}/2) = (d_{收} - d_{喉})/(2L_{收}) \tag{3-5}$$

收缩段长度 $L_{收}$一般取收缩段入口直径的 0.8~1 倍。这样可以保证气流进入时受到的不均匀扰动在加速过程中得到消除或减弱，出口气流的均匀度有重要作用。

3.1.4　扩张角及扩张段长度

扩张段的作用是将气流从声速 $Ma=1$ 加速到设计的 Ma。为使加工方便，喉口段一般采用 5~10mm 的直线段过渡。

扩张角 $\alpha_{扩}$一般取 8°~12°，可以保证气流不脱离喷管壁面。出口直径 $d_{出}$确定后，如果 $\alpha_{扩}$ 过小，则扩张段过长，使得边界层充分发展，相当于减小了出口直径，压力损失也增加；如果 $\alpha_{扩}$ 过大，则会使扩张段过短，气流在某一截面处实际截面积小于喷管的截面积，造成欠膨胀，在管壁附近形成负压区，造成气流不稳定，均匀性较差。冶金上，管壁附近形成的负压区很可能造成卷渣现象。

扩张角 $\alpha_{扩}$ 确定后，扩张段长度 $L_{扩}$ 可由下式求出：

$$L_{扩} = (d_{出} - d_{喉})/[2\tan(\alpha_{扩}/2)] \tag{3-6}$$

3.1.5 喷管工作特性

超声速喷管只有在设计条件下工作时，压力才可能通过喷管最有效地转化为动能，从而获得最佳的出口速度。在非设计条件下工作时，其流股特性是不一样的。

图 3-1 所示为不同工作压力下，超声速喷管的流股特征示意图。

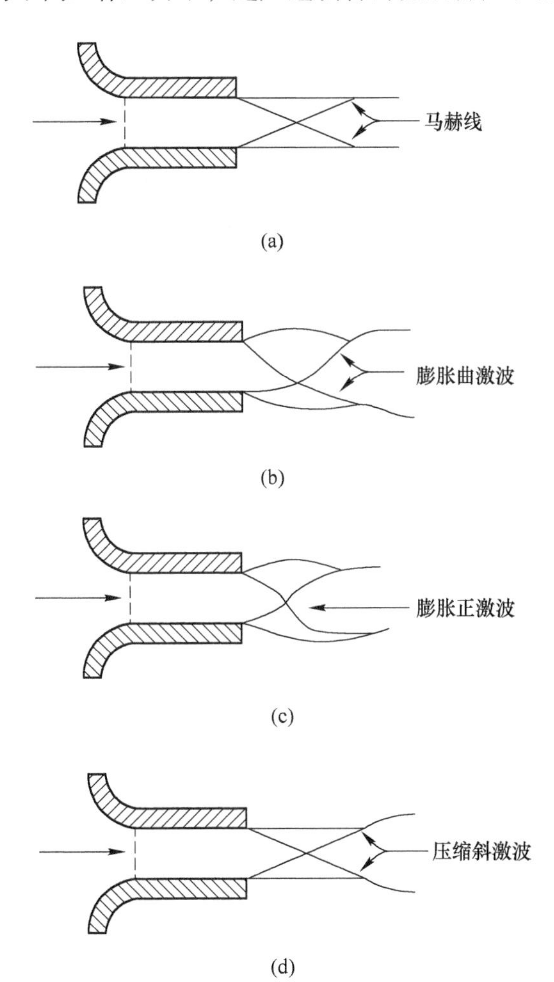

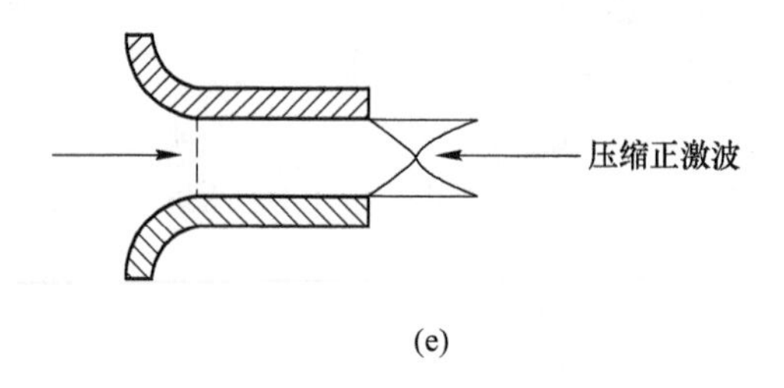

(e)

图 3-1 不同工作压力下超声速喷管的流股特征示意图

(a) 设计条件下射流流股特征；(b) 高于设计压强时射流流股特征；
(c) 高于设计压强一倍以上射流流股特征；(d) 低于设计压强时射流流股特征；
(e) 低于设计压强 1/2 以下时流股的特征

图 3-1 (a) 表示在设计压力下工作，气流出口静压等于周围气体的反压，流股出现正常的马赫线。在这条件下，喷管工作是最合理的。但是生产现场，氧压是有波动的。因此，一般情况喷管是在非设计条件下工作。图 3-1 (b) 和图 3-1 (c) 是工作压力高于喷管设计压力时流股出现膨胀曲激波和正激波，这是因为喷管出口前气体膨胀不充分，出口静压高于反压。出口后继续膨胀，结果出现曲激波。当压力高于设计压力一倍以上就会出现正激波，这时流股的动压衰减将比正常的斜激波大。因此，高压操作不一定有好的效果。图 3-1 (d) 和图 3-1 (e) 是低于设计压力的条件下射流，这时出现压缩斜激波或压缩正激波，原因是气体在喷管内过度膨胀，出口静压低于反压，气流出口后，由于周围气压高，对流股急剧压缩，使超声速气流出现压缩斜激波或正激波，使得流股超声速段缩短。现场操作时必然迫使采用低枪位操作，这也是不合理的，这会缩短喷管的寿命。因此，根据现场氧压波动情况，合理选用喷管的设计压力是很有必要的。详细情况参阅喷管设计和操作有关章节。

3.2 集束射流氧枪设计

集束射流氧枪是由美国普莱克斯公司及北京科技大学先后开发的新型氧枪技术。其采用另一种介质来引导氧气，通过高温低密度的介质可以很好地对主氧气流形成封套作用，使其很难卷吸周围的空气[1~3]。集束射流氧枪的这种特性解决了普通超声速氧枪氧气流衰减快、射流长度短的问题。集束射流能量集中、穿透能力极强，氧气可以喷入到熔池更深的地方，延长了与钢液接触的时间，而且最终分散的气泡流股还会增加与钢液的接触面积[4]。图 3-2 和图 3-3 所示分别为集束射流氧枪的结构示意图和喷头示意图。图 3-4 所示为集束射流与普通超声速射流对熔池作用的效果。

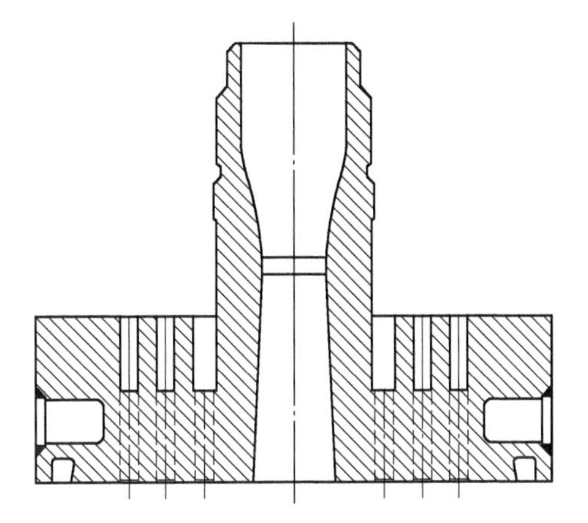

图 3-2　集束射流氧枪的结构示意图

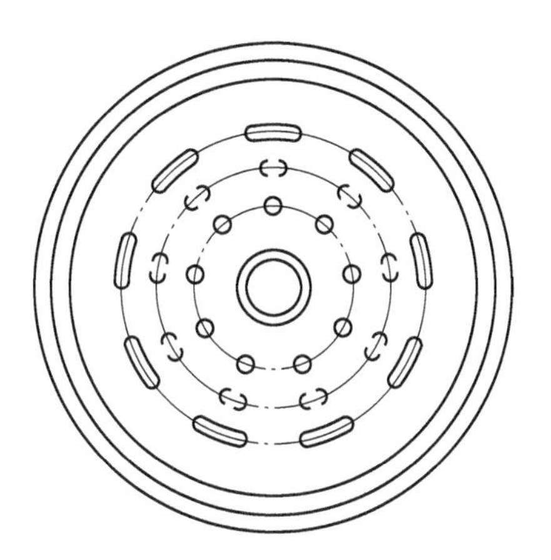

图 3-3　集束射流氧枪的喷头结构示意图

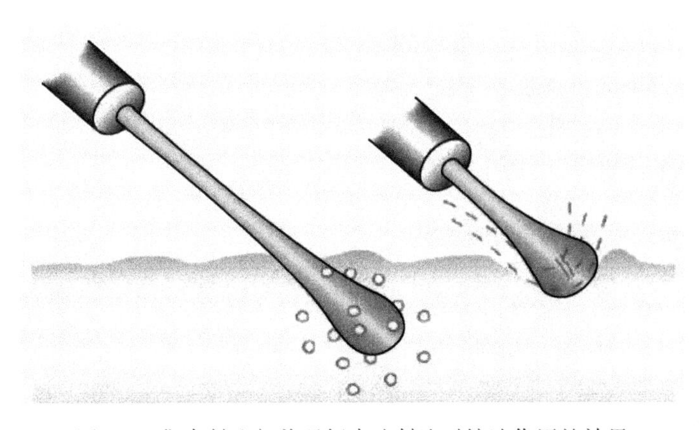

图 3-4　集束射流与普通超声速射流对熔池作用的效果

3.2.1 国外集束射流氧枪的应用

1996年，集束射流氧枪在美国MACSTEEL公司炼钢厂的60t电炉上安装。MACSTEEL公司的炼钢厂有两座出钢量为60t的电弧炉，原来每座炉子具有2根穿过渣门的消耗式吹氧管和3根炉壁氧枪。1995年，该公司考虑购买氧枪机械手时决定首先试用CoJet系统。集束射流技术在该公司4号电弧炉上安装使用后，吨钢氧耗降低了40%，改善了泡沫渣的效果，减少了60%的喷碳粉量。

意大利LSP钢厂在76t电弧炉侧壁安装了3个集束射流氧枪喷头，代替原有的侧壁燃烧器和单管氧枪。其中，单支集束射流氧枪喷头的供氧速度为1200m^3/h，燃烧能力为3MW，二次燃烧流速度为500m^3/h。电炉生产率提高了12%，热耗降低到300kW · h/t。

Siderea厂使用海绵铁原料的电炉应用集束射流氧枪系统后，吨钢氧气使用量提高到39m^3，电炉生产率提高20%，节能11%。

美国伯明翰钢铁公司西雅图厂在125t电炉上安装了3个集束射流氧枪喷嘴，代替原来的燃烧器和水冷炉门氧枪，使吨钢电耗下降29kW · h，电极消耗降低15%，显著降低了耐火材料的消耗，小时产钢量提高11.4%。脱碳曲线重复性好，提高了氧枪喷嘴寿命，缩短了炉体维修时间，渣泡沫化程度好。

德国BSW厂首先在偏心炉底出钢口区安装了集束射流氧枪喷头，解决了因偏心炉底出钢口吹氧清理和出钢时碳含量过高等延长冶炼时间的问题。后来又沿炉侧壁安装了集束射流氧枪系统，提高了电炉生产率。

美国内陆钢铁公司印第安纳钢厂和美国钢铁公司加里厂等钢厂在转炉上应用了集束射流氧枪技术。结果表明，使用该技术提高了铁、锰的金属收得率，减少了铝的消耗，能处理含硅量更高的铁水，提高了转炉的废钢比，降低了补吹率，每吨钢降低成本2美元。

虽然集束射流技术具有相当大的熔池穿透深度，与底吹气体搅拌的效果相似，可以使得转炉在不安装底部供气元件的情况下具有复吹转炉的搅拌效果。但由于转炉氧枪喷头喷孔多，且供氧强度大，应用集束射流氧枪的技术难度大，影响了其在转炉上的推广和应用。

3.2.2 国内集束射流氧枪的应用

国内集束射流技术是2001年由北京科技大学喷枪研究中心率先开发并获得发明专利的。相关研究人员对集束氧枪进行了相关的理论实验和模拟研究[5]，并在国内多个钢厂进行了应用。

抚顺特钢公司在其50tEBT电炉上应用集束射流氧枪后，供氧量增加4~5m^3/t。全废钢条件下，冶炼时间缩短7min，电耗下降37kW · h/t；兑入铁水条件下，冶炼时间缩短 1min，电耗下降 18kW · h/t，电极消耗下降 0. 3kg/t。在其 60t 竖式电炉上应用集束射流氧枪技术，全废钢的条件下用氧量持平，冶炼时间缩短 2min，电耗下降 16kW · h/t；兑入铁水条件下，冶炼时间缩短 3min，电耗下降 6kW · h/t。

通钢在其 70t Consteel 电弧炉上采用集束射流氧枪技术，主氧气流量最大达 2500m^3/h，伴随流流量为主氧气流量的 1/6，最小流量为 120m^3/h，缩短冶炼时间 16min，提高铁水热装比至 40%，降低电耗 180kW · h/t。

山东莱钢特钢厂在热态实验优化集束射流氧枪参数的基础上，在其 50t 超高功率电弧炉上进行了集束射流氧枪试验，液化气流量达 120m^3/h，主氧气流量达 550m^3/h，氧气流股聚合度高。电耗降低 20kW · h/t，氧气消耗降低 15%，生产作业率提高 5%，吨钢成本降低 10 元左右。

3. 2. 3 集束射流氧枪射流特性

集束射流氧枪原理是在拉瓦尔喷管的周围增加烧嘴，使拉瓦尔喷管氧气射流被高温低密度介质包围，减缓氧气射流速度的衰减，在较长距离内保持氧气流的直径和速度，能够向熔池内提供较长距离的超声速集束射流。

图 3-5 所示为集束射流与普通超声速射流沿喷头出口流股轴线速度变化的趋势图。可见，集束射流流股衰减明显低于普通的超声速射流，其核心区长度可超过喷头出口直径的 70 倍，射流的扩散速度也明显降低。同时可以通过调整氧枪喷头工艺参数控制集束射流的核心区长度、发散程度和衰减速度。

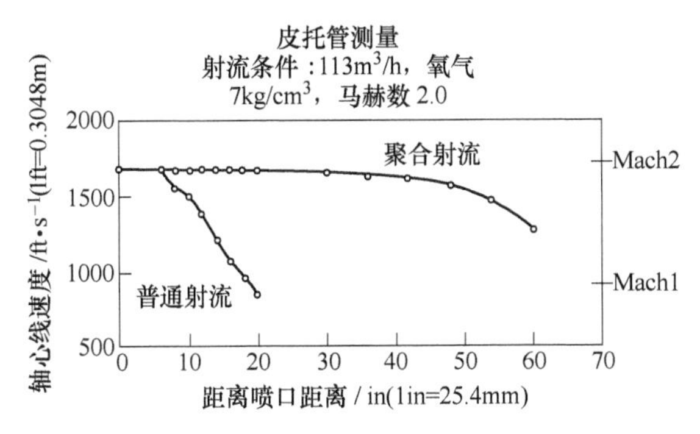

图 3-5 集束射流和普通超声速射流沿喷头出口流股轴线速度的变化情况

图 3-6 所示为超声速射流和集束射流的气体流速径向分布情况。由图可知，在距喷嘴出口相同的距离上，集束射流流股内的速度变化率比传统超声速射流流股内的速度变化率大。这说明集束射流具有较高的聚合度，而且这种较高的聚合度能够在较长的距离内一直保持。在距喷头出口处 1. 0m 和 1. 2m，集束射流仍有

特别高的聚合度，而传统超声速射流则比较发散。

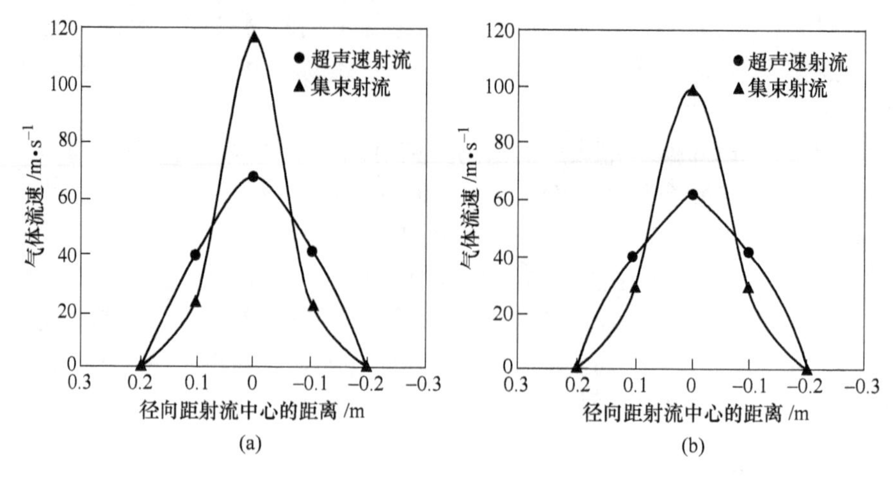

图 3-6 射流径向分布速度

（a）$x=1.0$m；（b）$x=1.2$m

早在 20 世纪 90 年代，D. Koncsics，P. C. Mathur 和 D. Engle 等人[6~8]就对集束氧枪的射流特征进行了研究，如图 3-7 所示。

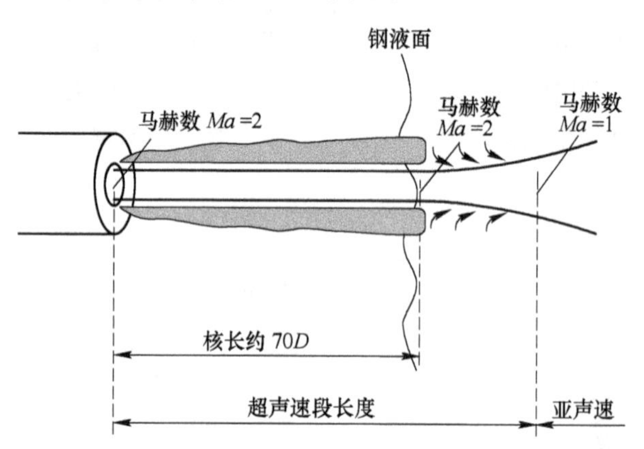

图 3-7 集束射流的喷射状态

国内方面的研究进行的相对较晚一些，课题组杨竹芳、王振宙等人利用软件 CFX10.0 对电炉炼钢氧枪在集束射流和普通超声速射流两种状态下的特征进行了数值模拟。他们对安阳 100t 竖式电弧炉进行了模拟研究。通过改变喷吹压力、主氧流量、环氧流量等条件，对比分析集束氧枪的速度场。模拟了喷吹压力依次为 0.7MPa、0.8MPa 及 0.9MPa 时，主氧喷吹流量依次为 $1200m^3/h$、$1800m^3/h$ 和 $2400m^3/h$ 及环氧量依次为主氧量 1/6、1/5、1/4 条件下，轴向射流速度衰减情况。研究表明，当环氧量增加时，包括核心段长度在内的每层速度均依次增大；当环氧量为主氧量的1/5时，轴向速度衰减最慢。同时，研究者比较普通超声速氧枪（即环氧量零）和集束氧枪（环氧量不为零）的速度场，发现集束氧枪能够保持更长的高速气流，速度衰减最慢。

课题组刘福海等人利用Fluent软件对普通超声速氧枪和集束射流氧枪的射流特性进行数值模拟研究。研究了不同喷射条件下（主氧温度、环境温度）集束射流氧枪的流场分布，深入研究了集束射流的喷吹机理。

图3-8为不同模拟条件下，集束射流的温度场分布。其中，图3-8（a）表示主氧和环境温度均为298K条件下，集束射流的温度场分布；图3-8（b）表示主氧温度298K，环境温度1700K条件下，集束射流的温度场分布；图3-8（c）表

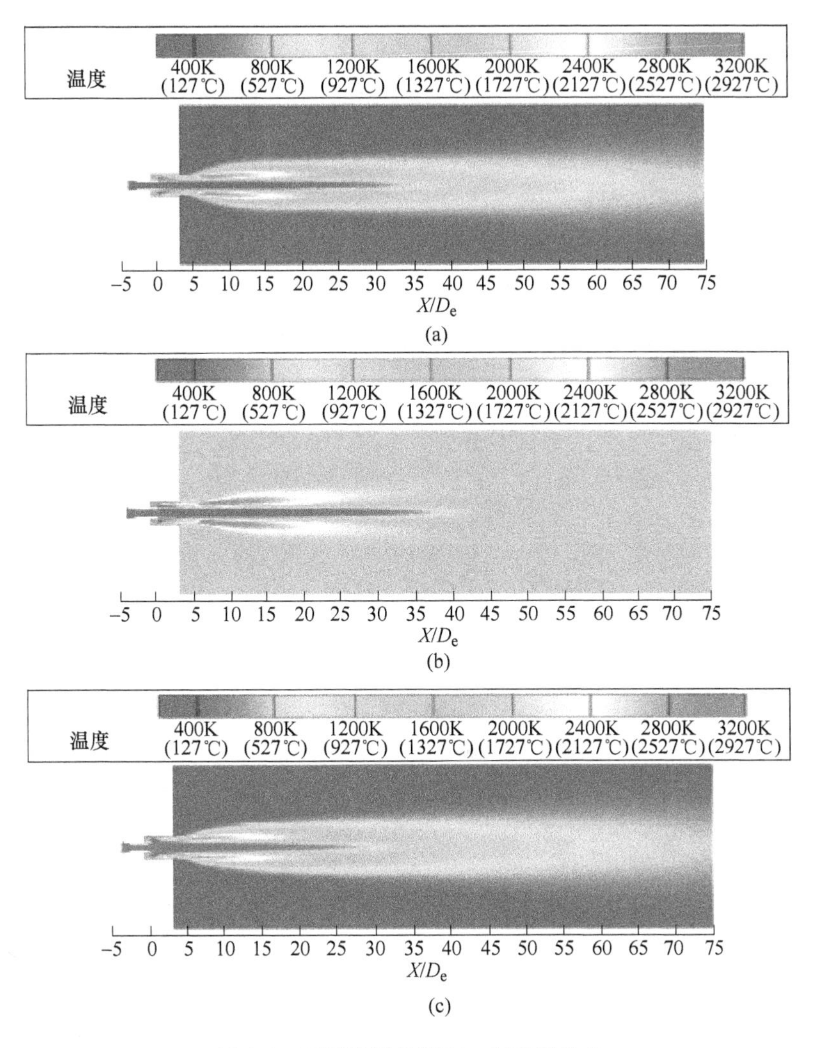

图3-8 不同模拟条件下，温度场分布

示主氧温度473K，环境温度298K条件下，集束射流的温度场分布。研究者发现，主氧温度和环境温度对集束射流的温度分布均有较大影响。环境温度越高，高温区域越大，燃烧反应越剧烈，射流聚合效果越好；主氧温度越高，燃烧反应越剧烈，射流聚合效果越好。

图3-9展示了不同温度条件下，集束射流的湍动能分布。其中，图3-9（a）表示主氧和环境温度均为298K条件下，集束射流的湍动能分布；图3-9（b）表示主氧温度298K，环境温度1700K条件下，集束射流的湍动能分布；图3-9（c）表示主氧温度473K，环境温度298K条件下，集束射流的湍动能分布。主氧温度越高，环境气体与主氧的混合效果越好，主氧射流衰减越快。环境温度越高，主氧射流具有更好的聚合度，射流效果越好。

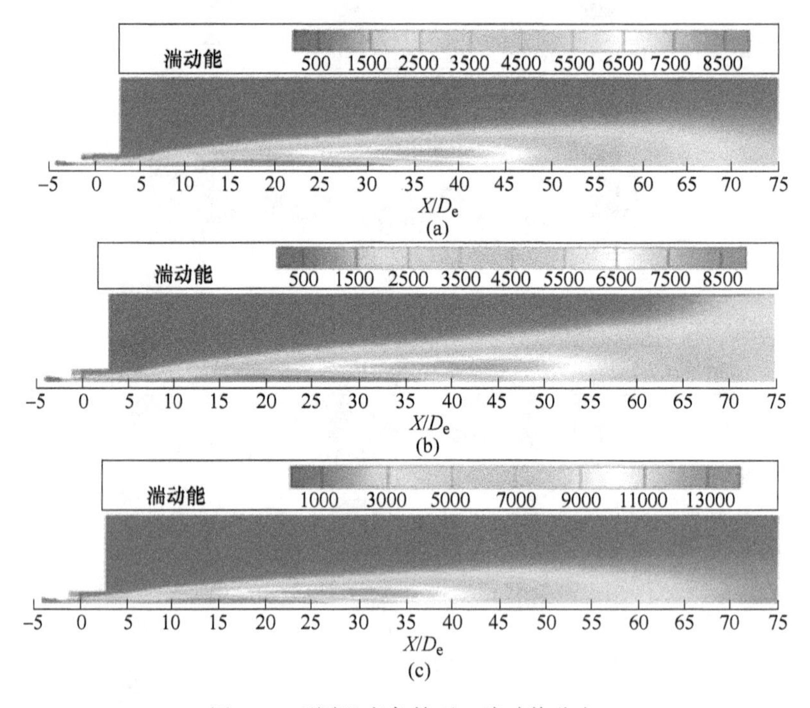

图3-9 不同温度条件下，湍动能分布

3.2.4 集束射流氧枪的参数设计

集束射流氧枪结构由主氧喷孔、环氧喷孔和燃气喷孔组成。主氧喷孔结构设计与传统超声速氧枪设计相同，均为拉瓦尔管结构。尽管集束氧枪已经在现代炼钢工业中进行了大量的应用，但是对于环氧喷孔设计参数一直没有比较系统的理论体系。国内外研究者关于集束射流技术的研究主要集中在工程应用方面，对于集束射流的基础研究涉及不多。目前，对于集束氧枪环缝结构设计没有任何理论指导，集束氧枪的结构设计往往凭借生产经验。但是，仅仅凭借生产经验往往不能够发挥出集束氧枪最佳的喷吹效果，甚至出现射流效果不稳定的情况。由此可见，系统科学的理论指导对集束射流氧枪的设计具有重要意义。

傅振祥等人[2]研究了保护气对集束射流的影响。研究者探究了保护气的位置、保护气与主氧之间的夹角以及保护气的入射压力对集束射流的影响。对于保护气位置，研究人员发现保护气的距离对主氧射流存在一定的影响。当保护气与主氧射流过于靠近时，主氧射流的速度核心区长度变短，主氧射流速度衰减快。当保护气与主氧射流过于远离时，保护气对主氧射流的聚合效果减弱，主氧射流速度衰减快。对于保护气和主氧射流之间的夹角，研究人员选取了 0°、15° 和 30° 三个水平。模拟结果表明，夹角对聚合射流的影响呈非线性关系，15° 射流效果明显比 0° 和 30° 射流效果好。从核心射流区域看，15° 聚合氧枪和 0° 聚合氧枪的核心射流区域相对较长，而 30° 聚合氧枪的核心区域相对较短；在相同条件下，3 种聚合氧枪的尾流纵向宽度相比普通超声速氧枪均较小，聚合度较好。对于保护气入射压力，研究人员发现保护气入射压力越大，射流集束效果越好。

课题组姜若尧等人[3]研究了“天然气-氮气”混合燃烧实验。研究者对不同的天然气流量（标态）以及燃气中不同的含氮比例进行了研究，分析了燃气组分的变化对集束射流的影响。燃气中的混氮比例依次为 25%、50% 和 75%。图 3-10 为不同燃气组分条件下，集束射流速度场云图。

对于图 3-10（a），从左到右燃气组分依次为混氮 25%、50%、75% 和纯天然气。可以发现，当燃气流量一定时，集束射流主要与燃气热量有关，燃气燃烧释放的热量越多，射流集束效果越好。同时，对于纯天然气燃烧，研究人员发现随着燃气流量的提升以及热量的增加，集束氧枪的聚合效果更好。

为了验证数值模拟计算的可靠性，依托于北京科技大学喷枪研究中心，进行了集束射流热态实验。图 3-11 为纯甲烷燃烧。

通过热态实验，研究人员获得了一个比较好的实验结果，能够较好地吻合此前的数值模拟计算结果，为数值模拟计算提供了实验支持。

课题组李三三等人[4]分析了环缝位置、环缝直径以及环气流量对集束射流的影响。对于环缝位置研究，研究人员对环缝间距分别为 8mm、10mm、12mm、15mm 的四种情况进行数值模拟研究。结果表明环缝间距对射流轴向速度的影响不大。图 3-12 为不同环缝位置下，相应的集束射流轴向速度分布。环缝直径设计为 2mm、3mm、4mm 和 5mm。改变环缝间距的同时，研究人员通过改变环气流量保证环气入射速度一致。研究人员发现环缝直径对集束射流有一定影响。实验结果表明，环缝间距越大，射流集束效果越好。图 3-13 为不同环缝直径条件下，集束射流的轴向速度分布。

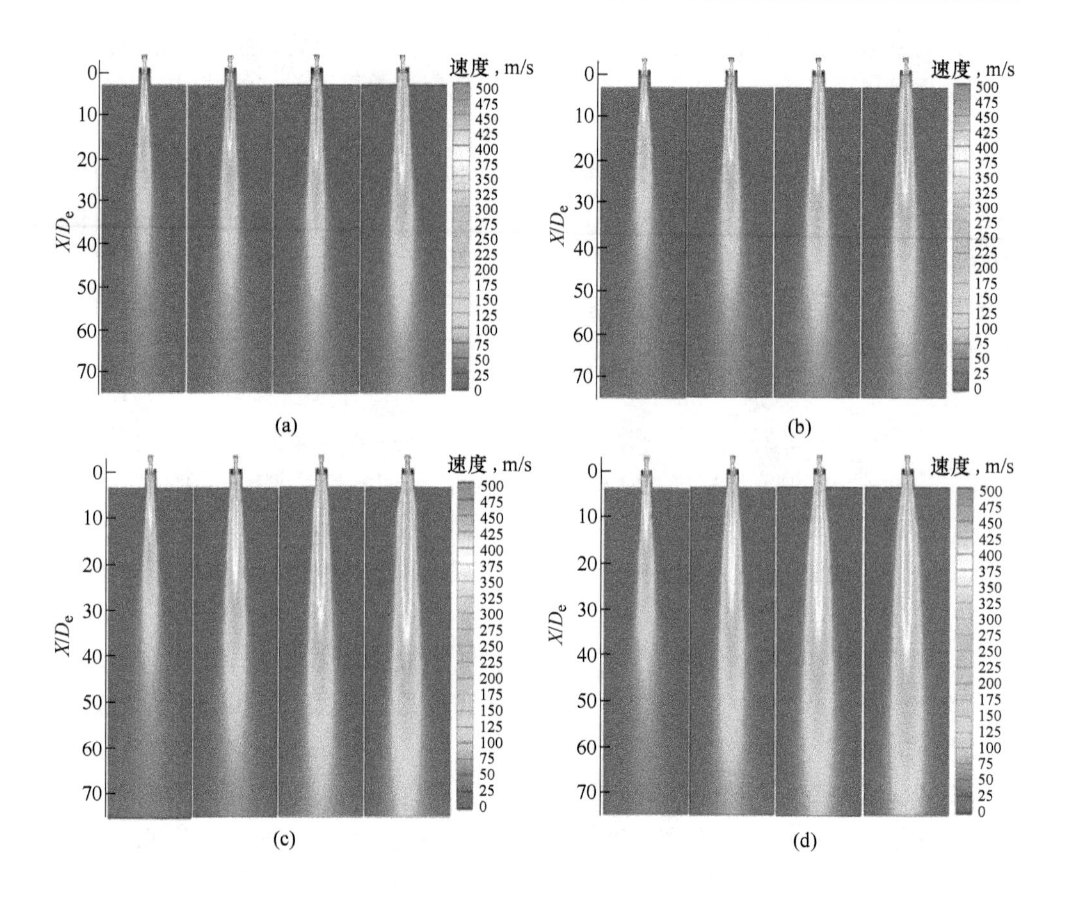

图 3-10　不同燃气组分条件下集束射流的速度场云图

（a）燃气流量 $100m^3/h$，混氮 25%；（b）燃气流量 $200m^3/h$，混氮 50%；（c）燃气流量 $400m^3/h$，混氮 75%；（d）燃气流量 $600m^3/h$

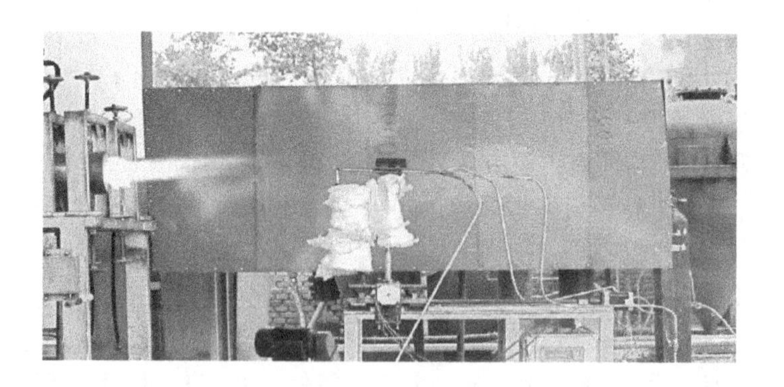

图 3-11　纯甲烷燃烧

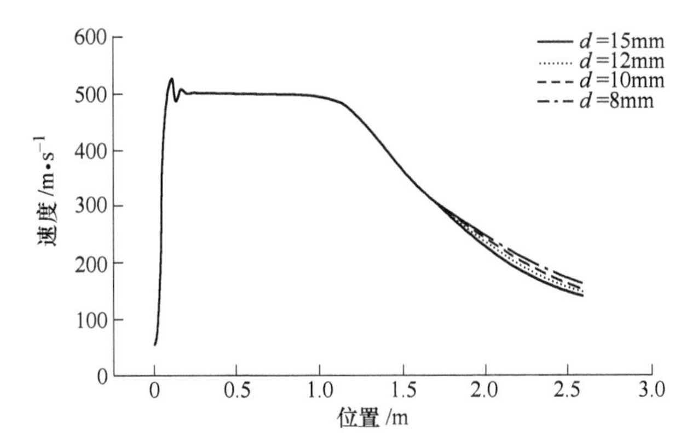

图 3-12 不同环缝位置，集束射流轴向速度分布

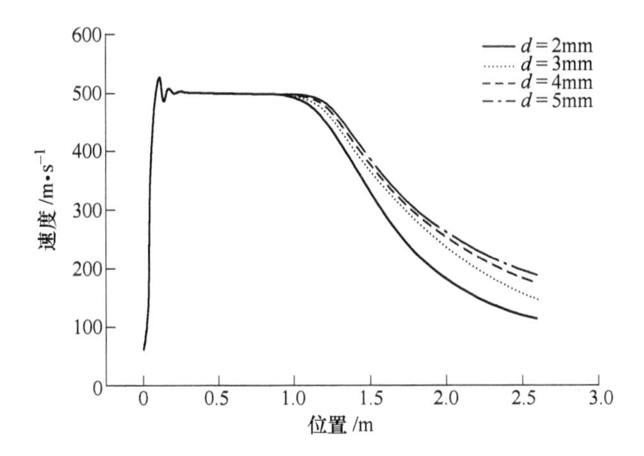

图 3-13 不同环缝直径，集束射流轴向速度变化曲线

3.3 电弧炉氧枪设计实例

以某电弧炉厂氧气流量为 $2500m^3/h$（标态）的氧枪为例，具体介绍氧枪的设计过程，包括普通超声速氧枪设计与集束射流氧枪设计两部分。最后还给出了一系列氧气流量下的氧枪设计结果。

3.3.1 普通超声速氧枪设计计算

该部分主要介绍氧枪喷孔参数的设计计算。

（1）选取氧枪出口马赫数。Ma 选取为 2.0。

（2）理论设计氧压的计算。查气体绝热函数表，当 $Ma=2.0$ 时，$p/p_0=0.1278$，取炉膛压力 $p=0.114$MPa，则截止压力 p_0为：

$$p_0=0.114/0.1278=0.89\text{MPa}$$

（3）喉口直径计算。喉口氧气流量计算公式为：

$$Q = 1.782 C_D \frac{A_{喉} p_0}{\sqrt{T_0}}$$

令 $C_D = 0.93$，$T_0 = 298K$，应用上式有：

$$2500/60 = 1.782 \times 0.93 \times \frac{\pi d_{喉}^{\ 2} \times 0.892 \times 10^6}{\sqrt{298} \times 4}$$

则：

$$d_{喉} = 24.9mm$$

（4）出口直径的计算。依据 $Ma = 2.0$，查气体绝热函数表得 $A/A_{喉} = 1.6875$，则氧枪出口直径为：

$$d = (A/A_{喉})^{\frac{1}{2}} d_{喉} = \sqrt{1.6875} \times 24.890 = 32.3mm$$

（5）扩张段长度的计算。为保证气流不脱离孔壁，合适的扩张段半锥角（$\alpha_{扩}/2$）一般为4°～6°，此处选取为5°。则扩张段长度为：

$$L_{扩} = (d - d_{喉}) / [2\tan(\alpha_{扩}/2)] = (32.333 - 24.890)/(2\tan 5°) = 42.5mm$$

（6）收缩段长度的计算。根据设计经验，收缩段长度一般取为0.8～1.5倍喉口直径，此处取1.2倍喉口直径，则：

$$L_{收} = 1.2 \times d_{喉} = 1.2 \times 24.890 = 29.9mm$$

（7）喉口长度的确定。氧枪喉口长度对稳定气流影响较大，过长的喉口段会增大阻损，同时为了方便收缩段和扩张段的加工，喉口长度一般取5～10mm。本处取8mm。

3.3.2　集束射流氧枪设计计算

集束射流氧枪的设计中，中心喷孔参数的设计计算与普通超声速氧枪一致。

根据设计经验，当主氧流量（标态）为2500m³/h时，天然气流量（标态）取200m³/h，环氧流量（标态）取400m³/h。为保证集束射流氧枪的冶金效果，天然气及环氧出口处气流速度应不低于100m/s。下面分别计算天然气出口面积及环氧出口面积。

（1）天然气出口面积计算：

$$A_{CH_4} = \frac{Q_{CH_4}}{v_0} = \frac{\frac{200}{3600} \times \frac{298 \times 101325}{273 \times 114000}}{100} = 5.39 \times 10^{-4} m^2 = 539mm^2$$

（2）环氧出口面积计算

$$A_{O_2} = \frac{Q_{O_2}}{v_0} = \frac{\frac{400}{3600} \times \frac{298 \times 101325}{273 \times 114000}}{100} = 10.78 \times 10^{-4} m^2 = 1078mm^2$$

3.3.3 常用电弧炉氧枪的设计参数

部分氧流量下的电弧炉氧枪设计参数见表3-1。

表3-1 部分氧流量下的电弧炉氧枪设计参数

设计氧流量（标态）/$m^3 \cdot h^{-1}$	1500	2000	2500	3000	3500
马赫数 *Ma*	2.00	2.00	2.00	2.00	2.00
喉口直径/mm	19.3	22.3	24.9	27.3	29.5
出口直径/mm	25.0	28.9	32.3	35.4	38.3
天然气流量（标态）/$m^3 \cdot h^{-1}$	120	160	200	240	280
天然气出口面积/mm^2	323	431	539	646	754
环氧流量（标态）/$m^3 \cdot h^{-1}$	240	320	400	480	560
环氧出口面积/mm^2	646	862	1078	1292	1508

参 考 文 献

[1] Schwing R, harmy M, et al. Maximizing EAF productivity and lowering operating costs with praxair's cojet technology-results at BSW [C] //Metec Conference Proceedings, 1999: 189~195.

[2] 傅振祥，潘贻芳，等．聚合射流氧枪射流特性的数值模拟及应用 [J]. 炼钢，2011，27 (6)：1~4.

[3] 姜若尧．“氮气-天然气”混合燃气集束射流的基础研究 [D]. 北京：北京科技大学，2015.

[4] 李三三．转炉集束氧枪的数值模拟研究 [D]. 北京：北京科技大学，2010.

[5] 刘坤，朱苗勇，王莹冰．聚合射流流场的仿真模拟 [J]. 钢铁研究学报，2008，20 (12)：14~17.

[6] Mathur P C. CoJetTM Technology-principles and actual results from recent installations [J]. AISE Steel Technology, 2001 (5): 21~25.

[7] Sarma B, Mathur P C, et al. Fundamental aspect of coherent jet technology [C] //Electric Furnace Conference Proceedings, 1998: 401~407.

[8] Lyons M, Bermel C. Operational results of coherent jet at Birminghan steel-seatle steel division [C] //Proceedings Electric Furnace Conference, 1999: 237~243.

4 氧气射流冷态测试及模拟技术

现代电弧炉炼钢过程中，化学能的使用比例不断增加，这促进了电弧炉用氧技术的发展。为了提高电弧炉用氧炼钢的生产率、经济效益和能量利用效率，缩短冶炼时间，降低生产成本，研究电弧炉氧气射流的流动特性是很有必要的。

对物理现象的研究有分析法和实验法。分析法是从物理概念出发，运用数学手段，对物理过程进行研究的方法。实验法是以实验测试为手段，直接对具体物理过程中有关的物理量进行测定，由实验结果找出相关物理量之间的联系和变化规律。

由于电弧炉冶炼是高温过程，通过冷态测试可以对喷头的几何尺寸、射流物性及冶炼效果进行研究，为氧枪的设计、改进和使用提供指导。

计算流体力学（CFD）是建立在经典动力学和数值计算方法基础上的新学科。应用计算流体力学的方法，通过计算机编制和运行程序，并通过满足流体能量、动量和热传输的三大守恒定律的数值运算，最终求得在确定边界条件和初始条件下所求物理量的数值解。计算流体力学兼有理论性和实践性的双重特点，为复杂的流体流动和传热提供了有效的解决方法。

由于电弧炉炼钢属于高温冶金过程，通过传统的测试方法很难对反应过程进行研究。因此长期以来，研究者都将高温的炼钢电弧炉视为黑箱，考虑其输入输出而建立模型，或在经验或部分检测的基础上建立灰箱模型。这限制了研究者对电弧炉内的具体情况做出定量的认识。而利用数值模拟的方法可以定量地计算出电弧炉内的速度、温度等，使炼钢工作者对电弧炉内的速度场、浓度场及温度场的分布规律有了一定的认识，为提高电弧炉冶炼水平、改善电弧炉运行情况提供理论指导。

本章的前半部分将对电弧炉用氧气射流的冷态测试技术进行介绍，主要涉及速度、温度及流量等的测试原理和测试方法；后半部分将对电弧炉用氧的模拟技术进行介绍。

4.1 测试技术介绍

冶金测试过程中需要检测各种物理参数，从实验对象中提取有用的信息。测试系统是通过集传感器、信号采集、信号转换、分析、处理和计算机等技术为一体获取有用信息的重要工具和手段。在冶金测试中应用现代测试技术将提高科技人员研究实验过程的瞬态现象的能力，实现实验过程的自动控制。

在测试过程中，信息和规律蕴含在信号之中，并通过其传输。信号包括电信号、光信号等，其中电信号在转换、处理、传输和运用上都有明显是优势，所以是现在应用的最广泛的信号。各种非电信号往往被转化为电信号，然后传输、处理和应用。一般来讲，测试系统包括传感器、信号调理变换装置、信号传输装置和显示记录装置。其大致的框图如图4-1所示。

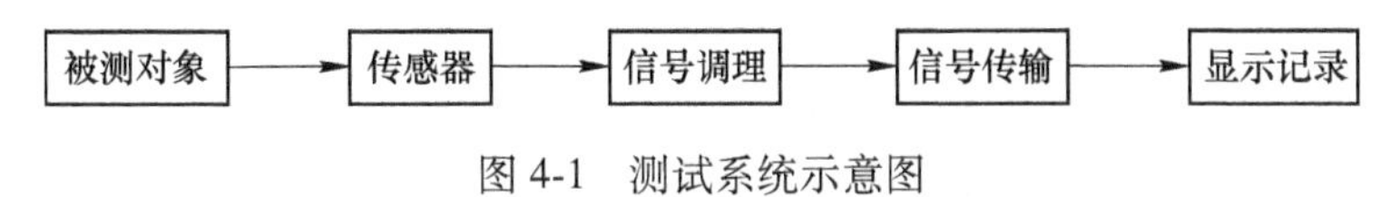

图4-1 测试系统示意图

（1）被测对象。被测对象是测试系统信息的来源，如位移、压力、温度、速度、流量等，它决定着整个测试系统的构成形式。

（2）传感器。传感器是直接作用于被测量，并能把被测量（如物理量、化学量）转换成电信号输出的器件。测试系统获取信息的质量往往由传感器性能决定。传感器形式多样，实际使用中应根据系统的要求来选定。

（3）信号调理装置。将传感器的感应到的模拟信号转换成适用于传输和处理的形式，这种信号的转换通常为电信号的转换。一般而言，调理变换装置通常选用电桥、放大器、滤波器、调制器、解调器、运算器、阻抗变换器等器件来组成。

（4）信号传输装置。信号传输装置用来实现信号按照某种特定的格式传输，是测试系统的核心。按使用的处理器可以分为专用微机型和通用微机型。

（5）显示装置。分析结果可用数据、图标、图形、报警等方式显示，主要作用是使人们了解测试数值的大小或变化的过程。在传感器的开发中，物性型传感器、集成智能传感器和化学传感器的开发尤为引人注目[1]。

4.2 物理模拟

4.2.1 物理模拟简介

水模型实验属于物理模拟（physical modeling）实验。物理模拟是通过物理模型和借助于必要的测试手段对真实的物理过程进行模拟并观测的研究方法。其具体方法是先利用相似原理建立物理模型，而后利用易于达到的实验条件对复杂生产过程中的关键特征进行模拟。通常的实验方法是在等比例缩小的物理模型上，采用模拟介质替换的方法进行实验，最终将物理模拟结果转换到原型中。物理模拟有两种类型：第一类是精确的物理模型或称完全模拟，它严格按照相似原理构造模型，实验结果也可以直接进行比例放大。在研究水利、热工等专业的课题中，经常应用这类模型。第二类是半精确模型或称部分模拟，用来研究过程中的关键现象。

物理模拟的优点在于它的直观型和普遍性。有些物理过程十分复杂，靠一般的实验或者数学模拟难以对其做出准确的判断，这时物理模拟法便成了必不可少的研究方法。物理模拟还有着可以缩小模型比例的优点，因此可以节省大量实验经费。

4.2.2　相似原理

相似的概念首先出现在几何学里，如图 4-2 中的两个相似三角形。这两个三角形具有如下性质，称为“相似性质”：各对应线段比例相等，各对应角彼此相等，即：

$$\frac{l''_1}{l'_1} = \frac{l''_2}{l'_2} = \frac{l''_3}{l'_3} = C_0 \tag{4-1}$$

$$A = A',\ B = B',\ C = C' \tag{4-2}$$

式中，C_0为比例常数。

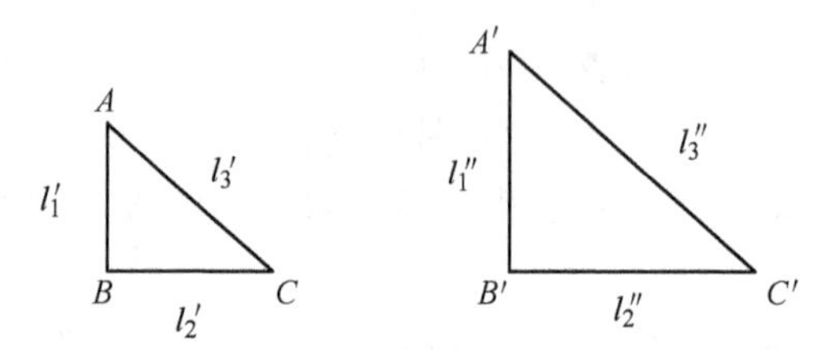

图 4-2　几何相似

反过来讲，满足什么条件（条件要最少，但是要充分的）两个三角形才能几何相似呢？称之为“相似条件”：

$$\frac{l''_1}{l'_1} = \frac{l''_2}{l'_2} = \frac{l''_3}{l'_3} = C_0 \tag{4-3}$$

在工程中，流体流动现象除了几何相似之外，还有时间相似、速度相似、力学相似、密度相似等。对于这些物理量，相似是指这些物理场相似。就是说，如果这些物理量是矢量，那么在流动空间的各对应点对应的时刻上，这些矢量方向一致、大小互成比例；如果物理量是标量，那么在流动空间的各对应点对应时刻上，这些量大小成比例。很明显，物理现象的相似要比几何相似复杂得多。

4.2.2.1　单值条件及相似三定理

为求得某一具体的流动现象的特解，必须给出“单值条件”，而“单值条件”反映了具有普遍共性的各具体现象特殊的个性。它是把同一类的许多现象互相区别开来的标志。

单值条件包括：几何条件、物理条件、边界条件和初始条件。当上述条件给定之后，一个特定的、具体的流动状态就确定了。

相似第一定理：彼此相似的现象必定具有数值相同的相似准数。

相似第二定理：凡同一种类现象，若是单值性条件相似，而且由单值性条件的物理量所组成的相似准数在数值上相等，则这些现象必定相似。

相似第三定理：描述现象的各种量之间的关系可以表示成相似准数 X_1，X_2，…，X_n之间的函数关系，即：

$$F(X_1, X_2, \cdots, X_n) = 0 \tag{4-4}$$

这种关系式称为准数关系式或准数方程。

根据相似第一定理，彼此相似的现象，相似准数保持同样的数值，所以它们的准数方程式也是相同的。如果能把模型流动的实验结果整理成准数方程式，那么这种准数方程式就可以推广到所有与之相似的实体流动中去。这样，在无法用分析法求解流动的基本方程组的情况下，就可以用实验的方法得到基本方程在某具体条件下的特解，特解形式就是从实验结果整理成的准则方程式。

4.2.2.2 相似准数及其物理意义

均时性准数 $Ho=vt/l$。l/v 可以理解为速度为 v 的流体质点通过某个系统中某一定性尺寸 l 距离所需要的时间，而 t 可理解为整个系统流动过程进行的时间，二者的比值为无量纲时间。若两个不稳定流动的 Ho 数相等，则它们的速度场随时间改变的快慢是相似的。

弗鲁德准数 $Fr=gl/v^2$，若其分子分母都乘以 ρ，则其分子项反映了单位体积流量的重力位能，而分母项表示单位体积流体的动能的两倍。所以 Fr 数表示的是流体的位压和动压的比值，位压与动压又分别与重力和惯性力呈正比，故 Fr 数也表示重力与惯性力的比值。

欧拉准数 $Eu=p/(\rho v^2)$，它表示流体的压强与惯性力的比值。Eu 数分子、分母的量纲都是压强量纲，所以它表示的也是无量纲压强。如果两个流动现象的 Eu 数相等，则它们的压力场也是相似的。

雷诺准数 $Re=\rho vl/\mu$，如改写成 $Re=\rho v^2/(\mu v/l)$，其分子、分母的量纲都是速度量纲，所以它也表示无量纲速度。如果两个流动现象的 Re 数相等，则它们的速度分布是相似的。

4.2.3 物理模拟在炼钢中的应用

4.2.3.1 炼钢水模拟

冶金过程非常复杂，将冶金过程产生的现象完全地进行模拟是十分困难的。

因此，冶金模拟实验通常使用物理相似原理。在做模拟实验时，需要根据相似原理，将实际条件下的一些物理量相似模拟到模型实验中。在实验前通常要做物理相似的计算，即按模型和实际过程中决定性的相似准数的关系，确定相应的实验方法。

由于冶金过程涉及的相似准数很多，研究不同的情况，需要考虑不同的相似准数。冶金模拟实验，通常选取介质水来模拟金属液，水模型中流动和实际钢液流动相似条件为 *Fr* 数和 *Re* 数相等，即：

$$Fr_{水} = Fr_{钢}，Re_{水} = Re_{钢} \tag{4-5}$$

如果取反应器尺寸作为特征长度 L，液面流速作为特征速度 u，当 *Fr* 数相等时：

$$u_{水}^2/gL_{水} = u_{钢}^2/gL_{钢} \tag{4-6}$$

所以

$$u_{水}/u_{钢} = (L_{水}/L_{钢})^{1/2} \tag{4-7}$$

当 *Re* 相等时，

$$\rho_{水}u_{水}L_{水}/\mu_{水} = \rho_{钢}u_{钢}L_{钢}/\mu_{钢} \tag{4-8}$$

应用尺寸 1∶1 模型，可以保证 *Fr* 数和 *Re* 数相等，相似条件是十分理想的。但是，大多数冶金模拟实验往往采用等比例缩小几何模型，仅仅保证 *Fr* 数相等，而检验 *Re* 数是否属于同一自模化区即可[2]。

4.2.3.2 水模型实验方法

A 溶池混匀时间

冶金过程中，混匀时间具有重要的意义。熔池中金属液的混合情况直接影响到冶金反应的速度。故研究冶金溶池流动、混合等宏观动力学因素的影响，已日益受到冶金工作者的重视。混匀时间的研究通常在水模型中进行。

a 电导法

电导法是测量混匀时间最常用的方法，将 KCl（一般取 200g/L）溶液瞬间注入水介质中，然后连续测量水中的电导率变化，直至电导率稳定时为完全混匀时间。图 4-3 是电弧炉复合吹炼水模型装置示意图。

b pH 值法

测量熔池混匀时间还可以应用 pH 值法，实验时在水中加入稀硫酸，用 pH 计或者离子计测量 pH 值的变化，以确定混匀时间。

B 气液反应模拟

气液反应是冶金过程中的重要反应。模拟过程，往往采用一些能够反映水介质 pH 值的反应来模拟钢液中的气液反应。例如，复合吹炼转炉过程的传质模拟研究可以采用 $NaOH\text{-}CO_2$ 体系实验。实验时可以将一定溶度的 NaOH 注入水介质中，用喷枪将 CO_2 气体吹入溶池中。它们之间将发生化学反应，溶池中的 pH 值发生变化。用电极探头输出 pH 值变化信号，在计算机中进行在线测量。

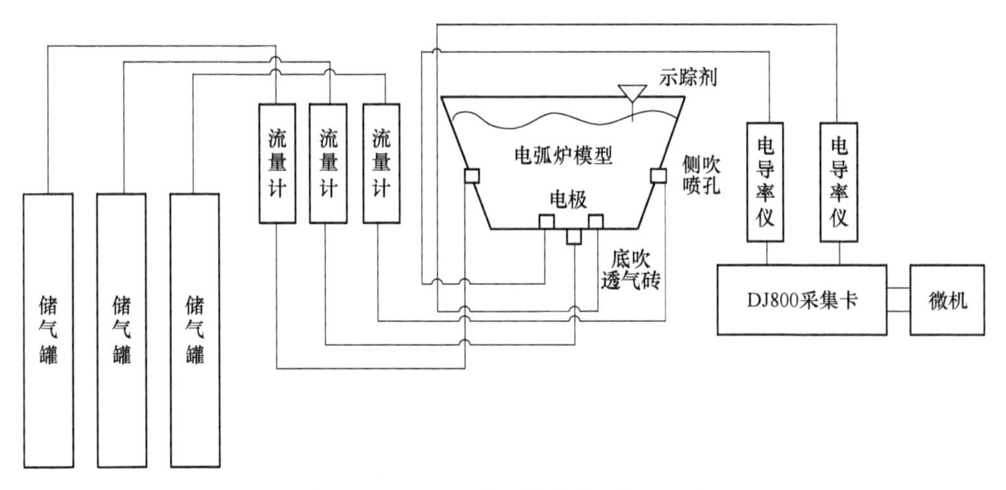

图 4-3 电弧炉复合吹炼水模型装置示意

C 喷粉颗粒模拟

模拟喷射冶金喷粉过程，采用的粉粒通常要用聚苯乙烯粒子或者发泡聚苯乙烯粒子，也可以采用砂糖、丙烯等料模拟粉粒[3]。实验室由载气将粉粒通过浸入式弯头喷枪喷入水介质中。实验记录主要为以下三个部分：

（1）拍照粉粒突破气泡界面的现象，以研究粉粒突破气泡的条件，测定粉粒突破气泡后的射入水中长度。

（2）连续拍照喷粉喷入水中后，在容器内的分散情况，以判定粉粒在水中均匀分散所需时间。

（3）同时用电导法测定喷粉时容器内的混匀时间。

图 4-4 所示为喷粉过程中观测拍摄的粉粒喷入水中之后的分散现象。

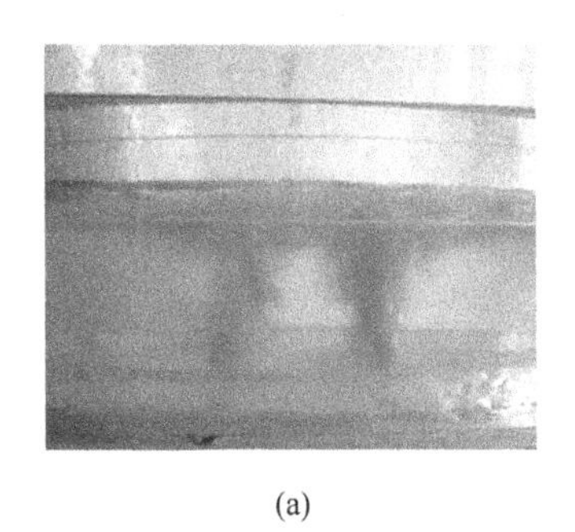
(a)

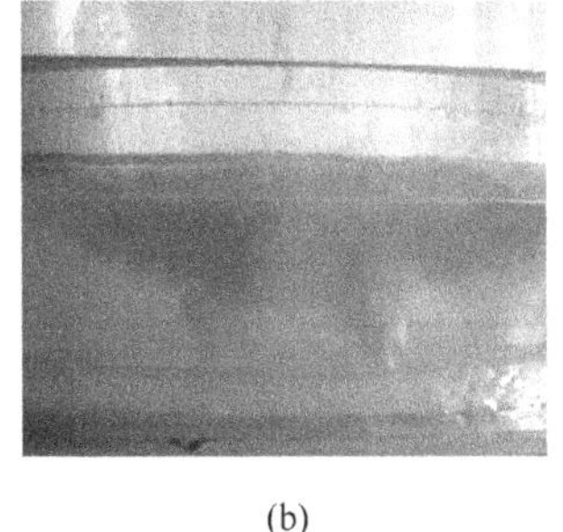
(b)

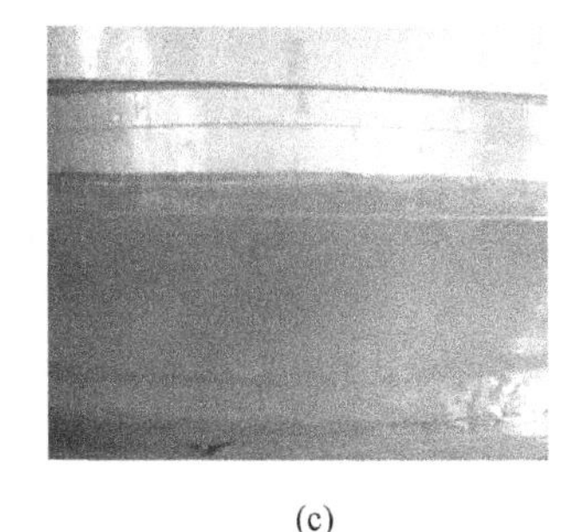
(c)

图 4-4 不同时刻的喷粉情况

（a）1s；（b）2s；（c）3s

D 熔池流场研究方法

测定熔池混匀时间或流体停留时间分布可以得到熔池内流动混合的宏观效果，但不能说明熔池内液体流动的实际情况。例如，熔池内有死区存在，但死区在什么部位，以上实验方法不能得知，为了解冶金容器内确切的流动情况，需要在水模型中对熔池流场进行研究。

研究熔池流场的水模型实验方法有：

（1）用测速仪对流场的速度分布进行定量测定。

（2）流场的示踪显示。

4.3 数值模拟

氧枪冷态测试系统运用数据、图形处理技术后，可以快速方便地对氧气射流流场进行测定，并可以直观地显示出处理结果。但是冷态测试技术只能定性地反映氧气射流对熔池的冲击情况，而不能得到氧气射流在工作环境下对熔池的冲击深度和面积，也不能反映出在不同氧气射流情况下的熔池的搅拌情况。氧枪工作的温度远远高于冷态测试的温度，因此冷态测试的结果也并不是氧枪工作时的情况。

为了进一步了解氧枪在工况下的射流状况，在现阶段对电弧炉内高温环境测量还不能有效实现的情况下，数值模拟技术成为了一个研究氧气射流的重要手段。数值模拟技术是在计算流体力学与计算机学的基础上发展来的，通过将计算区域网格化，在网格节点上建立满足各守恒方程的方程组，然后离散化求解，求得各网格节点的物理属性值。通过后处理可以求得求解问题的速度场、温度场等。

4.3.1 数值模拟原理

流体流动要受到物理守恒定律的支配，基本的守恒定律包括：质量守恒定律、动量守恒定律和能量守恒定律[7]。

如果流动包括有不同组分的混合或相互作用，系统还要遵守组分守恒定律。如果流动处于湍流状态，系统还要遵守附加湍流输运方程。而控制方程就是这些守恒定律的数学描述。下面介绍这些基本守恒定律的控制方程。

4.3.1.1 质量守恒方程

质量守恒方程又称为连续性方程，任何流动都必须满足质量守恒定律[8]。该定律可以表述为：单位时间内流通微元体中质量的增加，等同于同一时间间隔内流入该微元体的净质量。按照这一定律可以得到质量守恒方程：

$$\frac{\partial \rho}{\partial t} + \nabla(\rho v) = S_{\mathrm{m}} \tag{4-9}$$

该方程是质量守恒的一般形式，它适用于可压缩流动和不可压缩流动。式中，ρ 为密度；v 为速度矢量；源项 S_m 加入连续相的质量或其他自定义源项。

4.3.1.2 动量守恒方程

动量守恒定律也是任何流动系统都必须满足的基本定律，其本质是牛顿第二定律。该定律可表述为：微元体中流体的动量对时间的变化率等于外界作用在该微元体上各种力之和。按照这个定律在惯性系中的动量守恒方程可以表示为：

$$\frac{\partial(\rho v)}{\partial t} + \nabla(\rho vv) = - \nabla p + - \nabla(\tau) + \rho g + F \tag{4-10}$$

该式适用于任何类型的流体（包括非牛顿流体）。式中，p 为流体微元体上的压力（静压）；g 和 F 分别表示作用在微元体上的重力体积力和其他外部体积力（如外电场力、磁力等），或其他的模型相关源项；τ 是因为分子黏性作用而产生的作用在微元体表面上的黏性应力张量，对于牛顿流体，黏性与流体的变形率呈线性关系：

$$\tau = \mu\left[(\nabla v + \nabla^{T}) - \frac{2}{3}\nabla vI\right] = \tau_{ij} = \mu\left[\left(\frac{\partial u_i}{\partial x_j} + \frac{\partial u_j}{\partial x_i}\right) - \frac{2}{3}\delta_{ij}\frac{\partial u_k}{\partial x_k}\right] \tag{4-11}$$

对其他非牛顿流体，黏性应力和流体的变形率呈非线性关系。

4.3.1.3 能量守恒方程

能量守恒定律是包含有热交换的流动系统必须满足的基本定律，其本质实际是热力学第一定律。该定律可以表述为：微元体中能量的增加率等于进入微元体的净热流通量加上体积力与表面力对微元所做的功。仿真软件 Fluent 中求解的能量方程的形式为：

$$\frac{\partial(\rho E)}{\partial t} + \nabla(V(\rho E + p)) = \nabla\left(k_{\mathrm{eff}}\nabla T - \sum_j h_j J_j + (\tau_{\mathrm{eff}} V)\right) + S_h \tag{4-12}$$

式中，$E = h - \frac{p}{\rho} + \frac{v^2}{2}$ 代表微元体流体为团的总能，即内能和动能之和，对于理想气体，可感焓 $h = \sum_j Y_j h_j$，对于不可压缩流体 $h = \sum_j Y_j h_j + \frac{p}{\rho}$，式中 Y_j 是组分 j 的质量分数，组分 j 的焓定义为 $h_j = \int_{T_{\mathrm{ref}}}^{T} c_{p,j}\mathrm{d}T$，其中 $T_{\mathrm{ref}} = 298.15\mathrm{K}$，气体的定压比热容在完全气体中是常数，在完全气体时可以选择拟合多项式。$k_{\mathrm{eff}} = k_i + k$ 代表有效导热系数（即根据湍流模型定义而得的湍流导热系数与层流导热系数之和）；J_j 是组分 j 的扩散通量。方程（4-12）的右边三项分别是由导热、组分扩散和黏性好散所引起的能量传递。S_h 代表由于化学反应引起的放热和吸热，或代表其他自定义的热源项。

4.3.1.4 湍流控制方程[9~11]

湍流运动的特征是在运动中流体的质点具有不断的、随机的相互掺混的现象，速度和压力等物理量在空间和时间上都具有随机性质的脉动。前面叙述的连续性方程、动量方程、能量方程无论对湍流还是层流都是适用的。对于湍流，最根本的模拟方法是在湍流尺度的网格尺寸内求解三维瞬态的控制方程，即时湍流的直接模拟法（direct numerical simulation，DNS），但由于其对所需网格数和时间步长要求十分严格，还无法用于真正意义的工程计算。

针对现在的计算机能力，对湍流的精细模拟可以选用大涡模拟法（large eddy simulation，LES），即放弃对全尺度范围上涡的运动模拟，而只将比网格尺度大的湍流运动通过直接求解瞬态空盒子方程计算出来，小尺度的涡对大尺度运动的影响则通过建立近似的模型来模拟。

但传统的工程设计只需要知道平均作用力和平均传热量等参数，即只需要了解湍流所引起的平均流场的变化，所以只需要求解时间平均的控制方程组，而将瞬态的脉动量通过某种模型的时均方程体现出来，这就是 RANS（reynolds averaged Navier-Stokes），经过时均后湍流控制方程如下所示：

$$\frac{\partial(\rho u_i)}{\partial t} + \frac{\partial(\rho u_i u_j)}{\partial x_j} = -\frac{\partial P}{\partial x_i} + \frac{\partial}{\partial xj}\left[\mu\left(\frac{\partial \rho u_i}{\partial x_j} + \frac{\partial \rho u_j}{\partial x_i} - \frac{2}{3}\delta_{ij}\frac{\partial u_k}{\partial x_k}\right)\right] + \frac{\partial}{\partial x_j}(-\rho u_i' u_j') \tag{4-13}$$

为了封闭方程，可以再推导出雷诺应力等关联项的输运方程，即雷诺应力模型；或者将雷诺应力类比于黏性应力，把雷诺应力表示为湍流黏性和应变率之间的关系式，再寻求模拟湍流黏性的方法，湍流黏性模型有代数模型、单方程模型和双方程模型等。

仿真软件 Fluent 中提供的 RANS 模型包括：单方程模型、双方程模型系列（标准 *k-e* 模型、RNG *k-e* 模型、可实现 *k-e* 模型）、*k-w* 模型系列（标准 *k-w* 模型、SST*k-w* 模型）、雷诺应力模型等。Fluent 还提供了 DES（detached eddy simulation）离散涡模拟方法，在远离壁面区域使用大涡模拟法，靠近壁面区域使用 RANS 方法。

目前还没有一种普遍适用所有模拟的湍流模型，通常根据不同的物理问题及拥有的计算资源来选择合适的湍流模型。

除了上述四个控制方程，在特定的体系中，可能存在质的交换，或者存在多种化学组分，每一种化学组分都要遵守质量守恒定律，还应满足组分质量守恒控制。

4.3.2 计算流体力学求解过程

早期的数值模拟过程的实现需要研究者根据所研究问题自己编写程序计算，

这种方法要求研究者在计算机程序语言和所研究问题的领域都要有一定的造诣，因此限制了数值模拟技术的发展。同时研究者自己编写的程序往往较粗略、简单，难以满足收敛的要求，计算结果也较粗略。随着商业化的模拟仿真软件，如 Fluent、Ansys、CFX 等的出现，使数值模拟的研究者只需要致力于所研究的领域问题的研究，不仅避免了自己编写程序的繁琐，商业化软件的强大功能也提高了数值模拟结果的精度，促进了数值模拟技术的发展。现代数值模拟的一般步骤包括以下几点。

（1）建立基本守恒方程组。数值模拟的第一步是由流体力学、热力学额、传热传质学、燃烧学等的基本原理出发，建立质量、动量、能量、组分和湍流特性的守恒方程组[12]。但对于湍流、多相流等，由不同的模拟理论出发，往往基本的守恒方程组也不同。因此如何构造基本方程组也是模拟理论的重要部分。

（2）建立或选择模型或封闭方法。基本守恒方程往往是不封闭的，特别对于湍流、多相流和化学反应流。为了使方程封闭，仿真模拟软件预设了很多物理模型，如湍流模型、两相流模型、湍流反应模型、辐射换热模型等，可根据不同的研究问题选择不同的模型。用户还可以利用实验事实或物理概念通过 UDF 功能自己实现物理模型的模拟。

（3）确定初始与边界条件。数值模拟应根据给定的集合形状和尺寸，由问题的物理特征出发，确定计算域的进出口、轴线及各壁面或自由面的条件。边界条件的合理与否关系着数值模拟是否能顺利进行。初始条件是所研究对象在过程开始时刻各个求解变量的空间分布情况。对于瞬态的非定常问题必须给定初始条件。对于定常问题，不需要初始条件。

（4）划分计算网格。数值模拟需要将控制方程在空间区域上进行离散，因此需要使用网格。仿真模拟软件前往往自带前处理器，可以帮助方便地划分各种二维或三维的网格。

（5）建立离散化方程。用数值方法求解偏微分方程组，必须将该方程组离散化，即把计算域内有限数量位置（网格节点和网格控制体中心点）上的因变量作为未知变量来处理，从而建立一系列关于这组未知量的代数方程组，然后通过求解代数方程组来得到这些节点的值。

对所引入的因变量在节点的分布，假设及推导离散化方程的方法不同，形成了有限差分法、有限容积法、有限元法和有限分析法等不同类型的离散方法。Fluent 使用的是有限容积法。

在一种离散方法中，对方程中对流项采用的离散格式不同，也导致了不同的离散方程，这种离散格式通常称为空间差分格式，仿真模拟软件提供了多种差分格式，如中心差分、一阶迎风差分、二阶迎风差分、QUICK 格式、三阶 MUCSL 格式等，还有为可压缩流动中激波等间断捕捉设计的 Roe 格式、AUSM 类格式等。对于非定常问题，还需设计时间上的差分。

（6）制定求解方法。对离散完的差分方程组已经有多种不同的求解方法，如涡量-流函数算法、基于压力-速度修正算法（SIMPLE 系列算法）、基于密度的耦合隐式或显式时间推进求解算法等。仿真模拟软件求解器提供了多种算法。

（7）数值模拟结果与实验的对比。对各种工况进行大量的模拟计算后，如果判断解收敛，就可以得到一批可用的变量场预报结果。仿真模拟软件提供了多种手段将预测的物理量场显示出来，包括线值图、矢量图、等值线图、流线图等。这些模拟的结果需要同变量场的测量结果相对比，如速度场的激光测量结果、热电偶获得的温度场结果等，或根据一些理论结果，定性、定量地评价模拟结果或模拟理论和方法的优缺点和可靠性，方便选择更加合适的模拟理论及模拟方法。

4.3.3　数值模拟实例

对氧枪的数值模拟主要包括两种研究方法：一种为模拟氧气射流在空气中的射流情况，通过这种模拟方法虽然不能直接显示出氧枪对熔池的搅拌作用情况，但能定性反映出氧枪的优劣；另一种是利用多相流模型模拟出氧气射流对熔池的冲击搅拌作用，这种方法直接反映了氧气射流对熔池的作用，更好地反映了氧枪的性能。明显地，第二种模拟方法得出的流场结果更能反映氧枪的性能，并更好反映生产的实际情况，但是由于多相流模型复杂，求解困难，因此第一种方法在定性研究氧枪优劣性能时得到了广泛应用。而通过多相流来模拟电弧炉熔池情况，现在还处于探索研究阶段。

4.3.3.1　氧气射流模拟

Cedric Harris 等人[13]在 KT 氧枪数值模拟的基础上，研究开发了一系列新型的超声速氧燃枪。新型的氧燃枪在不同阶段可以发挥不同作用。并对新型氧燃枪安装不同的氧燃喷头的火焰形状做了模拟，火焰形状如图 4-5 所示。

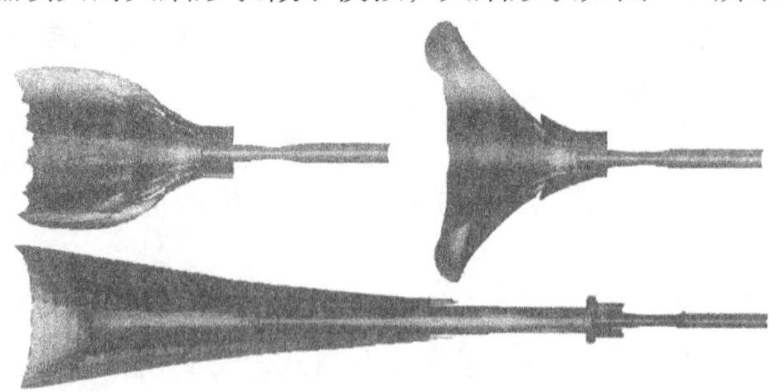

图 4-5　KT 氧枪不同喷头形状下的火焰模拟形状

Enrico Malfa[14]等人对KT电炉超声速集束氧枪氧气射流进行数值模拟，对不同环氧、环燃气和主氧情况下的射流超声速段进行了研究，结果如图4-6和图4-7所示。数值模拟的结果显示，KT氧枪的超声速段可以达到2.5m。验证了影响超声速段长度的主要因素是拉瓦尔管出口的直径和它的工作环境。在环绕燃气存在的情况下，燃气生成的CO和O_2的湍流掺混减少，这使超声速段的长度得到了保证。

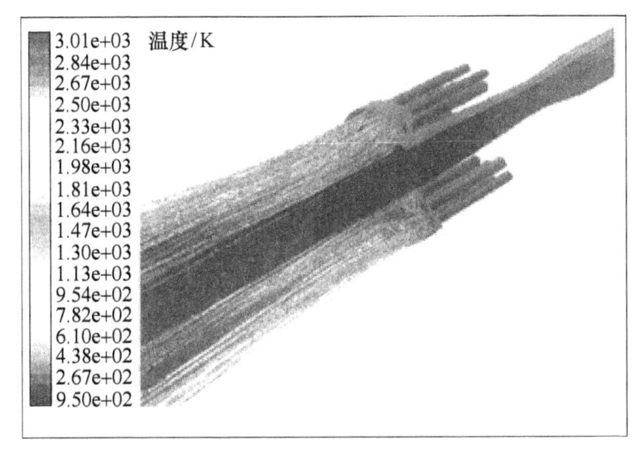

图4-6 氧气射流示踪图

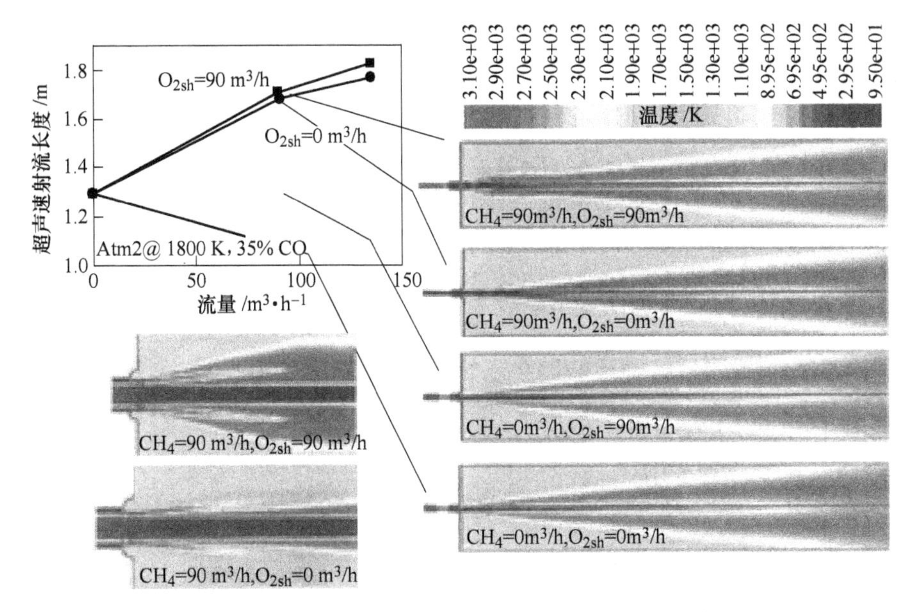

图4-7 集束氧枪不同环氧流量下的超声速段长度

国内学者利用数值模拟方法对氧气射流进行了很多研究。研究者通过 Fluent、CFX 等软件对集束氧枪和超声速氧枪的流场特征进行对比，并在数值模拟的基础上改善生产工艺、优化氧枪的结构。

课题组王慧知等人[15]研究不同喷吹流量对超声速氧枪射流特性的影响，他们发现气体射流的有效速度段长度会随着流量的不断增大而延长，如图 4-8 所示。课题组李三三等人[16]对集束射流氧枪进行了模拟研究，分析了环气流量、环缝直径对射流特性的影响。

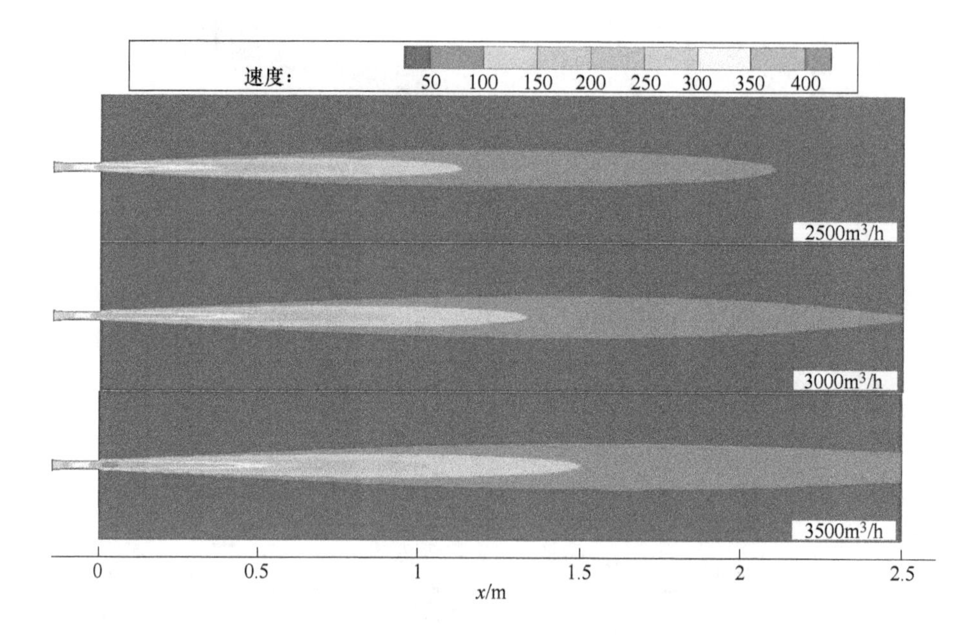

图 4-8　不同流量下超声速射流速度分布

4.3.3.2　多相流模拟

多相流模拟能够较为真实地反映出流场的速度分布以及冲击形貌，从而对炼钢过程提供一定的指导。国内外的相关研究工作者对转炉以及电弧炉的熔池流动进行了深入的研究。

D. Muñoz-Esparza 等人[17]研究了气体射流和水之间的相互作用。他们研究了凹坑模式与喷溅模式两种情况的凹坑形貌，并与 PIV 所测结果进行了对比分析。他们得出了凹坑直径以及凹坑深度的波动规律，这对以后液面凹坑形貌的形成具有理论意义。图 4-9 所示为射流速度分布。

课题组何春来等人[18]利用 CFD 软件对某厂 150t 电弧炉进行了三维三相流数值模拟，并且将射流冲击深度的数值模拟结果与水模实验外推结果进行了比较，

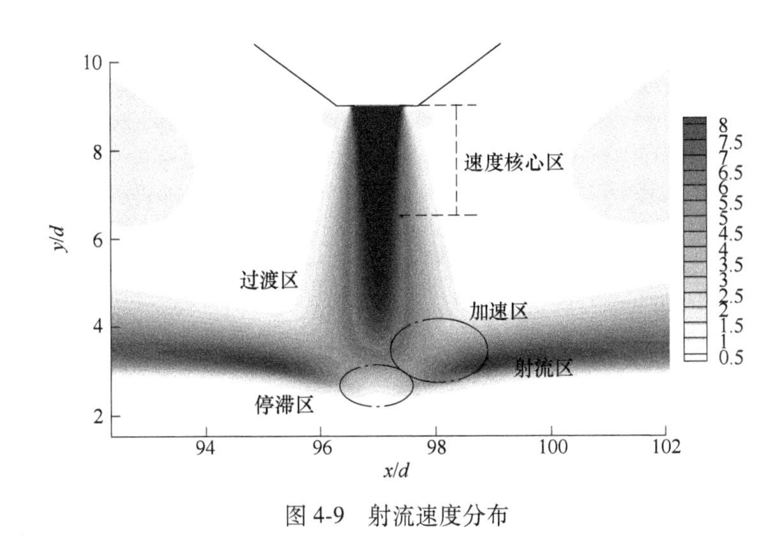

图 4-9 射流速度分布

两者吻合较好。研究结果表明：由于氧气射流的冲击，在熔池表面形成未被渣层覆盖的裸露钢液面，裸露钢液面是氧气与钢液的主要接触区域。图 4-10 所示为不同时刻熔池的速度分布。图 4-11 所示为电炉炼钢在不同射流速度下气-渣-金三相流模拟速度场。

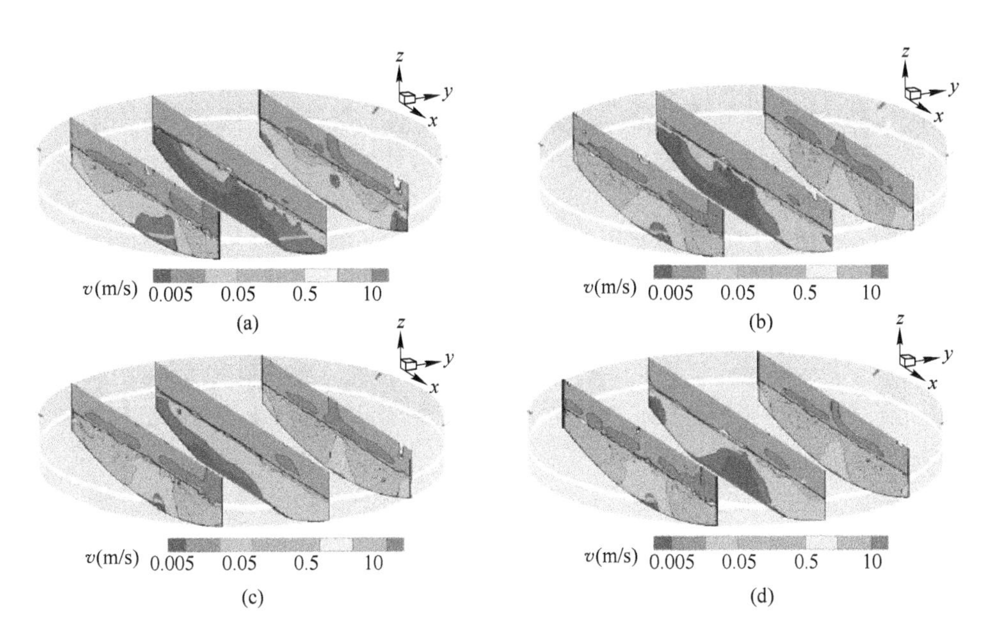

图 4-10 不同时刻熔池的速度分布

(a) 2s；(b) 4s；(c) 6s；(d) 7s

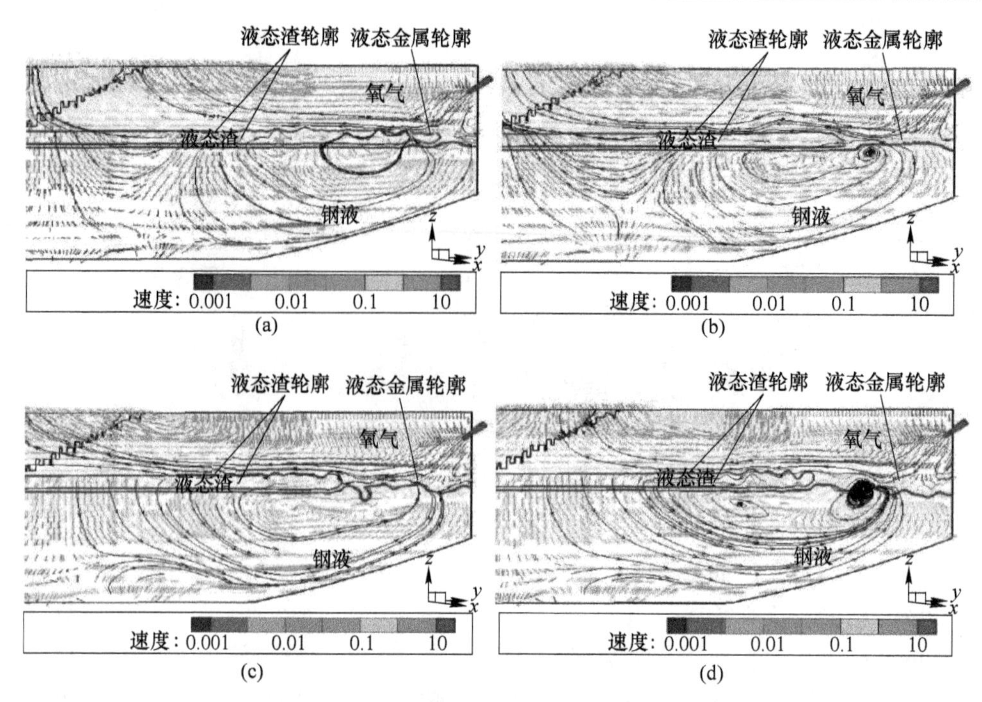

图 4-11 电炉炼钢在不同射流速度下气-渣-金三相流模拟速度场

(a) 500m³/h；(b) 1000m³/h；(c) 1500m³/h；(d) 2000m³/h

4.4 喷头冷热态测试

随着电弧炉用氧技术的推广，氧枪逐渐成为电弧炉炼钢中的关键设备。氧枪射流是复杂的超声速射流，其在电弧炉内流动极其复杂。除了理论分析外，在实验室对氧气流股的运动规律进行测定，就成了研究氧气射流的重要手段。奥地利、德国、美国和日本等国家从 20 世纪 50 年代开始进行氧枪喷头的冷态测试研究，得到了许多有指导意义的成果[19]。

北京钢铁学院（现北京科技大学）于 20 世纪 70 年代初成立喷枪实验室，建立我国第一套专门进行氧枪喷头射流特性测试的设备。北京科技大学在 1995 年拆除了测试装置，并在昌平基地新建了新的可满足大型转炉及电弧炉氧气射流的测试系统。

测试设备主要由空气压缩机气源及输气管路系统、氧枪射流测试装置及测量坐标系统、多点压力快速测量系统、数据采集及处理系统和噪声屏蔽系统组成。其中多点压力快速测量系统由感压探针、压力传导管、压力传感器、测量放大器、数模转换器和高精度直流稳压器等组成。测压排管引出的每一根压力传导管与相应的一个压力传感器相连接。测量时，压力传感器将感压探针感受到的压力信号转换为电信号（模拟量），经多通道放大器输入 12 位 A/D 快速采样器，转换为数字量后输入计算机，由数据处理软件，利用测点固定和速度剖面对称的特点，采用分解式等值线绘图法和逐步叠加法的办法，绘制出反映射流流股特性、等值线和冲击面积的各种图标和曲线。测量系统结构如图 4-12 所示。

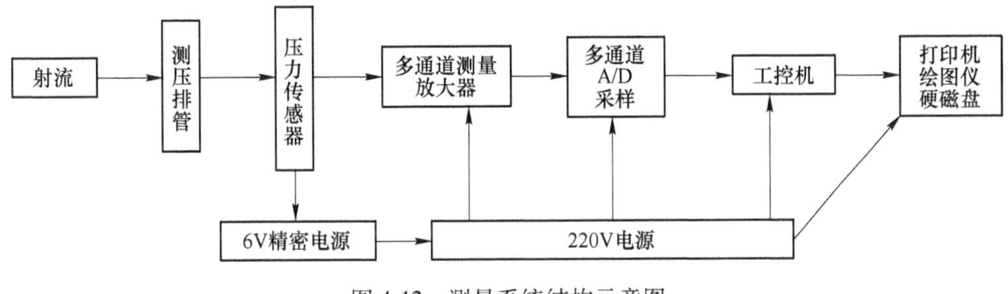

图 4-12 测量系统结构示意图

4.4.1 超声速喷管出口马赫数的测定

对氧枪的马赫数测定方法有很多种，这里主要介绍根据氧枪形状和进出口压力确定马赫数、根据激波前后压强确定马赫数和斜激波角测量方法确定马赫数等三种方法。

（1）根据等熵流表确定。气流在超声速喷管中绝热流动时，根据氧枪喷头的出口面积 A 与喉口面积 A^* 的比值和进出口压力的比值确定气流的马赫数。

由于电弧炉氧枪采用单孔设计，其出口面积 A 与喉口面积 A^* 的比值为出口直径 d 与喉口直径 d^* 比值的平方，即：

$$\frac{A}{A^*} = \left(\frac{d}{d^*}\right)^2 \tag{4-14}$$

在等熵流表中，根据$\frac{A}{A^*}$的值可以查得两个马赫数值。进一步根据进出口压力的比值可以确定氧枪喷头出口气流的马赫数。需要强调的是，当管口产生激波时，应根据普朗特公式确定产生激波的进口压力，因此来确定出口的马赫数是否达到超声速[18,20]。在进口压力足够大的情况下，氧枪出口的射流达到超声速，可以直接根据等熵流表直接查出大于 1 的马赫数值。

以上的马赫数确定是通过测量后理论推导的结果，由于氧枪正常工作时会受到壁面光滑程度、外界工作环境等因素的影响，因此此时测得的马赫数与实际值有偏差。

（2）根据激波后的总压和激波前的静压确定。超声速射流在受到测压导管的干扰时，会产生激波。通过激波后总压和激波前的静压之比值的测定可以求得未受干扰时的射流马赫数，它们之间的关系为：

$$\frac{p_{oy}}{p_x}=\frac{\left(\frac{\kappa+1}{2}Ma^2\right)^{\frac{\kappa}{\kappa-1}}}{\left(\frac{2\kappa}{\kappa+1}Ma^2-\frac{\kappa-1}{\kappa+1}\right)^{\frac{1}{\kappa-1}}} \tag{4-15}$$

式中，p_{oy}为激波后总压力；p_x 为激波前静压力；Ma 为激波前马赫数；κ 为气体绝热指数。

式（4-15）推导是在满足以下假设条件的基础上得出的：

a. 滞止流线穿过激波的交点处，激波局部垂直于滞止流线。

b. 激波后的亚声速区中，沿滞止流线运动的微团绝热地趋于静止。

空气或氧气的绝热指数为 1.4，只要知道$\frac{p_{oy}}{p_x}$的值，利用式（4-15）可以计算出马赫数 Ma_x。或者根据激波前马赫数与$\frac{p_{oy}}{p_x}$的关系表查出激波前的马赫数[21]。

激波后总压力用总压管可以求出，但激波后的静压不能直接测出，测量时静压管的侧壁孔应正好在出口的截面上，开孔前的尖针深入氧枪喷头内。超声速射流碰到静压管针尖后产生的斜激波。试验证明：如果静压孔开在离尖端 10 左右喷头管径处，则孔口的静压与未产生激波时气流的静压很接近[22]，因此测得激波后的静压力。

（3）用测量斜激波角的方法确定。超声速射流被尖锐的尖劈阻碍时，一定情况下会附着斜激波。试验观察到，尖劈的半顶角 δ 不变时，超声速气流的马赫数 Ma 不一样，产生的激波角度 σ 也不相同。它们之间的关系可以用下式来表示：

$$Ma=\frac{1}{\sin\sigma}\sqrt{\frac{5(k-1)}{7-\left(k+\frac{6}{k}\right)}} \tag{4-16}$$

其中
$$k=\frac{\tan\sigma}{\tan(\sigma-\delta)}$$

进一步分析还可以得知，对于一定的激波角度 σ，当马赫数 Ma 小于一定值时，不会产生激波。因此这种方法测量激波具有局限性，对于一定半顶角的尖劈来说，只能测量一定范围内的马赫数，在小于最低可测马赫数的范围内，此方法失效。

测量时，将薄尖劈正对超声速喷头出口气流，在垂直于气流方向上用平行光照射尖劈头及流股，如果尖劈产生斜激波，则在屏幕上可观察到阴影图像，用相机拍摄或笔描绘记录两条激波暗纹，用测角仪测出激波之间的夹角 2σ，根据已知的尖劈半顶角 δ，利用上式可以计算出喷头出口的马赫数。

4.4.2 射流温度的测定

4.4.2.1 概述

温度是表示物体冷热程度的物理量。温度的宏观概念建立在热平衡的基础之上。热量可以自发地从较热的物体传递到较冷的物体，直到温度相等。温度的微观概念表明物体温度高低标志着组成物体的大量分子无规则运动的剧烈程度，也是对其分子平均动能大小的一种量度。温度与物体的物理化学特性密切相关。

温度测量具有普遍性，温度传感器是使用最广泛的传感器，约占50%。温度传感器是通过物体的某种特性随温度变化而变化来间接测量的。温度传感器中，随温度而变化的材料性质有体积、电阻、电容、热噪声、电动势、磁阻、频率和光学特性等。

测温方法分为接触式测温和非接触式测温两大类。接触式温度传感器需要与被测介质保持热接触，使两者充分进行热交换以达到同一温度。这类传感器主要包括电阻式、热电偶和PN结传感器，该类传感器测温简单、可靠、精度高，但由于达到热平衡需要一定的时间，因此存在测温滞后现象，而且测温元件对被测对象的温度场有影响，有可能受到被测介质的腐蚀。非接触式温度传感器是通过被测介质的热辐射传到温度传感器，以达到测温的目的。这类传感器主要有红外测温传感器。这类测温方法可以测量各种状态物质的温度，测温速度快，但测温的误差相对较大。

4.4.2.2 接触式测温

A 液体玻璃温度计

液体玻璃温度计是基于液体体积随着温度升高而增大的原理制成的。最常见的液体玻璃温度计包括水银玻璃温度计、有机液体玻璃温度计等。这种温度计直观、准确、结构简单、造价低廉、使用简单，广泛应用于工业各个领域和实验室，但易碎、热惰性大、不能远传和自动记录，只能在测点处就地读数。

B 热电偶

热电偶是以热电偶作为测温元件，以测得与温度相对应的热电动势，再通过仪表显示温度。热电偶温度计是由热电偶、测温仪表及补偿导线构成的，常用于测量300~1800℃范围内的温度。热电偶温度及结构简单、准确度高、使用方便，适用于远距离测量和自动控制。

热电偶是热电高温计的敏感元件，它的工作原理是基于1821年赛贝克（Seeback）发现的热电现象，即两种不同的导体两端连接成回路，如两连接端温度不同，则回路内产生热电流的物理现象。热电偶是由两根不同的导线（热电极）组成，它们的一端是相互焊接的，形成热电偶的测量端（工作端），另一端（即参比端或自由端）则与显示仪器相连。热电偶示意图如图 4-13 所示。测量端插入待测温度的介质中，如果热电偶的测量端与参比端存在温度差，则显示仪表将显示出热电偶产生的热电动势。当热电偶的材料和参比端的温度确定后，热电势的大小是测量端的温度的单值函数，测量出热电势的大小就可以得到测量端的温度。

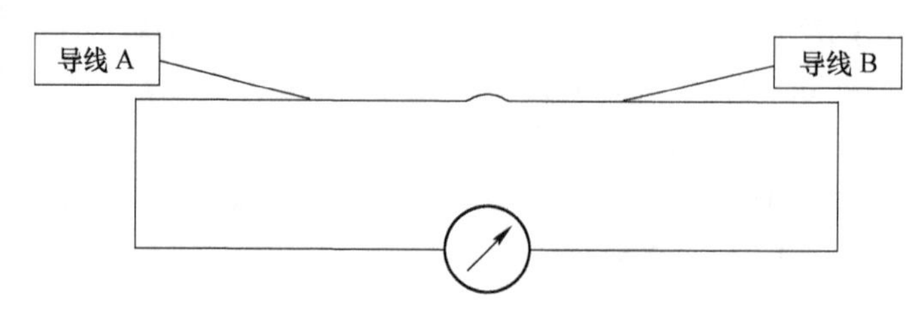

图 4-13　热电偶示意图

我国从 1988 年 1 月 1 日起，热电偶和热电阻全部按 IEC 国际标准生产，并指定 S、B、E、K、R、J、T 七种标准化热电偶为我国统一设计型热电偶。

工业用热电偶作为温度测量仪表，通常用来和显示仪、记录仪等配套使用，以直接测量各种生产过程中从 0～1800℃范围内的液体、蒸汽和气体介质以及固体表面的温度，并可根据用户的要求做成铠装、装配、防爆等适合多种工业现场和实验室要求的产品。热电偶的分度号与测温范围关系见表 4-1。

表 4-1　热电偶的分度号与测温范围关系

名称	分度号	测温范围/℃	直径/mm	允许误差
铂铑 30-铂铑 6	B	0～1800	ϕ12、ϕ16、ϕ20、ϕ25	±1.5℃或±0.25 %t
铂铑 10-铂	S	0～1600	ϕ12、ϕ16、ϕ20、ϕ25	±1.5℃或±0.25 %t
铂铑 13-铂	R	0～1600	ϕ12、ϕ16、ϕ20、ϕ25	±1.5℃或±0.25%t
镍铬-镍硅	K	-200～1300	ϕ12、ϕ16、ϕ20、ϕ25	±2.5℃或±0.75%t
镍铬-康铜	E	-200～800	ϕ12、ϕ16、ϕ20、ϕ25	±2.5℃或±0.75%t
镍铬-康铜	T	-200～350	ϕ12、ϕ16、ϕ20、ϕ25	±2.5℃或±0.75%t

此外，还有热电阻传感器和热敏电阻传感器等。热电阻的测温原理是基于导体的电阻值随温度变化而变化的特性，由于自热现象，不能测高温；热敏电阻测温原理是基于半导体的电阻值随着温度变化而变化的特性，分为负温度系数、正温度系数热敏电阻。

4.4.2.3 非接触式测温

所有温度高于0K的物体表面都会辐射出电磁波。非接触式测温的辐射温度计以物体辐射的电磁波为测量对象来进行温度测量。辐射测温计包括光学高温计、光电高温计和红外测温仪等。

近年来红外测温仪得到了很大的发展。

红外测温仪按测温范围来分类可分为高温（700℃以上）、中温（100~700℃）和低温（100℃以下）三种，按种类可以分为辐射温度计、亮度温度计和比色温度计等。辐射温度计利用热电传感器测试物体热辐射全部波长的能力来确定被测物体的表面温度；部分辐射温度计通过滤光片及传感元件有选择地测试物体热辐射某一波段范围内发出的辐射热量，并以此来确定物体的表面温度；亮度测试仪是利用物体的单色辐射亮度随温度的不同而变化的原理，以被测物体在光谱的一个狭窄区域内的亮度与标准黑体的亮度进行比较为基础来测试温度；比色温度计是测试物体热辐射中两个波段辐射能量的比值，以确定物体的表面温度。

红外测温仪由光学系统、红外探测器、信号处理放大部分即显示仪表组成，具有测温速度快、范围广和不接触物体的优点。另外，新型红外探测器和光导纤维和未处理机结合，形成了多种热像仪。

随着钢铁生产工艺的不断优化及设备自动化程度的不断提高，应用于钢铁生产中的红外测温技术可精确监控各阶段的温度，以满足钢材在制备过程中各生产工艺的要求。典型应用实例如下：

热风炉为高炉提供高温稳定的热风，为安全操作，需监测热风炉拱顶温度。目前，我国热风炉拱顶温度测量大多采用热电偶。由于热电偶的使用环境（高温、高压）和结构的限制，在温度波动大、振动及安装方式等各种因素的影响下，造成寿命短、测量准确度不稳定、维护困难等缺点。而用于热风炉拱顶温度测量的红外测温装置在三明钢铁厂、济源钢铁厂的成功应用，弥补了热电偶测温的不足，而且温度响应速度快，运行稳定、可靠，效果良好，可有效降低成本。

红外测温技术在冷轧过程中也有较广泛应用。北京科技大学用热像仪（瑞典AGEMA公司的THV550）测量武钢带钢横向温度场，对其温度分布形式进行了探讨，为完善控制目标中的温度补偿提供理论依据。攀钢冷轧厂在连续镀锌线（CGL）退火炉带钢温度测量中成功使用了红外测温仪（英国Land公司的System3系列），从而为CGL在不到一年的时间内顺利达到设计能力，并为生产出高质量的合格镀锌板/卷和节能降耗提供了有力的保障。

4.4.2.4 喷头测温原理

测量高速流动气体的温度时，气流在测温元件附近会发生制动作用，速度变小，动能转化为热焓。根据热力学第一定律，气体微团流动如果为绝热过程，则：

$$d(mh) + d\left(\frac{1}{2}mv^2\right) = 0 \tag{4-17}$$

式中，m 为气体微团的质量；h 为气体单位质量的焓，值为 c_pT；v 为气流的速度。

因此，在两种状态下：

$$c_pT + \frac{1}{2}v^2 = c_pT_1 + \frac{1}{2}v_1^2 \tag{4-18}$$

令 $rv^2 = (v^2 - v_1^2)$，结合气体温度与滞止温度的关系式可以推导出：

$$T = \frac{T_1}{1 + r\frac{\kappa - 1}{2}Ma^2} \tag{4-19}$$

式中，T 为高速气流的温度；T_1 为测温元件测量的温度；Ma 为测温点的马赫数；r 为动能转化为焓的系数。

测量时，高速气体流过测温装置时一部分进入进气口为 8mm 的热接收器，然后与测温元件或挡板碰撞，一小部分气流通过挡板中央 3mm 的小孔流出。在这个过程中，气体的动能大部分转化为焓。经验表明，当气流超声速流动时，r 值取 0.98。

测量喷头出口时采用热电偶数据准确，而测量距喷头 $40d^*$（d^* 为喉口直径）外截面时，利用热敏电阻可以直接读数，更方便。结合测温点的马赫数，根据式（4-19）可以计算出高速气体的温度 T。

4.4.3 射流压力的测定

4.4.3.1 测压原理

压力是反映物质状态的重要参数。工程测试中所测试的压力（在物理学中称为压强）是指介质（包括气体和液体）垂直作用在单位面积上的力。

在工程上，压力有三种表示方法：绝对压力，即相对于真空所测得的压力；表压力，指超出当地压力的数值，与绝对压力减去当地压力的差值相等；真空度，当绝对压力低于地面大气压力时，表压力为负值，习惯上将负表压称为真空度[1]。

实验室使用的压力仪表种类很多，按被测压力可分为：真空表、真空压力表、绝对压力表和压力表等。按压力的适用条件可以分为：普通型、耐热型、耐震型、禁油型和耐酸型。而根据不同的压力测量原理，可以把压力测量方法归为四大类，即：

(1) 液体压力平衡原理测压法。液体压力平衡原理测压法是通过液体产生的压力，或传递压力来平衡被测压力的原理进行测压的一种方法，可以分为液柱压力计法和活塞压力计法。活塞压力计法利用液体传递压力来测压，通常作为标准压力发生器，用来校准其他的压力仪表。

(2) 机械力平衡原理测压法。机械力平衡原理测压法是将被测压力转换为一个可以用一个可调节大小的外界力来平衡的集中力，从而测压的方法。

(3) 弹性力变形原理测压法。测压的弹性元件通常有波登管、膜片和波纹管等。在流体压力的作用下，弹性元件产生应变，此应变可由应变片或微位移传感器及相应测量电路转换成电信号输出，或者通过杠杆放大或齿轮副传动转化指针偏转而直接显示被测压力的值。

(4) 其他物理特性测压法。除了上述三种以外，其他物理特性测压法有压电效应测压法、压电阻原理测压法、热导原理测压法和电离真空测量原理测压法。

4.4.3.2 氧枪喷头压力测试

同温度一样，压力是氧枪喷头使用状态的基本属性之一。压力的测量不仅直接得出管内压力的衰减测量和流股动压衰减额及冲击面积，还是流量测量和流股引射量的基本条件之一。

A 氧气管道内压力损失的测量

氧气在管道的输送过程中会因为管壁摩擦和阀门阻碍、管道突变而产生压力损失。对于不同的氧枪喷头以及不同工况下使用的同一氧枪喷头，由于喉口直径和滞止压力的差异引起氧枪内氧气流动速度不一样，产生的压力损失也不一样。

冶炼过程中主控室显示的压力为快速切断阀测压点的压力，由于压力损失的影响，使主控室显示压力和氧枪喷头前压力存在差异，因此有必要通过实验测量建立两者之间的联系。测量时在氧枪喷头所在位置焊接一个可变更喉道的节流头，并在节流头入口处用一支总压管测定氧气流的滞止压力。用两块标准压力表分别连接快速截断阀后测压点和节流头处的测压点。在主控室调节不同的氧压并测得两处的压力。对数据进行处理后可以得知节流头入口处压力与快速截断阀测压点的压力呈线性关系。

B 流股动压衰减的测量

超声速氧气射流对熔池的冲击力是由氧气射流的动压决定的，因此氧气射流对钢液的冲击深度直接受到动压大小的影响。合理的冲击深度对熔池均匀搅拌、炼钢效率提高有利。有必要对氧气射流的动压进行研究，以达到合理的熔池冲击深度。

氧气射流冲击到熔池液面后，会在渣层和钢液中冲击出一个凹坑。根据当气流向下冲击力与渣液和钢液对其向上的阻力相等时，气流不再向下穿透建立平衡关系式可得到如下关系。

$$\rho_g v^2 A = \rho_1 g H_1 A + \rho_2 g H_2 A \tag{4-20}$$

式中，ρ_g，ρ_1，ρ_2 分别为射流气体、钢液和渣的密度；v 为射流到达熔池表面的速度；A 为射流冲击的熔池面积；g 为重力加速度；H_1，H_2 分别为气流穿透钢液和渣层的深度。

实验室测定射流的动压是在室温下向大气喷出进行的，与炉内的高温条件和稀薄气体有较大的差异。因此需要将实验室测定的结果同现场使用的数据结合起来，才能判断被测喷头的优劣。动压的测定方法是用总压在喷管的集合中心线上同一点测量总压和静压，从而计算出该点的动压。以此方法测出距离出口不同距离的点，得出不同处的动压值。根据动压随出口距离而变化的曲线，可以作出动压衰减曲线。

C　冲击面积的测量

氧枪对熔池的冲击面积是指氧气射流与熔池液面或渣面的有效接触面积。有效冲击面积的定义有多种，其中一种定义为气流与液面接触时动压在 4000Pa 以上的冲击面积。因此传统的冷态试验测试中，有效冲击面积的测量实际上是对距喷头出氧口一定距离的截面上动压分布的测量。

测量时，利用 U 形管压力计测量射流的动压，由于静压与大气压力接近，因此可将 U 形管中的压差看作动压。利用装有多个测压管的测压排管测量射流径向的动压分布，测压排管的中心测压管保持正对喷头的几何中心，并以此为中心旋转不同的角度对截面不同点进行动压测量。

利用测得的数据，光滑连接动压为零的点成为封闭曲线，其面积为冲击面积；光滑连接动压为 4000Pa 的点形成闭合曲线所包围的面积为有效冲击面积。现代测量技术中可以利用计算机方便地计算出冲击面积和有效冲击面积。

4.4.4　射流流量的测定

4.4.4.1　氧枪内部流量测定

流量是指单位时间内流过管道某一截面的流体介质的体积或者质量数，前者称为体积流量，后者称为质量流量。流量计的选用主要考虑被测流体的种类和状态、流量大小、工作压力、价格、工况条件等因素。

实验室对气体的流量测量使用差压式流量计，这种流量计在工业上得到了广泛的运用。其基本原理是在管道中安装一个直径比管径小的节流件，当管道的单向流体流经节流件时，由于流到截面突然缩小，流束在节流件处形成局部收缩，流速加快。根据能量守恒定律，流速的增大使得静压力 p 降低，因此在节流件前

后产生静压差 Δp，流过的流量与静压差有关，可以通过静压差来求得流体流量 Q。静压差通过导压管与压差计连接，测得静压 Δp 后经理论推算可求得流过管道流体的流量。体积流量（m^3/s）为：

$$q_v = \alpha\varepsilon \frac{\pi}{4} d^2 \sqrt{\frac{2\Delta p}{\rho}} \tag{4-21}$$

在工业上的实用公式为：

$$q_v = 0.01252\alpha\varepsilon d^2 \sqrt{\frac{\Delta p}{g\rho}} \tag{4-22}$$

式中，α 为流量系数；ε 为气体膨胀系数；d 为节流件开孔直径，m；Δp 为节流件上游侧压力 p_1 和下游侧压力 p_2 的差值，Pa/m；ρ 为流体的密度，kg/m^3；g 为重力加速度，m/s^2。

我国工业上应用最广泛的标准节流装置是孔板、喷嘴和文丘里管，实验室对气体的测量采用孔板流量计。孔板流量计的取压有 5 种方式，分别为角接取压、法兰取压、理论取压、径距取压和管接取压。角接取压容易实现环室取压，提高测量精度，而法兰取压安装方便。角接取压中，上下游取压孔至孔板前后端的间距各等于取压孔直径或者取压环隙宽度的一半，因而取压孔穿透处与孔板端正好相平。法兰取压的上下游取压孔中心至孔板前后端面的间距均为（25.4 ± 0.8）mm。

差压计常和节流装置配套使用，它可以测量流体的流量和压力，常见的压差计有膜片差压变送器、双波纹管差压计和力平衡式差压计等。差压节流装置结构简单、适应性强，在国内外得到了广泛的应用，但其安装要求严格、压力损失大，且刻度为非线性。

用流量计测量气体的流量后，标尺刻度的读数用操作状态（p、T）或标准状态（$p_{标准}$、$T_{标准}$）表示。操作状态的读数为气体在孔板前的实际状态，标准状态的标尺刻度是由操作状态换算为标准状态的体积流量的刻度。

$$(q_v)_{标准} = \alpha\varepsilon \frac{\pi}{4} d^2 \sqrt{\frac{2\Delta p}{\rho_{标准}}} \left(\frac{p_1 T_{标准}}{p_{标准} T_1}\right)^{\frac{1}{2}} \tag{4-23}$$

如果流量计的操作压力 p_1 与标定刻度时的压力 p_2 不相等，测量的流量需要修正后才能得到实际的流量。

$$q_{v1} = q_{v2} \left(\frac{p_1 T_2}{p_2 T_1}\right)^{\frac{1}{2}} \tag{4-24}$$

式中，q_{v1}，p_1 和 T_1 分别为操作压力下的标准体积流量、压力和温度，q_{v2}、p_2 和 T_2 分别为标定刻度压力下的标准体积流量、压力和温度。

4.4.4.2　引射流量的测定

超声速射流从喷头流出后，会卷席四周气体进入射流区，射流与周围静止空气发生动量交换。氧气射流的这种对周围静止气体的引射作用使流股沿射流方向的质量流量不断增加，冲淡氧气浓度。在氧枪使用前，对其引射量的测量有助于氧枪更好使用。

假设气体在喷管口时质量流量为 G_0，在距出口 x 的截面上流过的气体质量流量为 G_x，则气体在射程为 x 的距离上的引射量 G 为从喷管出口到距出口为 x 的截面之间增加的气体质量流量：

$$\Delta G = G_x - G_0 \tag{4-25}$$

其引射系数为：

$$\alpha = \frac{G_x}{G_0} \tag{4-26}$$

射流引射流量的测量是通过对射流各截面气体流量的测定后计算得到的。射流某一截面的流量测量方法如下：在截面上某一位置处测得其总压、静压和温度，通过总压与静压之比查绝热气流表得出相应的马赫数；通过测得的温度和静压计算出气流温度；根据质量密度流公式算出测量点的密度流，对于空气，密度流为：

$$\rho v = 0.6864 \frac{Map}{\sqrt{T}} \tag{4-27}$$

式中，ρ 为测量点的气体密度，kg/m^3；v 为测量点气体的速度，m/s；Ma 为测量点的气流马赫数；p 为测量点的气体压力；T 为测量点气体温度。

用上述方法测量射流径向上的点，得出射流径向的分布，然后利用加权平均的方法算出射流径向的平均射流密度流；平均密度流与截面面积之积为射流截面的质量流量；通过管口截面和距管口 x 处截面的质量流量测定后可以得到射流引射量和引射系数。

4.4.5　光学观察法和流场的图形处理

4.4.5.1　光学观察法观察流股结构

通过光学方法可以观察超声速射流的激波，其中光学方法可以分为干涉法、纹影法和阴影法三种。实验室通常采用阴影法，可以观察从喷头喷出的射流流股有激波结构的超声速段的全貌，操作设备简单，效果也不错。

4.4.5.2　三维多流股射流流场的图形处理

北京科技大学冶金喷枪研究中心已建立了计算机控制的多点压力快速扫描在

线测量的大型的氧枪测试系统，使射流流场的实测系统配以先进的数据和图形处理系统，来较好地描述三维多股射流三维流场数据。

对超声速氧气射流的测量主要包括射流中心线上的总压、静压的分布，不同枪位下横截面上的总压、静压的分布。通过总压和静压的测量可以计算出速度的分布，从而反映出射流对冲击深度和冲击范围的影响。对不同枪位下横截面压力分布的测量需要借助数据、图形处理系统迅速、可靠地完成。为了通过有限的压力测量数据得到横截面上的压力数据分布图，需要对横截面进行网格化处理，即在预定区域内，将截面分成若干网格，网格密度近似稍大于实测点的密度。通过插值法由实测数据推得网格节点的数值，然后利用网格节点的数据绘制出横截面上的压力分布图。

三维数据与图形处理系统用于氧枪冷态的测试系统，实现了自动、快速和高效的测速。数据处理的结果可以通过等值线、剖面图等多种形式显示出来，并可以即时编辑、显示和打印。

4.4.6 冷热态测试实例

课题组姜若尧等人[23]进行了环境温度条件下的集束射流测试实验。研究者选用氮气和天然气的混合气体作为燃气。通过改变燃气流量以及燃气中氮气的比例，研究燃气热值对集束射流的影响。实验设施由北京科技大学喷枪研究中心提供。

4.4.6.1 供气系统

供气系统包括氮气、氧气和天然气储罐，如图 4-14 所示。

图 4-14 供气系统示意图

4.4.6.2　控制系统

控制系统包括阀组和 PLC 电气设备，如图 4-15 所示。阀组的阀门和仪表配备有气动球阀、流量调节、质量流量计、压力显示等。通过“北京科技大学冶金喷枪研究中心系统”控制软件控制 PLC 电气设备，从而调节阀组阀位。

图 4-15　实验现场阀组

4.4.6.3　检测系统

传统的超声速氧枪的检测在低温条件下进行，对检测设备的要求较低。而本次实验采用的是燃气集束射流氧枪，环绕超声速氧气射流的燃气燃烧的高温区温度最高可达 3000K 以上，传统皮托管的工况显然不能满足本次燃气集束氧枪射流测量的要求，本实验中采用的压力测量仪器为改造过的水冷皮托管，改造后工况的最高温度可达 1200~1400K。

检测设备主要包括总压检测装置水冷皮托管以及温度检测装置热电偶，如图 4-16 所示。检测设备全程固定在自带马达并可全方位移动的工作台上，保证实验时检测设备位置的精准度与稳定性。

系统可以将实验中压力和温度数据转化为的电信号进行不间断采集，并提供历史数据的查询功能，保证实验过程的数据记录。

4.4.6.4　实验现象

研究人员发现，当燃气中氮气比例高于 75%时，实验过程会出现脱火现象。同时，随着混合燃气中甲烷比例的逐渐升高，火焰长度逐渐增长。混合燃气燃烧如图 4-17 所示。

图 4-16 检测设备示意图

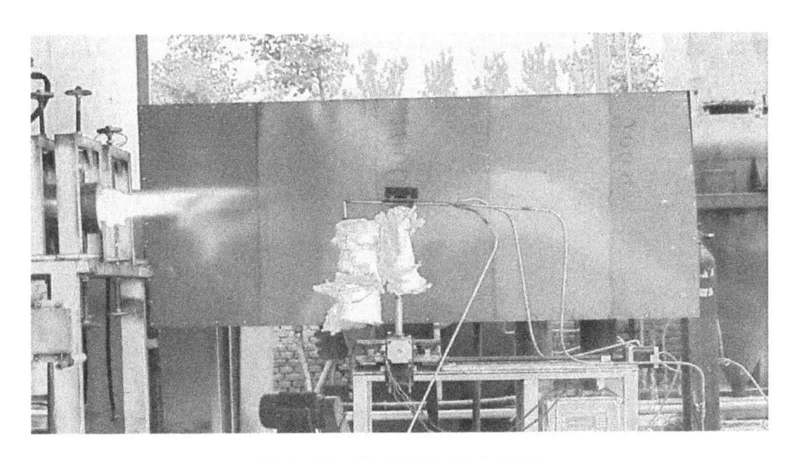

图 4-17 集束射流燃气燃烧

参 考 文 献

[1] 何广军，高育鹏．现代测试技术［M］．西安：西安电子科技大学出版社，2007.

[2] 韩丽辉，刘云，冯根生，等．水模型及数值模拟系统在冶金工程专业中的应用［J］．实验室研究与探索，2009，28（6）：34~36.

[3] 白瑞国，吕明，朱荣，等．150t 转炉喷粉提钒的水模拟研究［J］．钢铁，2012，47（10）：34~39.

[4] 李万平．计算流体力学［M］．武汉：华中科技大学出版社，2004.

[5] Wilcox D C. Turbulence modeling for CFD［M］. La Canada，CA：DCW industries，1998.

[6] Barth T J，Chan T F，et al. Computational Fluid Dynamics［J］. Lecture series，1994（5）：

21~25.

[7] 刘颖杰，马庆元，苏晓军，等．电炉用集束氧枪流动特性的数值模拟［J］. 炼钢，2010（5）：73~75.

[8] 刘大有，吴邦贤．扩散速度与组元的质量守恒方程［J］. 应用数学和力学，1991（11）：1007~1013.

[9] 林钊．均匀各向同性湍流附加耗散的模型与模拟［D］. 武汉：华中科技大学，2005.

[10] Chen H, Kandasamy S, Orszag S, et al. Extended Boltzmann kinetic equation for turbulent flows [J]. Science, 2003, 301 (5633): 633~636.

[11] Schekochihin A A, Cowley S C, et al. Astrophysical gyrokinetics: kinetic and fluid turbulent cascades in magnetized weakly collisional plasmas [J]. The Astrophysical Journal Supplement Series, 2009, 182 (1): 310.

[12] 常谦顺．非线性 Schrdinger 方程的守恒差分格式［J］. 计算数学，1982，4（4）：373~384.

[13] Cedric Harris , Geoff Holmes, et al. Industrial Application of Supersonic Lance: The KT system Numeric Simulation , Operating Practice, Result and Perspectives. AISTech 2006 Proceedings, V (1): 483~490.

[14] Enrico Malfa, Fabio Maddalena, et al. Numerical simulation of a supersonic oxygen lance for industrial application in EAFs. MPT Int. 2005 (2): 44~50.

[15] 王慧知．100t 转炉出半钢过程中脱磷工艺的研究［D］. 北京：北京科技大学，2015.

[16] 李三三．转炉集束氧枪的数值模拟研究［D］. 北京：北京科技大学，2010.

[17] Muñoz-Esparza D, Buchlin J M, et al. Numerical investigation of impinging gas jets onto deformable liquid layers [J]. Applied Mathematical Modelling, 2012, 36 (6): 2687~2700.

[18] 何春来．电弧炉炼钢的多相流数值模拟研究［D］. 北京：北京科技大学，2010.

[19] 赵荣玖．国外氧枪设计剖析［J］. 钢铁，1992（2）：22~27.

[20] 杨春．聚合射流氧枪射流特性的数值模拟［D］. 鞍山：辽宁科技大学，2008：34~36.

[21] 袁章福，潘贻芳．炼钢氧枪技术［M］. 北京：冶金工业出版社，2007.

[22] A. H. 夏皮罗．可压缩流的动力学与热力学［M］. 上册．陈立子，等译．北京：科学出版社，1966.

[23] 姜若尧．“氮气-天然气”混合燃气集束射流的基础研究［D］. 北京：北京科技大学，2015.

5 电弧炉炼钢用氧装置

电弧炉炼钢历史悠久，早在平炉炼钢统治时期，电弧炉炼钢的规模较小，当时由于生产成本高、生产率低，其主要用来生产合金钢、工具钢、耐热钢、不锈钢、轴承钢等特殊钢种。随着平炉炼钢被淘汰，大量的废钢需要电弧炉进行处理。而氧气炼钢技术的发展和氧气在电弧炉炼钢工艺的应用，使得电弧炉的电耗逐渐降低，电炉炼钢周期缩短。近年来随着高功率供电、高效供氧技术、废钢预热技术的应用，电弧炉炼钢已经发展为周期短、生产率高、节能环保的炼钢工艺。超高功率电弧炉配以连铸连轧的短流程工艺，是当今电弧炉炼钢流程发展的方向。

电弧炉炼钢氧气喷吹技术是强化电弧炉冶炼的重要手段，主要具有以下功能：（1）氧气射流穿入熔池搅动钢液；（2）切割废钢，提高废钢熔化速度，使熔池温度均匀；（3）改善渣-钢动力学条件，快速脱磷；（4）改善泡沫渣操作，屏蔽弧光对炉衬的辐射，有利于提高电热效率和升温速度，缩短冶炼时间。

如何根据生产工艺要求向电弧炉内高效输送氧气是电弧炉炼钢的关键，对于炼钢过程具有十分重要的影响，它直接影响到钢的质量、能耗和生产作业率。由此，多种形式及功能的电弧炉供氧喷吹技术及装备（包括炉门氧枪、炉壁氧枪、碳氧枪、氧燃枪等）得以研究开发及普遍应用。

5.1 炉门氧枪

电弧炉炼钢吹氧是强化电炉冶炼的重要手段之一，而电炉吹氧的主要手段就是炉门吹氧，在早期的电炉冶炼利用钢管插入熔池吹氧是最常使用的方法。近年来为了充分利用化学能，吨钢用氧量逐渐增加。考虑到人工吹氧的劳动条件差、不安全、吹氧效率不稳定等因素，开发出电炉炉门枪机械装置，如德国 BSE 公司研制的自耗式氧枪装置及德国 Fuchs、美国 Berry、美国燃烧公司、北京科技大学等开发的水冷式氧枪装置。

5.1.1 炉门供氧工艺

在炉门吹入氧气，主要是利用氧气在一定温度下与钢铁料中的铁、硅、锰、碳等元素发生氧化反应，放出大量的热量，使炉料熔化，从而起到补充热源、强化供热的作用。在吹氧条件下，熔池中各元素被氧化 1kg 时所产生的理论热值见表 5-1。

表 5-1 元素产物反应热相对成本[1]（参考值）

元素	氧化物	热量/kJ·kg^{-1}	热量/kW·h·kg^{-1}	相对成本①
Al	Al_2O_3	30.995	8.61	3.7
Si	SiO_2	32.157	8.93	3.2
Mn	MnO	6.992	1.94	6.0
Fe	FeO	4.775	1.33	1.8
C	CO	9.159	2.54	0.5~0.6
C	CO_2	32.761	9.10	0.3~0.6

① 假设每 kW·h 的电价为 1。

炉门吹氧基本原理[2]：

（1）从炉门氧枪吹入的超声速氧气切割大块废钢。

（2）电弧炉内形成熔池后，在熔池中吹入氧气，氧气与钢液中元素产生氧化反应，释放出反应热，促进废钢的熔化。

（3）通过氧气的搅拌作用，加快钢液之间的热传递，因此能够提高炉内废钢的熔化速率，并且能减少钢水温度的不均匀性。

（4）大量的氧气与钢液中的碳发生反应，实现快速脱碳，碳氧反应放出大量热，有利于钢液达到目标温度。

（5）向渣中吹入氧气的同时，喷入一定数量的碳粉，炉内反应产生大量气体，使炉渣成泡沫状，即产生泡沫渣。

（6）炉门吹氧可以减少电能消耗。

我国宝钢 150t 超高功率电弧炉采用自耗枪切割废钢后改用水冷氧枪吹氧，直至冶炼结束，在铁水比为 30%、出钢量 150t、留钢量为 30~35t 的前提下，得到电耗与氧耗的回归关系为[3]：

$$E = 435.84 - 5.02\left(\frac{2}{5}O_{CL} + O_{WCL}\right)$$

式中，E 为电耗值，kW·h/t；O_{CL}为自耗氧枪氧量，标态，m^3/t；O_{WCL}为水冷枪氧量，标态，m^3/t。

从上式中可以看到，对于水冷氧枪，每标立方米氧气约相当于 5.02kW·h 电能，自耗枪供氧所产生的能量效应也相当于水冷枪的 2/5。

5.1.2 炉门氧枪装置

炉门氧枪分自耗式和水冷式两种，炉门枪装置的作用是吹氧助熔和精炼脱碳，并向熔池吹碳粉造泡沫渣。早期主要用自耗式炉门氧枪，由人工用1~2根插入钢液的钢管将工业纯氧吹入熔池，进行熔化、脱硅、脱碳、脱磷等任务，这样炉前工的工作强度很高并具有很大的安全隐患，加上自耗式氧枪消耗大量吹氧管，新建的电炉已少有安装。

炉门水冷氧枪装置由水冷氧枪及一套机械辅助装置组成。水冷氧枪包括超声速喷管和进出水冷管；机械系统由大臂回转、枪体回转、枪体摆动及升降系统组成。水冷氧枪在熔化期可助熔，氧化期可脱碳精炼；并配置碳枪，主要用于造泡沫渣及强化熔池搅拌。图5-1是电弧炉炉门氧枪操纵装置的示意图。图5-2是一种电弧炉炉门氧枪结构示意图。

图5-1 电弧炉炉门氧枪操纵装置示意图

1—炉门碳氧喷枪；2—天然气烧嘴；3—二次燃烧喷嘴；4—废气处理系统

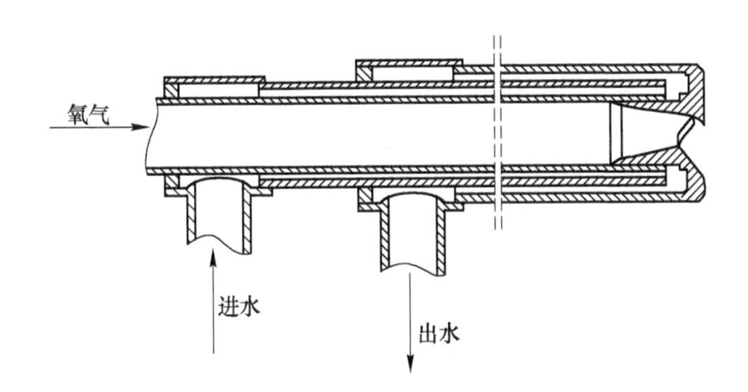

图5-2 电弧炉炉门氧枪结构示意图

综合电炉炉门枪的使用效果为：提高吹氧效率；缩短冶炼时间5~15min；节省吹氧管80%~90%；改善了工人的劳动条件。

水冷氧枪是由三层钢管配合，镶接紫铜喷头。喷头上有可卸式拉瓦尔喷嘴，喷嘴射流轴线与氧枪轴线有20°~50°下倾角，喷嘴马赫数设计范围，根据厂方供氧条件一般选择出口速度范围 $Ma = 1.6 \sim 2.1$，氧气流量 Q（标态）为 1200～4000m^3/h。安装在电弧炉炉口旁侧的氧枪机械手，其结构有一个旋转手臂，安装在炉子平台上的机座上。一个转向轴承，一个杠杆系统，3 个液压缸完成氧枪装置的旋进和旋出、氧枪在炉内的水平移动、氧枪的上下倾动，如图 5-3 所示。

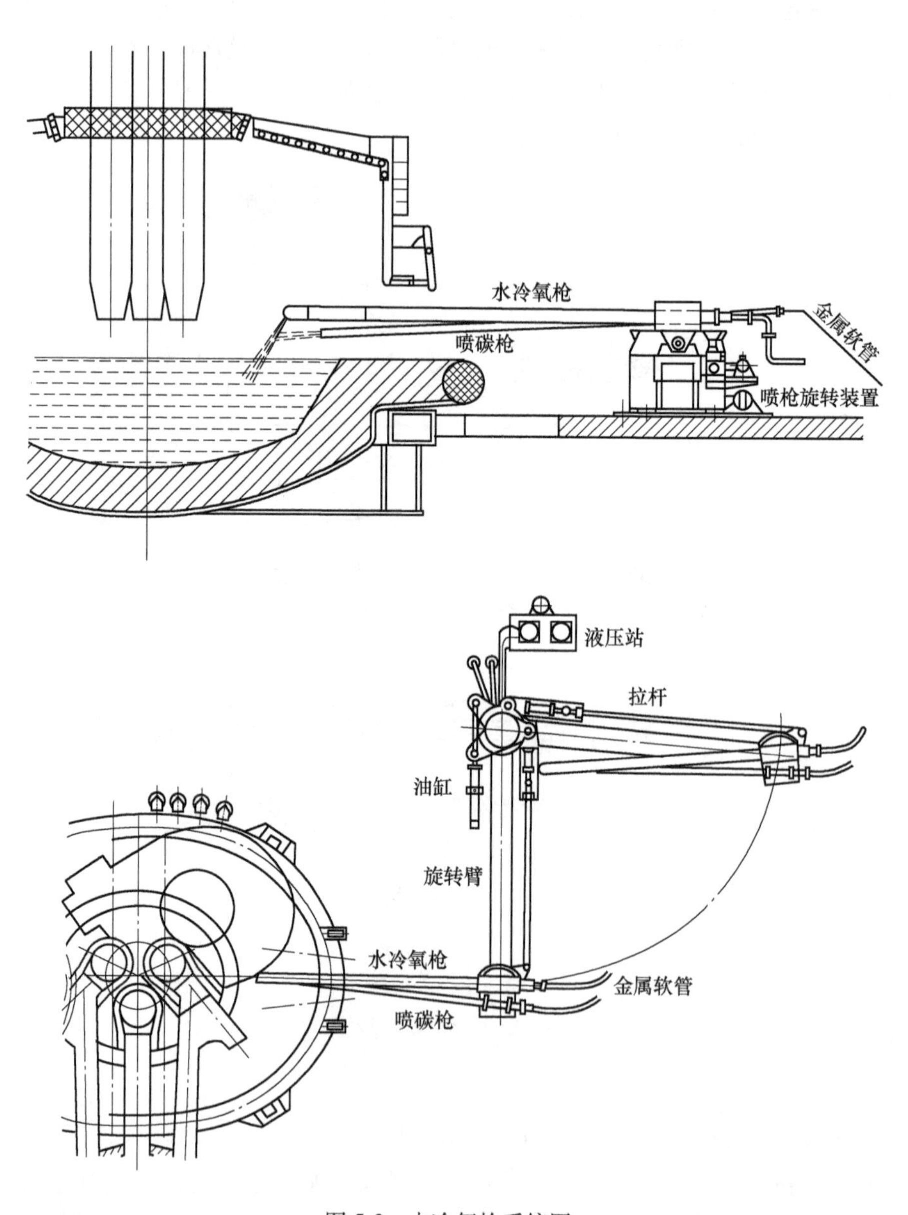

图 5-3　水冷氧枪系统图

大型电炉用水冷氧枪喷头具有形状特殊，结构复杂（如德国 Fughs 喷头、意大利 Danieli 喷头、美国 Berry 喷头）铸造工艺要求高等特点。因此，要获得高致密度、无铸造缺陷、导热性能良好、铸件内腔比较光滑的喷头铸件，必须首先对铸造工艺、焊接工艺予以研究，这是非常重要的。水冷氧枪的主要制造工艺如下：

（1）选用纯度高，含杂质低的电解铜。

（2）使用中频感应电炉，对电解铜进行快速熔炼，选用一种具有一定黏度和表面张力、性能稳定的覆盖剂，在整个熔炼中，将溶液严密覆盖，针对紫铜本身吸气性大的特点，尽可能缩短熔炼时间。

（3）选用性能适宜的型砂，保证砂型、砂蕊的强度、透气性等性能。

（4）根据喷头的结构，掌握浇口、冒口的尺寸大小及开设的位置。根据冷却顺序，采取热平衡措施。

（5）采用氧化法除氢，加入脱氧剂除氧。加入稀土铜晶粒细化剂细化晶粒，二次脱氧、脱硫、脱氢等。用以提高铸件质量和力学性能。

（6）铸件快速冷却，获得细致的金相组织。

（7）喷头的焊接，一般材质为铜-铜，铜-不锈钢、铜-钢，因焊性差，焊接质量要求高。在焊接工作中，应注意以下几方面：1）设计合理的永久垫，配合公差和焊接坡口，焊前并对坡口、焊口进行机械清理和化学处理；2）焊前选择适宜的预热温度；3）选择有脱氧能力的紫铜焊丝；4）选择合理的送丝速度和回转速度；5）焊后缓冷至室温后，再进行水压试验。

炉门枪系统由三部分组成：炉门枪本体、液压系统和电控系统。炉门枪本体由氧枪和氧燃枪、大臂回转系统、喷枪旋转系统、喷枪摆动升降系统及供水供氧供燃料的管路系统组成。三个运动部分的动作皆由液压缸完成。

喷枪的转动是由液压缸、活塞杆拉动拉杆、曲柄转座的转动实现的。喷枪绕固定在大臂上的立柱旋转，旋转角度为 0°~90°，转动时间可调，调整时间为8~15s。

大臂的回转由液压缸完成，其原理同喷枪旋转。旋转角为 0°~90°，转动时间调整范围为 8~15s。喷枪升降摆动是由液压缸推动摆动座（喷枪固定在摆动座上）使其绕支点摆动实现的，通过摆动可实现喷枪的喷头在高度上的调整，调整范围为-125~+256mm，摆动时间调整范围为 3~8s。炉门枪力学性能见表 5-2。

下面以西宁钢厂 65t 电炉炉门碳氧枪为例进行详细说明[4]。图 5-4 为其 65t 电炉炉门碳氧枪装置的布置图。图 5-5 为其碳氧枪工作位置图。图 5-6 为其碳氧枪放置位置图。

图 5-7~图 5-10 为碳氧枪在电炉内喷吹的各种工况图。碳氧枪原始放置位置

表 5-2 炉门枪力学性能

名称	液压		回转角度/(°)	喷枪头升降调整范围/mm
	型号	行程/mm		
喷枪回转系统	DG-J40C—E_1E	500	0~90	—
大臂回转系统	DG-J63C—E_1E	600	0~90	—
喷枪摆动升降	系统	$B_1$125×120	120	6.85

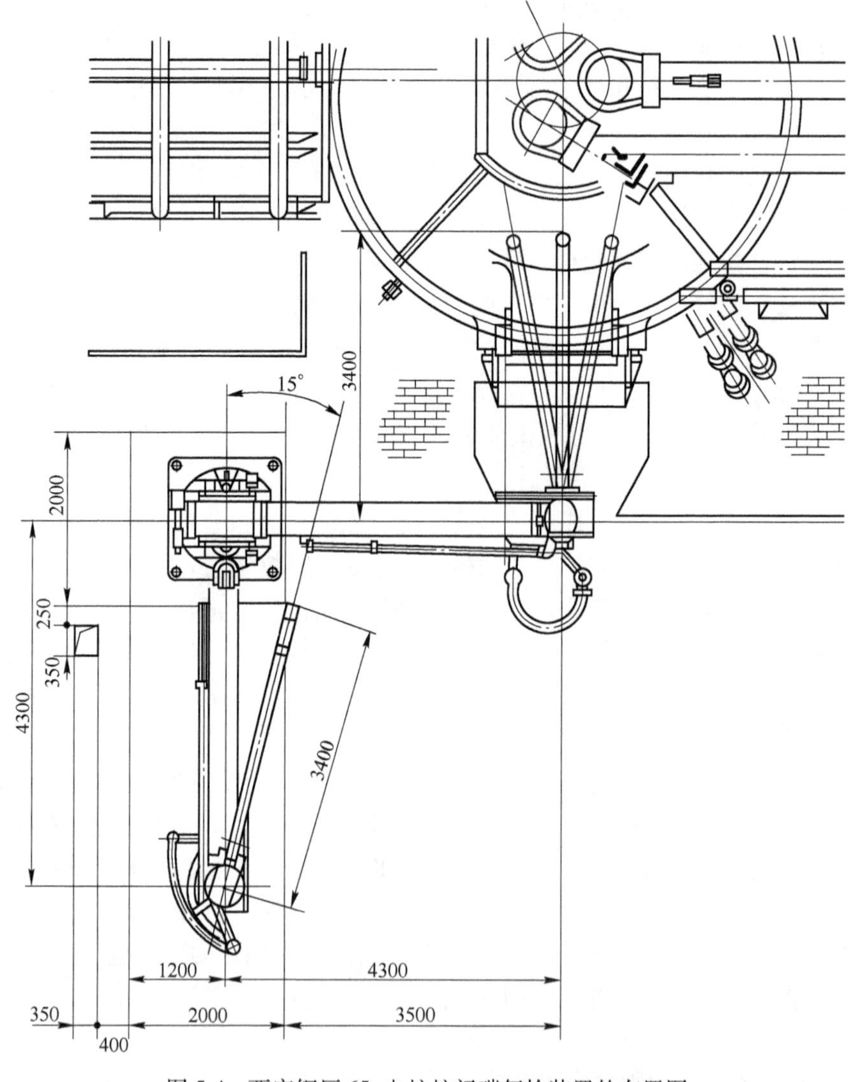

图 5-4 西宁钢厂 65t 电炉炉门碳氧枪装置的布置图

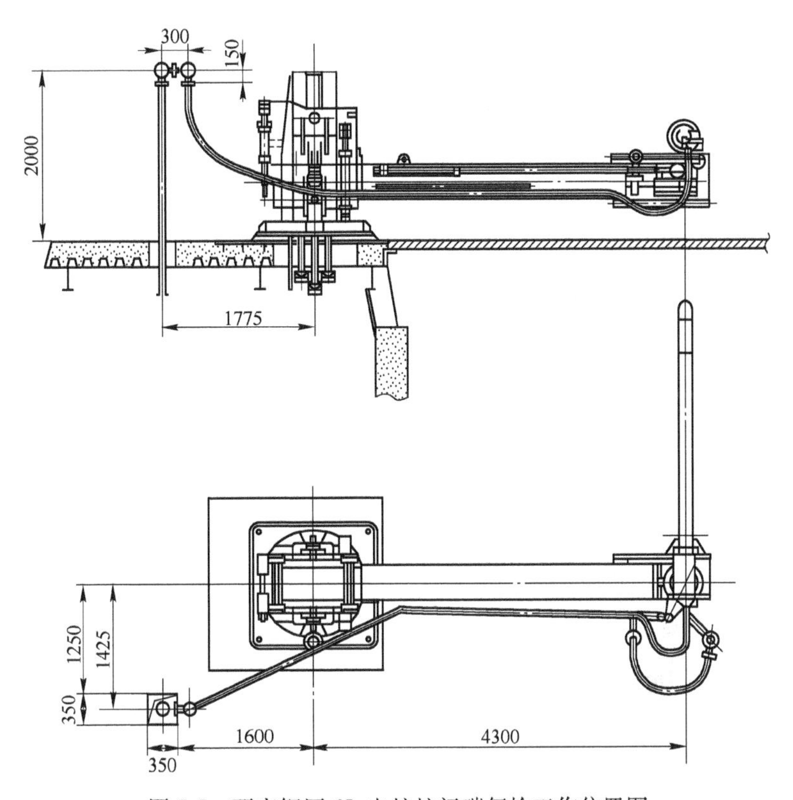

图 5-5 西宁钢厂 65t 电炉炉门碳氧枪工作位置图

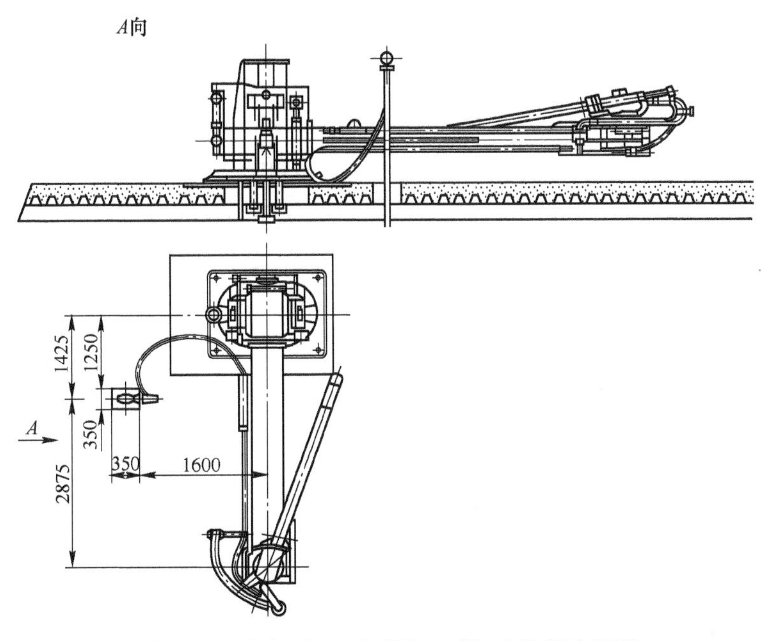

图 5-6 西宁钢厂 65t 电炉炉门碳氧枪放置位置图

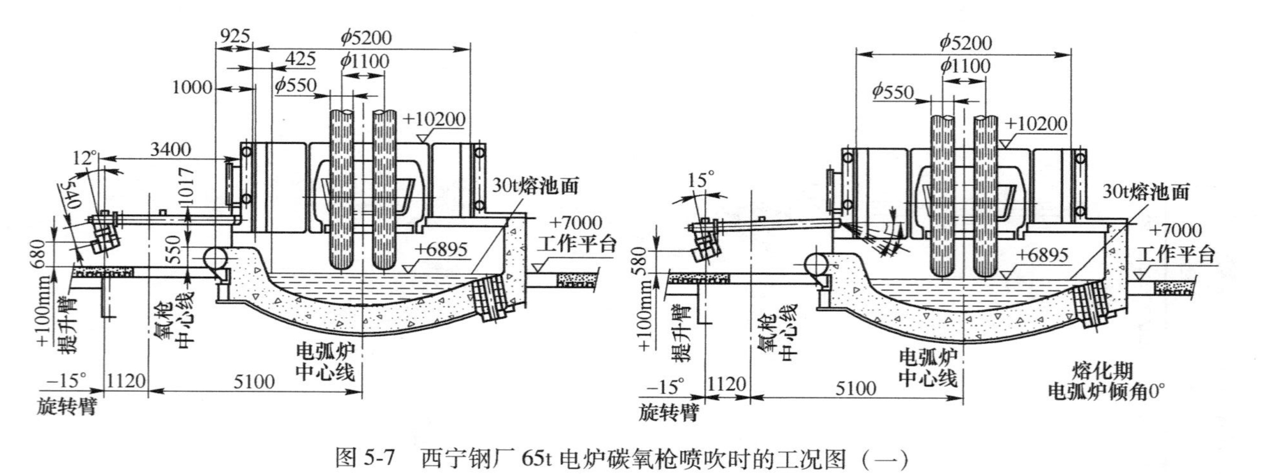

图 5-7 西宁钢厂 65t 电炉碳氧枪喷吹时的工况图（一）

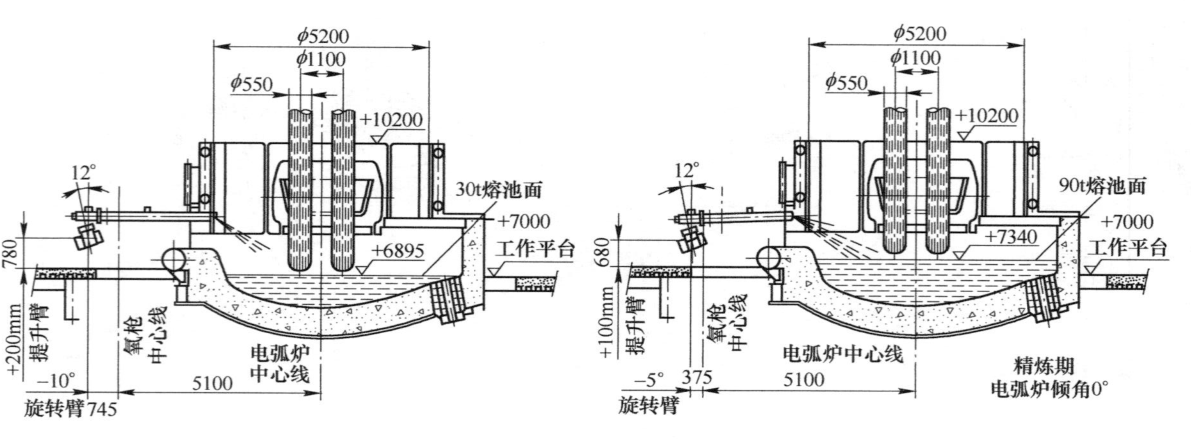

图 5-8 西宁钢厂 65t 电炉碳氧枪喷吹时的工况图（二）

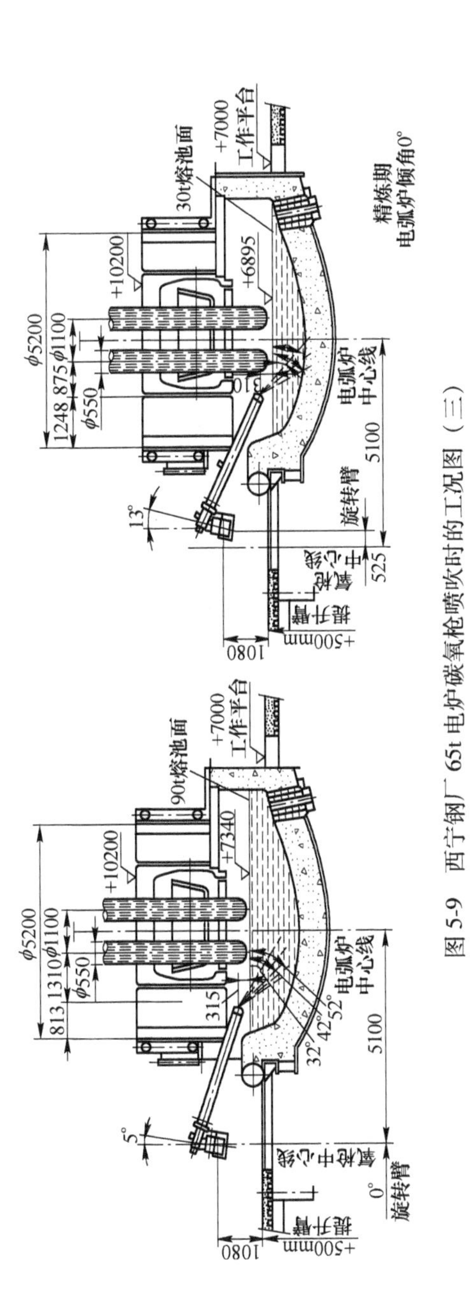

图 5-9 西宁钢厂 65t 电炉碳氧枪喷吹时的工况图（三）

图 5-10 西宁钢厂 65t 电炉碳氧枪喷吹时的工况图（四）

上的旋转手臂的油缸位为零位，升降油缸位置为图 5-7 中旋臂高度 780mm。启动立柱旋转，此时旋转油缸工作臂伸长，在枪头快到炉门时使旋臂旋转 12°，使枪杆水平。枪杆摆动油缸缩短，在旋臂随立柱旋转 70°时，枪头接近炉门，枪杆与悬臂成近 74°，枪头到准备工作位置，如此时枪头与炉门相对位置不对，可由升降油缸调整。碳氧枪工作中，立柱的旋转、悬臂的转动、摆动油缸的伸缩、升降油缸上下，都是为枪头的工作位置同步工作的。以枪头为指示工作点，靠人工指示在以上同步工作中使其到达工作点位置。工作完成后，枪头推出炉门，在立柱回位过程中，旋转油缸、摆动油缸、升级油缸同时工作，使机械臂回图 5-6 中的放置位置。图 5-6 中有立柱旋转机械，有使旋转臂转动 25°角的油缸，使枪杆上下摆动，滚轮和滑道为保证整个旋臂上升和下降的轨道，使图 5-7 中旋臂从 780mm 上升到 1080mm，有旋臂升降油缸具有使枪杆摆动的能力。

水冷氧枪（图 5-3）在进入工作时，启动机构旋转，且带动喷嘴进入炉口，吹炼终止，返回至炉口旁侧的停留区。超声速水冷氧枪与吹碳枪相结合用于熔化期的废钢切割与助熔，以及精炼期的脱碳和泡沫渣加热升温。由于电弧炉实行埋弧操作、枪壁受热量大，因此在喷头的后方配置一段较长的紫铜管，并采用较大的冷却水量（一般为 40~100m^3/h）来获得理想的冷却效果，保证水冷氧枪的正常工作[5]。

5.2 炉壁氧枪

5.2.1 炉壁供氧工艺

炉壁供氧是为了消除电弧炉炉内冷区，保证炉料均衡熔化；提高电弧炉的比功率输入，提高生产速率；利用炉壁模块化控制喷射纯氧，实现炉气二次燃烧。熔化时间缩短 10~20min；降低冶炼电耗 40~100kW · h/t；吨钢降低成本 10~30 元；金属收得率提高 1%~2%。

传统意义的炉壁氧枪喷吹纯氧。目前炉壁氧枪一般选择为氧燃枪或集束氧枪，氧燃枪的介绍见 5.4 节，集束氧枪的介绍见 5.5 节。

炉壁氧枪主要功能如下[6]：

（1）脱碳功能。为使氧气射流以同样的速度到达熔池，氧枪的安装方式与传统的烧嘴安装方式相比，安装位置更接近熔池。射流到熔池的距离与传统的安装方式相比缩短了 40%~50%。这样仅需要较低的氧气流量就能获得同样的脱碳速率，在超声速射流条件下，平均脱碳速度可达 0.06%/min，在温度、渣况合适时最大可达 0.10~0.12%/min，且由于提前供氧等脱碳时间范围也大大加宽，尤其有利于那些铁水或生铁比例较高的情况或冶炼低碳品种。

（2）助熔及二次燃烧。通过调整氧气射流的压力，可以保证合理的射流结构，根据熔化不同阶段，始终保持最大、最有效的加热面积，同时还可避免不恰当的吹氧形成的炉料“搭桥”砸断电极的现象。喷吹系统的安装方式根据二次燃烧的特点，将熔池内的燃烧与熔池上方的燃烧有机结合起来，大大提高了热效率。

（3）喷粉造泡沫渣。与传统的喷吹装置相比，每套喷射系统设有一个喷射口可调节碳粉喷射导管，并紧密靠近燃烧器，有效防止炉渣堵塞喷射口。利用模块化技术结合 PLC 计量控制喷粉量及炉中多点喷射能力进行吹氧和喷吹碳粉，泡沫渣效果好。

5.2.2 炉壁供氧设备

5.2.2.1 炉壁氧枪的分类与特点

炉壁烧嘴分为伸缩式和固定式，它们的特点见表 5-3。电炉伸缩式和固定式炉壁氧枪分别如图 5-11 和图 5-12 所示。图 5-13 所示为固定式炉壁氧枪安装分解图。图 5-14 所示为莱钢电炉炉壁氧枪结构示意图。

表 5-3 炉壁氧枪种类比较

<table>
<tr><th>类型</th><th>伸缩式氧枪</th><th>固定式氧枪</th></tr>
<tr><td rowspan="4">优点</td><td rowspan="2">不使用时缩回，应受到保护</td><td>技术简单，使用方便</td></tr>
<tr><td>维修费用低</td></tr>
<tr><td rowspan="2">每次使用后易于检查</td><td>工作效率高</td></tr>
<tr><td>装料和氧枪点火之间的间隔短</td></tr>
<tr><td rowspan="3">缺点</td><td>炉子环境使操作困难</td><td rowspan="2">堵塞危险大</td></tr>
<tr><td>维修费用高</td></tr>
<tr><td>炉子周围设备过于拥挤，
必须检查并清理烧嘴孔</td><td>停用时，需要不断吹入气体
（空气或天然气）</td></tr>
</table>

5.2.2.2 氧枪的安装位置

氧枪安装位置选择应考虑到：

（1）装料时，废钢塌落，火焰侵袭，金属与废钢喷溅都构成了对氧枪的威胁。

（2）熔化时，必须在枪口前的废钢迅速切开一条通道，否则氧枪会出现逆燃的危险，在其喷头上还会有反复打弧的危险。

图 5-11 电炉伸缩式炉壁氧枪

图 5-12 电炉固定式炉壁氧枪

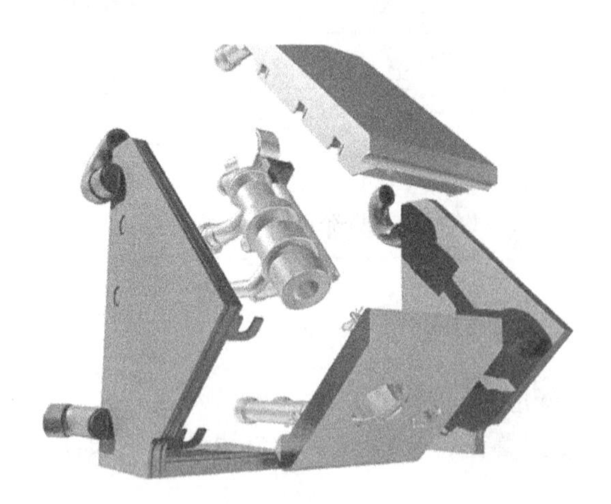

图 5-13 固定式炉壁氧枪安装分解图

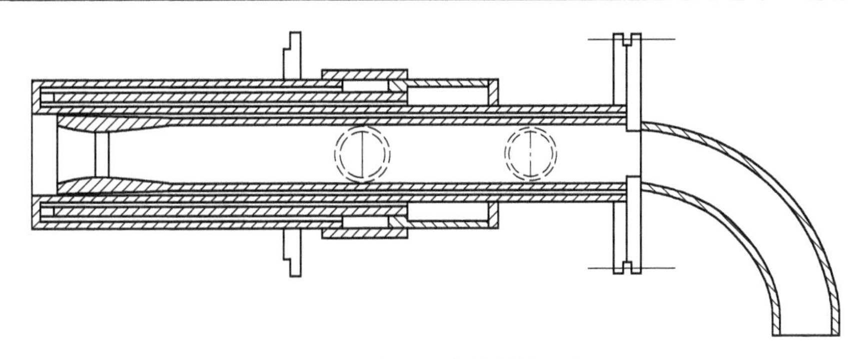

图 5-14 莱钢炉壁氧枪结构示意图

(3) 精炼时，金属和炉渣会喷溅到氧枪上，再造泡沫渣的过程中，炉渣上升到足以灌入氧枪的高度。

(4) 出钢时，靠近出钢口的氧枪若位置太低，当摇炉出钢时，钢水有可能灌入。

在大多数电弧炉中，炉壁氧枪可提供穿透冷点区的最佳角度。德国 BSW 公司克尔厂 70t 电弧炉炉壁氧枪位置结构如下：三个 2.25MW 的炉壁氧枪都安装在炉壁上，在熔池面上 600mm 处；每个烧嘴喷头朝下，与水平方向成 20°~40°。

5.3 EBT 氧枪

5.3.1 EBT 吹氧工艺

现代电弧炉为了实现无渣出钢，均采用了偏心炉底出钢（EBT）技术。这样不仅减少了出钢过程的下渣量，而且缩短了冶炼周期，减小了出钢温降等。但同时也使得 EBT 区成为 UHP-EAF 的冷区之一，造成该区的废钢熔化速度较慢，熔池成分与中心区域有较大差别等。

为了解决 EBT 冷区问题，可以在偏心炉侧上方安装 EBT 氧枪，对该区进行吹氧助熔。EBT 氧枪能促进 EBT 区的废钢熔化，并在出现熔池后，提高 EBT 区的熔池温度，均匀熔池成分，实现 CO 的二次燃烧。

实际应用中，采用 EBT 氧枪完全解决了 EBT 区域的废钢在出钢时还未熔化及造成的出钢口打不开等问题，同时使出钢时 EBT 区域的温度及成分与炉门口区域温度及成分的误差仅相差 0.5%~1.0%。

EBT 氧枪在设计中需要考虑其冲击力。由于 EBT 区的熔池浅，EBT 氧枪的氧气射流的穿透深度在设计上不能超过 EBT 区熔池深度的 2/3，同时应避开出钢口区域。考虑到氧气射流的衰减，可采用伸缩式驱动 EBT 氧枪，根据冶炼的情况调整枪的位置，同时也可以在 EBT 区上方安装集束射流氧枪解决上述问题。

5.3.2　EBT 氧枪设备

EBT 氧枪在偏心炉底电炉中安装，氧枪种类一般选择普通拉瓦尔氧枪或集束氧枪，其安装示意图如图 5-15 所示，现场生产时的 EBT 氧枪如图 5-16 所示。

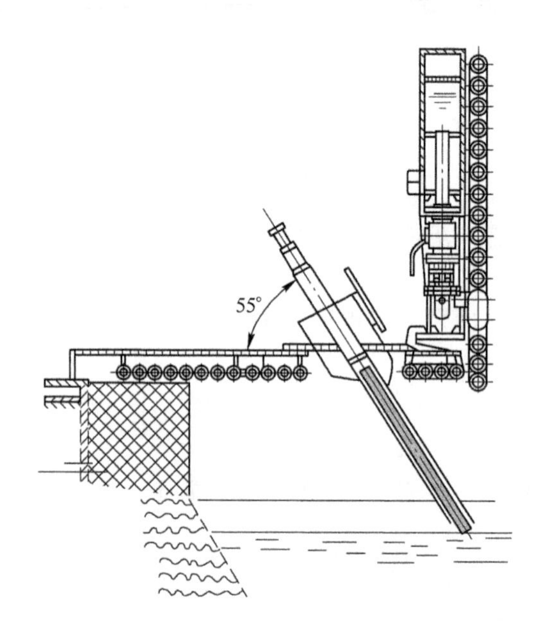

图 5-15　EBT 集束氧枪安装示意图

图 5-16　现场生产时的 EBT 氧枪

5.4 氧燃烧嘴

电弧炉氧燃助熔技术是利用燃料与氧气混合燃烧产生2000℃以上的高温火焰作为电弧炉的辅助热源，增加炉内的供热强度，促进冷区的熔化，从而降低电极消耗和电能消耗，缩短冶炼时间，提高钢产量的炼钢技术。氧燃助熔是电弧供热的理想补充，一般的氧燃烧嘴操作应提供电炉炼钢所需全部能量的10%~25%。氧燃烧嘴在电弧炉开始冶炼时供热强度最大，当废钢温度升高以后，电弧供热更加重要。要根据每个炉子的具体情况制定出合理的供能制度，确定氧燃烧嘴供热与电弧加热的最佳配合。氧燃烧嘴供热的最佳时间通常是从废钢熔化开始至75%~85%的废钢熔入熔池为止。氧气和燃料之间存在最佳配比。实验表明，氧气与天然气之间的最佳配比为（2~3）：1；氧气与煤粉的配比控制在2.5m^3/kg左右时，热能利用率最高。

根据所用燃料不同，常见的氧燃烧嘴主要有煤氧烧嘴、油氧烧嘴和燃气烧嘴。油氧烧嘴和燃气烧嘴在一些国家应用广泛，如东南亚一座变压器容量为23MV·A的47t电弧炉使用一个炉门油氧烧嘴后，熔炼时间缩短9min，吨钢电耗下降40kW·h，生产率提高8%。德国某企业将一座变压器容量为15MV·A的45t电弧炉改造成变压器容量为25MV·A的56t电弧炉，使用了4个燃气烧嘴后，生产率提高了98%，熔炼时间缩短45min，吨钢电耗降低70kW·h。根据我国油少价高、电力短缺而煤炭量大价廉的资源特点，早年开发了电弧炉煤氧烧嘴助熔技术，并已在部分电弧炉炼钢企业推广，如唐山钢厂、抚顺钢厂、大连钢厂、上钢五厂、天津钢厂、无锡钢厂和石家庄钢铁厂等。从这些企业的使用效果看，普遍取得了明显的节能增产效果，一般可缩短冶炼时间20min左右，吨钢降低电耗50~100kW·h。但由于煤粉喷吹的热效率较低、安全性较差、投资较大，且其中粉煤的制备、存贮、运输以及燃烧产物中的硫和灰分残渣的去除和分离等较为繁琐，目前已不再使用。

5.4.1 氧燃烧嘴助熔原理

工业上，一般燃烧所需的氧气靠空气提供。但是，由于空气中的氮也被加热到了炉内的温度，当它离开炉子时带走了大量的热量，降低了燃烧效率和损耗了熔化炉料所用的能量。用纯氧代替空气有两大优点[7]：

（1）提高了火焰温度。如图5-17所示，随着助燃空气中氧气量的增加，火焰温度也增加。在纯氧条件下，火焰温度可达2700~2800℃。

（2）提高了燃烧率。随着烟气温度的升高，空气燃烧率迅速下降，而在用纯氧的情况下，燃烧率降低很少，因而，对于1600℃的烟气温度，纯氧的燃烧率超过70%，而空气燃烧率仅为20%左右，如图5-18所示。

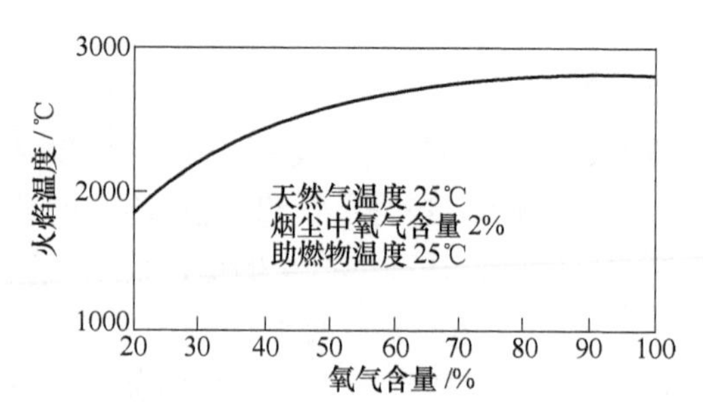

图 5-17　火焰温度与氧气含量的关系

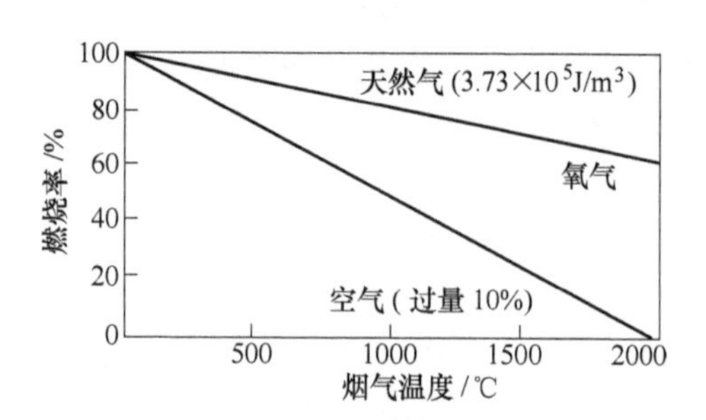

图 5-18　燃烧率与烟气温度的关系

5.4.2　影响烧嘴效率的因素

电炉是通过电极起弧产生热量炼钢，钢铁料从电极中心向四周慢慢熔化，热损耗较大，熔炼时间较长。氧燃枪又称氧燃烧嘴，布置在电炉冷区的炉壁上，依靠烧嘴与电弧供电的合理匹配，实现废钢均衡熔化。烧嘴使用效率取决于：（1）废钢温度和受热面积，若熔化初期废钢温度高，受热面积大，则烧嘴效率可达 80%；（2）在不同阶段确定合适的氧-燃气（油）比例，在废钢接近熔清时，烧嘴燃料量应减少。烧嘴所用燃料主要为天然气及柴油。也有将氧燃烧嘴用在烟道处预热废钢的，但应注意环保等问题。

5.4.3　氧燃烧嘴设计

烧嘴所用燃料有固体、液体和气体 3 类。气体燃料中目前较倾向于使用轻天然气，因其使用方便、清洁、设备维护容易，是首选的辅助燃料。液体燃料主要是轻质柴油，但由于价格较高使用较少；而煤气等气体燃料因热值较低、废气量也很大，目前已没有使用。

5.4.3.1　煤氧烧嘴

从煤氧烧嘴的发展过程看可以分为：直筒式、旋流式、双氧流、内混式、内燃式。

直筒式煤氧枪是煤粉和氧气混合燃烧加热的最初形式。氧气和流态化的煤粉分别从外管和内管喷出，在出口处二者混合燃烧。直筒式煤氧枪能够实现煤粉和氧气的混合燃烧，火焰刚性较强；其主要缺点是煤氧混合不好，燃烧效率低，点火困难，燃烧不稳定，容易断火。

旋流式煤氧枪的氧气通过有一定倾角的旋流叶片流出，使氧气流出具有较强的旋流强度。这种煤氧枪对加速燃烧过程非常有利，点火较易实现。但这种煤氧枪由于旋流，降低了轴向速度[8]。这种强旋流的煤氧枪虽然火焰的可靠性及可调性得到提高，但加热熔化废钢的区域过小[9]。

双氧流煤氧枪是在保持旋流式煤氧枪强旋流的基础上发展起来的，这种煤氧枪内连有两个氧气通道：其中一路是旋流氧，另一路是直流氧。合理控制旋流氧、直流氧的比例，将使煤氧枪的各种性能得到发挥。

内混式煤氧枪在结构上增加了一个预混合段。设计是让氧气和煤粉在预混合室内先充分混合，在出口处与通入的二次氧立即着火燃烧，产生受预热室控制的稳定高温火焰。

内燃式煤氧枪主要特点是：煤粉和氧气在枪内混合并燃烧，燃烧产生的高温火焰从枪内喷出。内燃式煤氧枪解决了旋流强度与火焰刚性的矛盾；同时内燃式煤氧枪的喷煤量在同样的条件下提高了3~5倍。

5.4.3.2 油氧烧嘴

油氧烧嘴是油氧助熔系统中的主要设备，直接影响助熔效果。油氧烧嘴的燃料油需要经过雾化后再燃烧，因此它除具有一般燃烧装置的基本性能外，还应具有良好的雾化能力，以保证燃料的完全燃烧。

燃油烧嘴按油的雾化方式分为两种：

（1）气体介质雾化烧嘴。它是靠气体介质的动量将油雾化，分高压介质（蒸汽或压缩空气）雾化和低压空气雾化两种。

（2）机械雾化油嘴。它是用机械方法直接将油雾化，即高压油通过油嘴进行离心破碎和突然扩张破碎，或利用高速旋转杯将油进行离心破碎后再用低压空气进一步雾化。

以高压压缩空气雾化柴油方式为例，说明油氧烧嘴的特点。

高压压缩空气雾化柴油雾化性能好，雾化粒度可达20~30μm，调节比达1∶6；火焰温度高，而且形状容易控制，对油的适应性强。不足是火焰长度较短、噪声大。此类烧嘴的技术特点如下：

雾化介质参数，采用的压缩空气压力为0.5~0.7MPa；雾化空气的量为：压缩空气0.4~0.6m^3/kg柴油；雾化空气的喷出速度为300~400m/s；柴油的压力为 0.2~0.4MPa；柴油量为 10~150L/h。

喷枪的油氧喷吹以 0 号柴油为燃烧介质，氧气作为助燃介质，干燥压缩空气为雾化介质，采用外混式喷嘴结构，如图 5-19 所示。

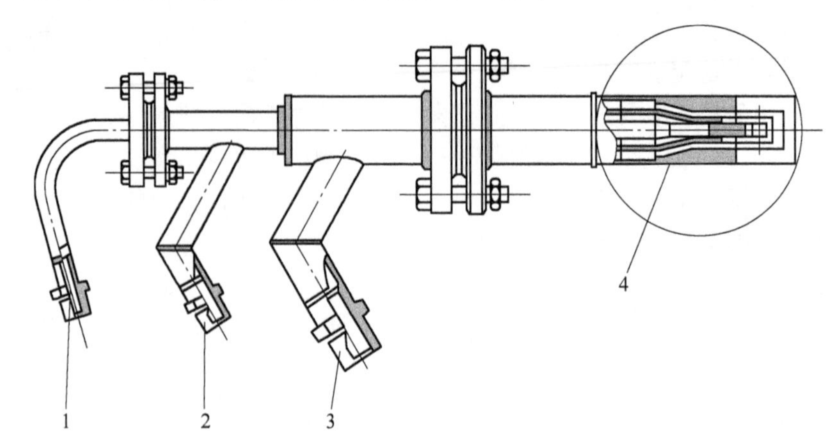

图 5-19　油氧烧嘴结构

1—燃料油管；2—雾化空气输送管；3—氧气输送管；4—喷枪

5.4.3.3　燃气烧嘴

炼钢厂使用的燃气主要有天然气、液化石油气、焦炉煤气。其中，天然气的低发热量为 34.5~41.8MJ/kg，液化石油气的热值为 90~100MJ/m^3，焦炉煤气热值为 15~17MJ/m^3。

氧与天然气可在燃烧器内部混合（Pre-mixing），也可在燃烧器外部混合（Post-mixing），如在燃烧器出口处混合则称为界面混合（face mixing）。图 5-20 和图 5-21 所示为燃气烧嘴的结构简图及气体预混合方式。

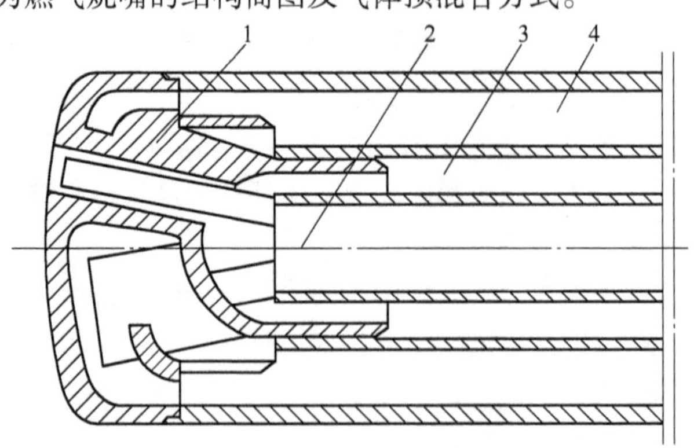

图 5-20　燃气烧嘴的结构简图

1—喷头；2—氧气导管；3—天然气导管；4—冷却水管

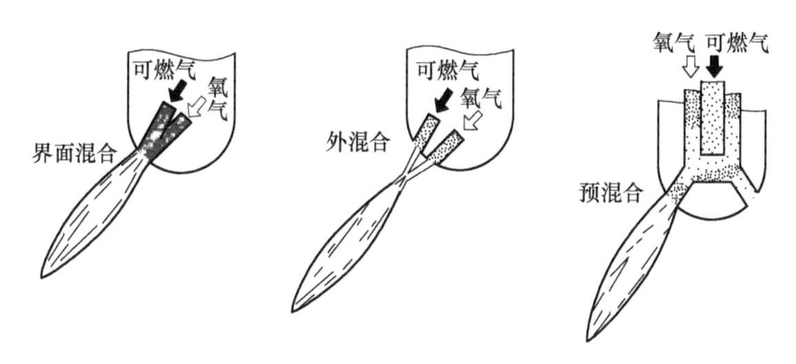

图 5-21 氧燃气烧嘴的气体预混合方式

5.5 集束射流氧枪

5.5.1 集束射流氧枪的由来

近年来，国内外电弧炉炼钢技术取得迅速发展。围绕着扩大生产能力、降低消耗指标、降低生产成本，许多炼钢辅助技术应运而生。其中，集束射流技术对提高电炉冶炼节奏、降低生产成本起到非常重要的作用。

电弧炉炼钢输入化学能是降低电能消耗、加快冶炼节奏最有效的方法。向熔池喷吹氧气是输入化学能最直接的手段，可加快脱碳速度、喷入的碳粉反应造泡沫渣、搅拌熔池等。电弧炉内吹氧的常用方法是采用普通氧枪，它产生的射流是以高压（0.5~1.5MPa），经过喷嘴得到超声速氧气射流，利用其高速产生的动力达到冶金效果。传统超声速氧枪主要缺点是：喷吹距离短且衰减快，氧气射流对熔池的冲击力小，钢液容易形成喷溅，炉内氧气的有效使用率低，节电效果较差。

为了克服普通超声速氧枪的这一不足，由美国 Praxair 公司开发的聚合射流技术[10]（Coherent Jet，简写为 Cojet）和北京科技大学开发的集束射流技术，该项技术与传统超声速射流比，在超过喷嘴直径 70 倍的喷吹距离内都可以保持其原有的射流速率、直径、氧气浓度，射流的喷吹冲击力不衰减；传统氧气射流出口出 0.254mm 处的冲击力与集束射流 1.37mm 处的冲击力相当；对熔池的冲击深度要高两倍以上，气流的扩展和衰减要小，减少熔池喷溅及喷头粘钢[11]。

5.5.2 集束射流的原理、特性

5.5.2.1 基本原理

集束射流的原理是在拉瓦尔喷管的周围增加燃气射流，使拉瓦尔喷管氧气射流被高温低密度介质所包围，减少电炉内各种气流对中心氧气射流的影响，从而减缓氧气射流速度的衰减，在较长距离内保持氧气射流的初始直径和速度，能够

向熔池提供较长距离的超声速集束射流[11]。

集束射流氧枪是应用气体力学的原理来设计的。其要点是：喷嘴中心的主氧气流指向熔池。高的动能和喷吹速度是不足以使射流在较长的距离上保持集束状态的，为了达到保持射流集束状态的目的，必须用另一种介质来引导氧气，即外加燃气流，使燃气流对主氧气流起着封套的作用，低速的燃气流相比静止的气体能提供更大的动能，有利于氧气射流高速喷吹，这样主氧气流就能够在较长的距离内保持出口时的直径和速率。

集束射流技术的核心是特殊喷嘴。当安装在炉墙上的喷嘴以集束方式向电弧炉熔池吹入氧气时，集束氧气流相比普通超声速射流能在较长距离内保持原有的速率和直径，如图 5-22 所示。

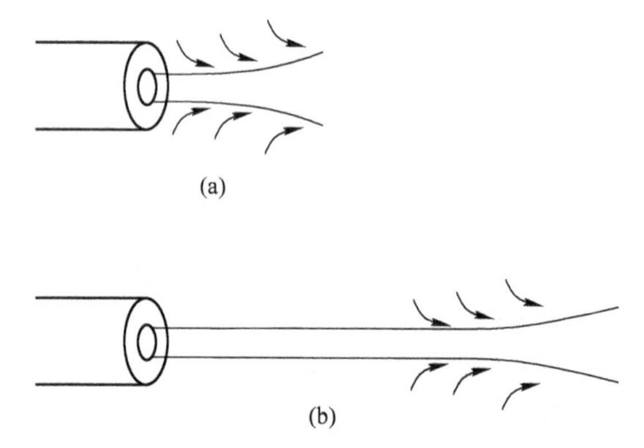

图 5-22　集束射流与普通超声速射流的比较

(a) 普通超声速射流；(b) 集束射流

出口气体速度和压力相同条件下，在射流中心，集束射流比同一点的传统超声速射流具有更高的气体流速，在距喷嘴出口 1.4m 处，集束射流仍然保持着较高的气体流速，如图 5-23 所示。该图测试条件为：中心射流空气压力 0.7MPa，保护气体流量 $80m^3/h$。

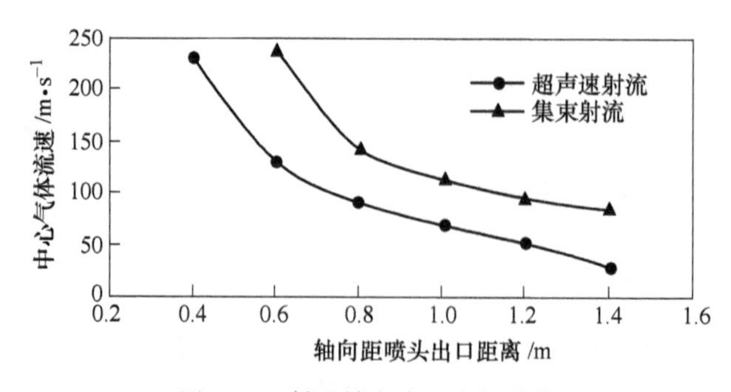

图 5-23　射流轴向中心流场分布

在距离喷嘴出口相同的距离上，集束射流流股的速度变化率比传统超声速射流流股的速度变化率大。集束射流具有较高的聚合度，而且这种较高的聚合度能够在较长的距离内一直保持。在距离喷头端部 1.0m 和 1.2m 处聚合射流仍有特别高的聚合度，而传统超声速射流已比较发散，如图 5-24 和图 5-25 所示。

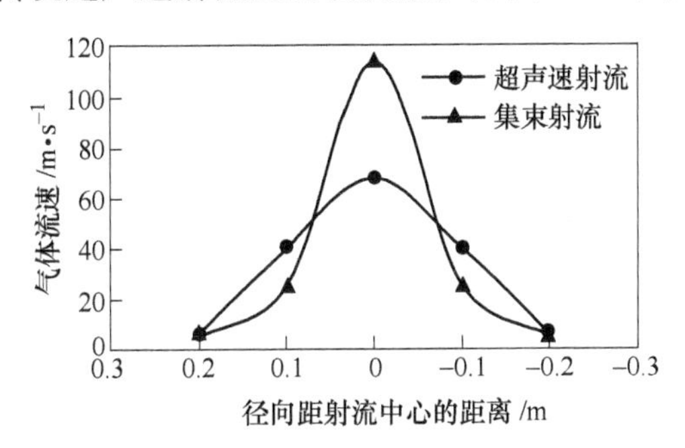

图 5-24 射流径向流速分布（$x=1.0$m）

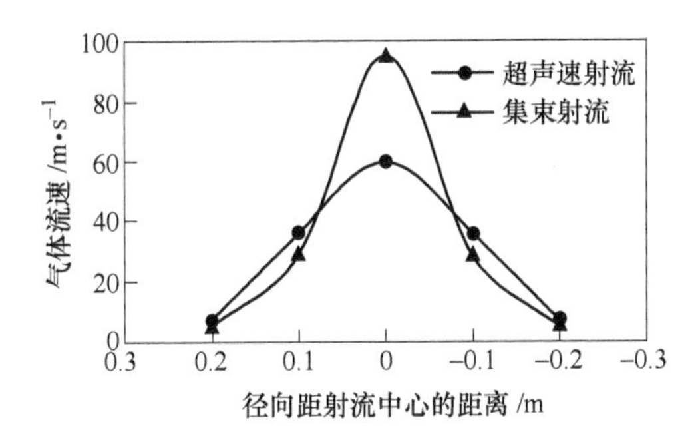

图 5-25 射流径向流速分布（$x=1.2$m）

集束射流具有如下的特点[12~14]：

（1）在超过喷嘴直径 70 倍的喷吹距离内都可以保持其原有的速率、直径及气体的浓度及喷吹冲击力。

（2）普通超声速氧枪 0.254mm 处的冲击力与集束射流 1.37mm 处的冲击力相当；对熔池的冲击深度要高两倍以上，气流的扩展和衰减要小，减少熔池喷溅及喷头粘钢。

（3）比普通超声速喷吹带入的环境空气量要少 10%以上，NO 排放减少。

（4）射流扩散和衰减的速度也显著降低。

（5）冲击液体熔池的深度比普通超声速射流冲击深度深约 80%。水模型实验也表明，集束射流进入熔池的深度比传统喷吹深 80%以上[15]。

（6）集束射流核心区长度、射流扩散、衰减及压力可以控制。

（7）水力学模型实验表明熔池均混时间与底吹混合时间相近。

（8）喷溅大大减少。

5.5.2.2 集束射流吹氧工艺主要特性[16]

集束射流吹氧主要用于切割炉料，以防止废钢架桥；直接吹入熔池，与熔池中的铁及其他元素反应，产生热量，加速废钢熔化；进行熔池搅拌，使钢水温度均匀；参与炉内空间的可燃气体的二次燃烧；与熔池中的碳反应，生成 CO 造泡沫渣，屏蔽电弧，减小辐射，减少热量损失，提高炉衬寿命，加快脱碳速度；降低电耗，缩短冶炼时间。

（1）加快废钢熔化。在全废钢冶炼时，氧气集束射流能够切割电弧炉内已红热的大块废钢，可以防止炉料搭桥。随着炉内废钢的不断熔化，熔池逐渐形成；在熔池中吹入氧气，氧气与钢液中的元素发生氧化反应，释放出反应热，促进废钢的熔化。

（2）搅拌钢液，均匀钢液温度。电弧炉炉壳直径的增大使炉内温度不均匀性更加突出，熔池形成以后，位于三相电极的中心区和电极圆周围的钢液温度高，其他区域钢液温度低。集束氧气射流吹入钢液，使钢液沿着一定方向运动，加快了不同温度钢液之间的传热速度。因此，减小了钢水温度的不均匀性，一定程度上抑制了钢液大沸腾现象。

（3）二次燃烧。在使用电弧炉炼钢过程中，因为在熔池中 CO 不能被氧化成 CO_2，炉内会产生一定量的 CO。二次燃烧即通过在熔池上方补充吹氧使在电弧炉内 CO 进一步氧化成 CO_2，所产生热能得到回收从而减少了电耗，较大地提高热效率，可节省电能 40~80kW·h/t[17]。

二次燃烧吹氧方法有两种：在渣层上方吹氧进行二次燃烧和将氧吹进渣层使 CO 在进入炉子净空间前产生二次燃烧。

（4）全程泡沫渣埋弧冶炼。为了造好泡沫渣，一般安装与集束射流氧枪相同数量的碳枪。氧枪和碳枪共同组成了碳氧喷吹模块系统。利用模块化技术结合 PLC 计量控制喷粉量及实现炉中多点喷碳。喷入熔池内的碳和氧在熔渣中反应生成大量的 CO，使炉渣形成很厚的泡沫状，把炉内电弧埋在熔渣下面，减少了电弧辐射放热和刺耳的噪声，同时有利于炉壁耐火材料的使用寿命。良好的泡沫渣使钢液升温快，节约能源。

（5）钢水脱碳及升温。在氧化期脱碳时，高速的集束射流在炉内多个反应区域进行脱碳。集束射流条件下，平均脱碳速度每分钟可达 0.06%，在钢水温度、渣况合适时，最大脱碳速度每分钟可达 0.10%~0.12%。脱碳时，激烈的碳氧反应放出大量热，使钢液温度提高很快。

5.5.3 集束射流氧枪的基本结构

根据集束射流氧枪的工作原理可知，它是在传统氧枪的主氧中分出一部分环氧，另外，在主氧的外环处加两圈保护气体（环氧和环燃气），隔绝外界气流的影响，从而保护主氧。

整套系统由主氧喷吹系统、主氧保护系统、水冷系统三部分组成，如图 5-26 所示。主氧喷吹系统位于集束射流氧枪的中心位置；主氧保护系统位于主氧喷吹系统的外层，设有环氧和环燃气喷口；水冷系统位于氧枪的最外层，在氧枪一端设有进水口和出水口；枪身由无缝钢管做成的四层套管组成。尾部结构应方便输氧管、进水、出水软管同氧枪的连接，保证四层套管之间密封及冷却水道的间隙通畅，以及便于吊装氧枪。实际射流效果如图 5-27 所示。

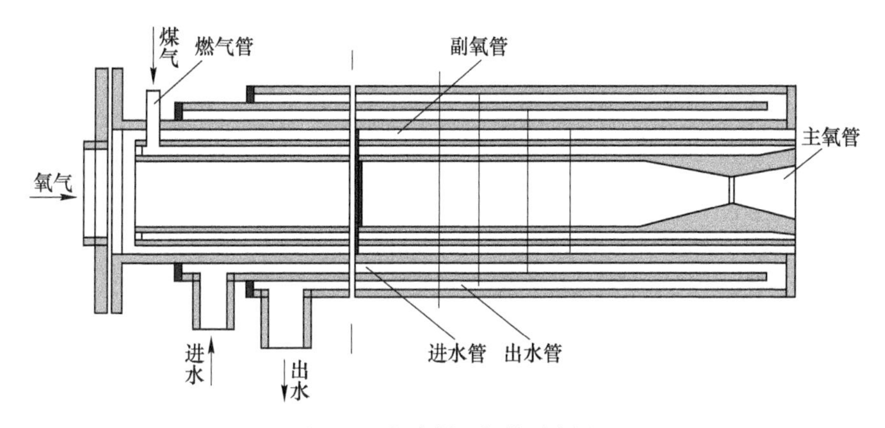

图 5-26　集束射流氧枪示意图

图 5-27　集束氧枪射流效果

喷头常用紫铜材质，可用锻造紫铜经机加工或用铸造方法制成。主氧管、环氧管所用的材料为热轧无缝钢管，进水管和出水管采用铸造钢管，主氧管喷头采用冷轧无缝钢管，喷头的端底及喷孔部分材质为无氧纯铜，含铜量大于99.9%，挡水板由于不承受高温，采用铸造青（黄）铜或由铜板锻造而成，上部氧气喷管可采用铸铜、铜管、轧制不锈钢管等材质。

根据不同的设计理念，不同生产厂家集束氧枪所体现出的形式各有不同。目前国内外主要的炉壁集束氧枪包括：Praxair 生产的 Cojet、Air liquide 生产的 PyreJet、Techint 生产的 KT 氧枪、PTI 生产的 JetBox、北京科技大学冶金喷枪中心生产的 USTB 集束氧枪，如图 5-28 所示。

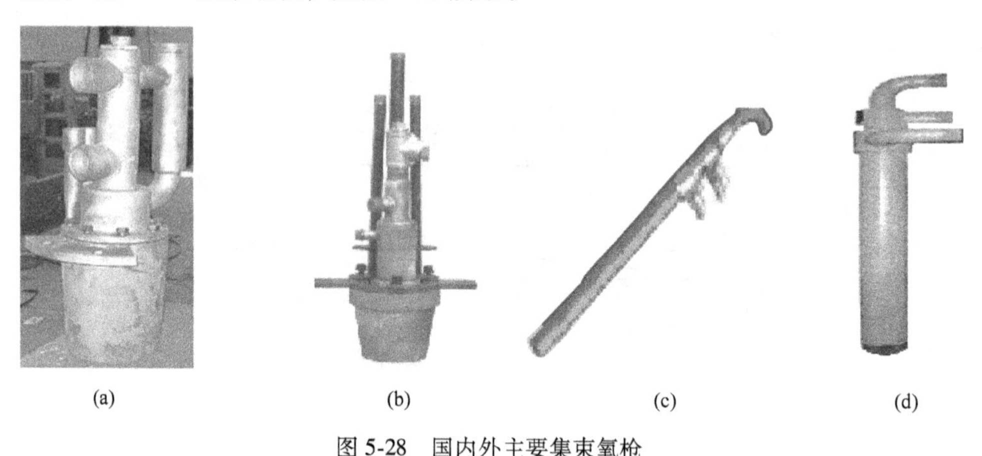

(a) (b) (c) (d)

图 5-28 国内外主要集束氧枪

(a) Jet Box；(b) Pyre Jet；(c) KT 氧枪；(d) USTB 集束氧枪

(1) PTI 公司生产的 JetBox 集束喷射箱内是把集束氧枪和喷碳粉枪平行嵌套在用水冷却的铜箱内。集束氧枪布置在喷碳孔的左上方，这种平行布置更有利于泡沫渣的快速形成并防止喷碳孔堵塞。在平行方向上，氧流产生的伯努利效应对碳粉进行引流，并确保将碳流导入渣钢界面。PTI JetBox 技术把喷碳点移至炉渣下面，从而把除尘系统造成的碳损失和渣面燃烧掉的碳粉降到最低，碳粉被喷到了最需要的地方。集束氧枪和碳枪的冷却由水冷铜箱提供。PTI 设计的环氧烧嘴包括超声速喷嘴和环氧喷嘴。当超声速烧嘴以 2 马赫的声速向熔池供氧，环氧以最大 $8m^3/min$（标态）的速度对超声速射流进行保护，保证超声速射流紧凑、连贯和有效地进入熔池，同时提供二次燃烧用氧[18]。JetBox 安装在炉壁耐火砖的上方，对炉子中心有一定的下倾角，既保证喷射距离最短，又最大限度减少了喷溅，同时由于水冷箱的冷却作用，使得箱子下面的耐火材料侵蚀速度减慢。PTI 设计的 EBT 枪仅用于冷区的预热和熔化功能，为将其安装在 JetBox 中，EBT 区也不设碳枪[19]。

PTI JetBox 系统被设计成为能够：

1）熔化前期，向炉内输出超过 4.5MW 的化学能以熔化废钢。

2）熔化中期，在还存在半熔态废钢的情况下，切换到较大流量、低速的氧气以快速熔化废钢。

3）在炉内废钢基本熔清后，吹入超声速氧气直到冶炼完成。

JetBox 技术开发了单一氧枪控制线路技术，获得专利的烧嘴通过使用一个旁通阀分流适量的环绕氧气，分流的环绕氧气流量是根据每个钢厂情况量身定做，并根据电炉的操作状态而调节的。

JetBox 的技术特点：

1）使用集束射流、炉中多点供氧喷碳，供氧强度大。

2）烧嘴功率可达 5.0MW，能产生多种火焰结构，有效增加化学能输入，降低冶炼电耗。

3）安装位置低，射流行程短，喷射角度大，射流冲击点远离电极，减少了电极消耗。

4）特殊的水冷铜箱设计。

5）脱碳速度快。

6）良好的泡沫渣效果。

7）设有水冷燃烧室，引导环绕射流，可在燃烧室内产生正压，有效防止超声速氧流孔和燃气孔的堵塞。

JetBox 碳氧组合枪[20]：PTI 多功能碳氧喷枪是组合式结构，包括水冷主氧枪、环流喷嘴和碳枪。组合枪有三种操作模式：烧嘴、软枪和喷枪。氧枪可在手动或自动方式下操作。吹氧操作有五种不同的模式，分别是 OFF（关闭）、HOLD（保持）、LOW（低氧）、MEDIUM（中氧）及 HIGH（高氧），冶炼中根据不同的阶段选择不同的模式。JetBox 系统设有一个碳枪，平行布置在氧枪的右下方，向炉内喷碳，造泡沫渣。

PTI 多功能碳氧喷枪的使用效果：PTI 碳氧喷枪主要表现为电耗降低、冶炼周期缩短和电极消耗降低等。JetBox 在淮钢 70t 电炉使用效果见表 5-4。

表 5-4 JetBox 在淮钢 70t 电炉使用效果

项目	通电时间 /min	出钢到出钢时间/min	电耗 /kW·h·t^{-1}	氧气（标态） /$m^3 \cdot t^{-1}$	电极消耗 /kg·t^{-1}
使用前	33.5~36.2	51~58	288.2~304	28	1.8
使用后	29~32	46.5~53	256.8~291.5	40	1.4

（2）Air liquide 生产的 PyreJet 多功能炉壁氧枪，具有熔化和切割废钢的能力而且还有其他附加的功能。它包括的碳粉喷吹和超声速氧气射流，可以帮助泡沫

渣生成及熔池精炼。铜质的长水冷燃烧室可以控制火焰的形状和火焰的生成。燃烧室同时还可以保证氧气和燃气的开孔不被飞溅的钢水及钢渣堵住，燃烧室内部配有一个超声速烧嘴，在必要时可快速方便地从燃烧室上脱开和取出。在 PyreJet 多功能炉壁氧枪上还同时配有可更换的碳粉喷吹管，它的出口靠近中轴线。这样的布置有助于碳粉在中心超声速氧流带动下冲入渣层，深入熔池内部进行有效的脱碳及帮助保护渣的生成。利用 PyreJet 多功能炉壁氧枪技术，终点碳的含量可降低到 0.02%。PyreJet 多功能炉壁氧枪在炼钢生产中具有烧嘴模式和氧枪模式。根据冶炼的需要，两种模式可以自由切换，国内应用的电炉厂有舞阳、兴澄、苏钢、沙钢等。江阴兴澄 100t 直流电弧炉安装了 PyreJet 多功能炉壁氧枪。

（3）Techint 技术公司生产的 KT 喷吹系统可以提高输入电炉的热能和化学能的利用效率。KT 氧枪安装在熔池的渣线处。冶炼前期，KT 氧枪像烧嘴一样工作，冶炼后期，向熔池内喷入超声速氧气射流。KT 喷碳枪也安装在渣线处，碳被喷入渣中降低耐火材料的磨损，改善造泡沫渣和提高电弧能的传输。KT 多功能烧嘴可以用在最初的废钢熔化和其后的后燃烧。天津 150t 交流电弧炉早期应用 KT 氧枪。

（4）CoJet 是美国普莱克斯公司（Praxair）的技术。集束射流技术是普莱克斯公司最重要的气体应用技术之一。该技术的核心是多功能集束射流枪和气体供应监测系统。CoJet 具有输入化学能和向熔池吹超声速氧气射流的能力。碳粉喷吹系统能够有效与氧气系统配合造泡沫渣，对提高冶炼节奏和节约炼钢成本有显著作用。目前该项技术已在全球 100 多座电炉上得到了应用，国内用户有宝钢 150t 电炉、韶钢 90t 电炉等[20]。

CoJet 碳氧组合枪：CoJet 集束射流枪为多功能枪，其功能包括吹氧、喷碳、预热和二次燃烧。主氧枪为三层套管结构，有主氧、煤气和环氧喷嘴。主氧枪与水平向及炉体径向呈一定夹角，枪头距熔池表面适当，以确保主氧射流的脱碳效果及对熔池的搅拌作用。主氧枪在冶炼前期用作烧嘴模式预热废钢。在冶炼中后期，氧气以集束射流形式从主氧枪吹入钢水中，提高氧气的利用效率，使钢水快速脱碳和升温。

CoJet 有一个专用的碳粉喷枪，喷入碳粉量可以调节。碳枪是一根自耗钢管，位于主氧枪侧，高度略低于主氧枪，并与主氧枪保持一定角度，以保证造泡沫渣效果。主氧枪侧设二次燃烧枪，其作用是向炉内喷入氧气，与炉气中的 CO 反应产生热量，达到节电和提高生产率的目的。

CoJet 的基本工艺操作模式有：

1）吹氧模式。集束射流枪作为吹氧脱碳枪使用。

2）混合模式。多种模式的混合使用。除同时使用烧嘴模式和吹氧模式外，还可使用碳粉枪造泡沫渣。

3）二次燃烧模式，用于燃烧在吹氧期间产生的CO，回收热能。

4）闲置模式。使用极少量的氧气吹扫，防止氧枪堵塞。

韶关90t Consteel电弧炉应用CoJet多功能碳氧喷枪之后，铁水比由30%提高到60%以上，电耗由270kW·h/t下降到160kW·h/t。上海宝山钢铁公司150t直流电弧炉应用美国Praxair生产的CoJet。

（5）北京科技大学研发的USTB集束射流氧枪分为多种结构，包括：单层环氧保护中心氧气射流和环燃料保护主氧，还有在中心氧气射流周围环低速喷射燃料和氧气的多功能多模式氧枪。USTB集束喷吹系统能够根据冶炼条件在尽量降低炼钢成本基础上达到安装氧枪的目的。USTB集束喷吹系统还在与氧枪平行的位置安装了碳枪，尽量使氧气能够把碳粉引流到熔池内，提高碳粉利用率。根据冶炼原料的不同，氧枪在冶炼过程中有多种模式，可以快速输入化学能熔化废钢，也可提供高速的氧气射流切割废钢，冶炼后期能够快速脱碳。西宁特钢、天津钢管等多家电弧炉应用北京科技大学的USTB集束喷吹系统。

总之，多种形式的电弧炉炼钢用氧技术及装备是相辅相成的，因此在炼钢过程的不同阶段应根据不同的工艺条件将各技术有机地结合起来，互相取长补短，实现电弧炉冶炼过程的优化供氧，取得最佳的生产效果。

参考文献

［1］刘浏，何平．炉外精炼技术的发展与配置［C］//中国金属学会炼钢年会，1998.

［2］朱荣，王新江，等．安钢100t竖式电弧炉高热装铁水比的工艺实践［J］．特殊钢，2008，1（29），40~42.

［3］李学军．电弧炉炼钢用氧枪［J］．山东冶金，2002，24（6）：17~19.

［4］袁章福，潘贻芳，等．炼钢氧枪技术［M］．北京：冶金工业出版社，2007：261~265.

［5］刘文亮．大型电炉炼钢用超声速水冷氧枪［J］．江苏冶金，1998（2）：19~21.

［6］刘剑辉，王胜，等．莱钢50t电炉炉壁碳-氧喷吹系统的研究与应用［J］．山东冶金，2003（25）：134~136.

［7］袁章福，潘贻芳，等．炼钢氧枪技术［M］．北京：冶金工业出版社，2007：266.

［8］钢铁厂工业炉设计参考资料（上册）［M］．北京：冶金工业出版社，1979：5.

［9］Concsics D，Mathur P C，Engle D．Results of oxygen injection in the EAF with Praxair coherent jet injector：a novel technology. Proceedings Electric furnace Conference［J］. Iron and Steel Society，Warrendale，Pa，1997.

［10］Anderson J E，Mather P C. Selines R J. Method for introducing gas into a liquid［J］. U. S. patent No5，814，125，Scpt. 29，1998.

［11］王惠．金属材料冶炼工艺学［M］．北京：冶金工业出版社，1994：55~56.

［12］B. P. Gavaghan. MacSteel Gains Efficiencies With Praxair Coherent Jet［J］. I&SM. 1997，October, 78 ~ 79.

[13] Sarma B, Mathur P C, Selines R J, et al. Fundamental Aspects of Coherent Gas Jets. Process Technology Conferrence Proceedings//[C]. 1998: 657 ~ 671.

[14] Lyons M, Bermel C. Operationalresults of coherent Jet at Birmmingham Steel-Seatle Steel Division. ProceedingsElectric Furnace Conference [J]. Iron and Steel Society, Warendale, Pa, 1999.

[15] 孙宽，宋春英．电炉煤氧喷吹工艺的优化 [J]. 工业加热，1994 (5): 46-47.

[16] 朱荣，张志诚，仇永全．电炉炼钢炉壁碳氧喷吹系统的开发和应用 [J]. 特殊钢，2003, 24 (5): 39 ~ 40.

[17] Jones J A T. New Steel Melting Technologies [J]. CO Post-combustion, I& SM, 1996, 23 (8): 51, 23 (9): 7.

[18] Christopher Farmer, Val Shver, et al. 电炉 JETBOx 技术的发展 [J]. 钢铁，2007, 42 (1): 31 ~ 34.

[19] 陈学莹，等．PTI JETBOx 系统在杭钢电炉上的应用 [J]. 浙江冶金，2006, 11 (4): 26 ~ 28.

[20] 杜俊峰．现代电炉多功能炉壁碳氧喷枪技术的发展 [J]. 第七届中国钢铁年会论文集，2009: 252 ~ 258.

6 电弧炉炼钢供氧工艺

本章计算了电弧炉炼钢的物料平衡和热平衡。针对不同炉料结构分析计算了冶炼的能量输入输出量。结合供氧工艺对电弧炉炼钢的能源结构进行了分析，并通过案例进行了能量集成及参数计算。

6.1 物料平衡和热平衡

在传统电弧炉炼钢过程中，炼钢主要以冷废钢为原料，这也是节能环保、循环经济的需要，考虑到冶炼过程升温、去气、去夹杂等冶金操作的需要，适当配加一定量的冷生铁以保证合适的脱碳量和熔池搅拌强度。部分钢铁企业还有直接还原铁生产线，故电弧炉炼钢长期、大量使用三元炉料，即冷废钢+冷生铁+直接还原铁。随着废钢价格的变化及钢铁厂铁水的富余，电弧炉炼钢开始配加一定量的热铁水，使用四元炉料，即“废钢+生铁+铁水+直接还原铁”[1~25]；但从发展的角度出发，废钢量的增加采用全废钢冶炼的比例增加。

6.1.1 物料平衡计算

基本数据有：冶炼钢种钢水终点成分（表 6-1）；原材料成分（表 6-2）；辅料成分（表 6-3）；炉料中元素烧损率（表 6-4）；其他数据（表 6-5）。

表 6-1 冶炼钢种钢水终点成分 （%）

成分	C	Si	Mn	P	S	Fe	合计
含量	0.170	0.090	0.38	0.01	0.02	99.33	100.00

表 6-2 原材料成分 （%）

名称	C	Si	Mn	P	S	Fe	H_2O	灰分	挥发分	H	O	合计
碳素废钢	0.180	0.250	0.550	0.030	0.030	98.960						100.000
炼钢生铁	4.200	0.900	0.800	0.200	0.040	93.860						100.000
铁水	4.280	0.800	0.600	0.200	0.035	94.085						100.000
DRI	4.500	0.011	0.0070	0.0003	0.100	95.3814						100.000
焦炭	86.000						0.580	12.000	1.420			100.000
碳粉	92.600						0.500	5.300	1.600			100.000

续表 6-2

名称	C	Si	Mn	P	S	Fe	H_2O	灰分	挥发分	H	O	合计
电极	99.000							1.000				100.000
柴油	88.000									11.500	0.500	100.000
天然气	84.000									14.500	1.500	100.000

表 6-3 辅料成分表 (%)

成分	CaO	SiO_2	MgO	Al_2O_3	Fe_2O_3	H_2O	P_2O_5	S	CO_2
石灰	88.00	2.50	2.60	1.50	0.50	0.10	0.10	0.06	4.64
白云石	36.40	0.80	25.60	1.00					36.20
铁矿石	1.30	5.75	0.30	1.45	89.77	1.20	0.15	0.08	
高铝砖（炉顶）	1.25	6.40	0.12	91.35	0.88				
镁砂（炉衬）	4.10	3.65	89.50	0.85	1.90				
焦炭灰分	4.40	49.70	0.95	26.25	18.55		0.15		
碳粉灰分	4.40	49.70	0.95	26.25					
DRI 灰分	1.95	33.55	2.25	3.00					
电极灰分	8.90	57.80	0.10	33.10					

表 6-4 炉料中元素烧损率 (%)

成分		C	Si	Mn	P	S	Fe
烧损率	熔化期	30	85	65	45	10	4
	氧化期	0.065①	100	20	0.015②	27	

① 按末期含量比规定下限低 0.03%～0.1%（取 0.065%）确定（一般不应低于 0.03%的脱碳量）。

② 按末期含量 0.015%来确定。

表 6-5 其他数据

名　称	参　数
配碳量	比钢种规格中限高 0.80%，即达 0.97%
熔化期脱碳量	30%
终渣碱度	2.5
电极消耗量（交流电弧炉）	1.5kg/t 金属料，熔化期占 75%、氧化期占 25%

续表 6-5

名 称		参 数
炉顶高铝砖消耗量		1.5kg/t 金属料，熔化期占 50%、氧化期占 50%
炉衬镁砖消耗量		3.5kg/t 金属料，熔化期占 60%、氧化期占 40%
熔化期和氧化期所需氧量		80%来自氧气，20%来自空气
氧气纯度和利用率		氧气比例 0.990、氮气比例 0.010，利用率 90%
碳氧化产物		70%生成 CO，30%生成 CO_2
烟尘量		按 8.5kg/t（金属料）考虑
天然气		4.5m^3/t 金属料，熔化期占 0.6、氧化期占 0.4
在氧化期中所加的	石灰	40kg/t 金属料
	白云石	15kg/t 金属料
	碳粉	12kg/t 金属料

6.1.1.1 熔化期物料平衡计算

（1）熔化期炉料配入量。以 1000kg 金属炉料（50%废钢+20%生铁+20%铁水+10%DRI，见图 6-1）为基础，对熔化期进行计算。熔化期炉料配入量见表 6-6。

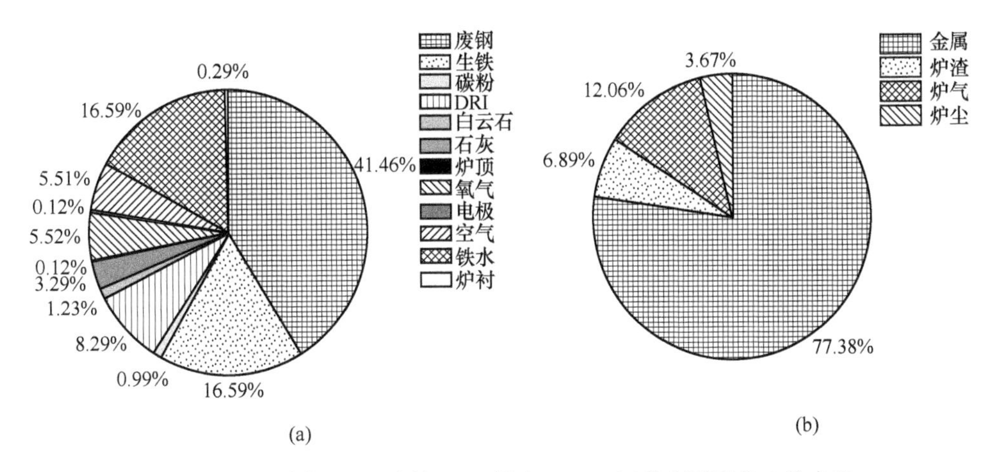

图 6-1 50%废钢+20%生铁+20%铁水+10%DRI 物料平衡收入及支出

（a）收入；（b）支出

表 6-6　熔化期炉料配入量

原料	配入量/kg	配料成分/kg					
		C	Si	Mn	P	S	Fe
废钢	500.000	0.900	1.250	2.750	0.150	0.150	494.800
炼钢生铁	200.000	8.400	1.800	1.600	0.400	0.080	187.720
铁水	200.000	8.560	1.600	1.200	0.400	0.070	188.170
DRI	100.000	4.500	0.011	0.007	0.000	0.100	95.381
焦炭	5540.000	0.000	0.000	0.000	0.000	0.000	0.000
合计	1000.000	22.360	4.661	5.557	0.950	0.400	966.071
质量分数/%		2.236	0.466	0.556	0.095	0.040	96.607

（2）熔化期净耗氧量计算见表 6-7。

表 6-7　熔化期净耗氧量计算

项目	名称	元素	反应产物	元素氧化量/kg	耗氧量/kg
耗氧项	炉料中元素的氧化	C	[C] → {CO}	22.360×30%×70% = 4.696	6.261
			[C] → {CO_2}	22.360×30%×30% = 2.012	5.366
		Si	[Si] → (SiO_2)	4.661×85% = 3.962	4.528
		Mn	[Mn] → (MnO)	5.557×65% = 3.612	1.051
		P	[P] → (P_2O_5)	0.950×45% = 0.428	0.552
		S	[S] → {SO_2}	0.400×10% = 0.040	0.040
		Fe	[Fe] → (FeO)	966.071×4%×15% = 5.796	1.656
			[Fe] → (Fe_2O_3)	966.071×4%×85% = 32.846	14.077
	小计			53.393	33.531
	电极中碳的氧化	C	[C] → {CO}	0.079×99.00%×70% = 0.055	0.073
			[C] → {CO_2}	0.079×99.00%×30% = 0.023	0.047
	天然气	C	[C] → {CO}	1.971×84.00%×70% = 1.159	2.318
			[C] → {CO_2}	1.971×84.00%×30% = 0.497	0.993
		H	[H] → {H_2O}	1.971×14.50% = 0.286	2.286
	合计				39.248
净耗氧量					39.248

（3）熔化期氧气和空气的实际消耗量见表6-8。

1）按氧气供氧80%，80%×39.248=31.399kg。

2）按空气供氧20%，39.248−31.399=7.850kg。

表6-8 熔化期氧气和空气的实际消耗量

项目	氧气			空气		
	带入 O_2	带入 N_2	总耗	带入 O_2	带入 N_2	总耗
质量消耗/kg	34.887	0.352	35.240	7.850	26.279	34.129
摩尔量/g·mol^{-1}	32.000	28.000		32.000	28.000	
体积/m^3	24.421	0.282	24.703	5.495	21.023	26.518

注：空气中的氮气与氧气质量比按77/23计算。

（4）熔化期炉气量计算见表6-9。炉气来源于炉料及电极中的碳的氧化产物CO和CO_2、氧气和空气带入的N_2、物料中H_2O及其反应产物、游离O_2及其反应产物、石灰中的烧碱（CO_2）。

表6-9 熔化期炉气量计算

项目	气态产物/kg					
	CO	CO_2	N_2	H_2O	H_2	合计
炉料碳氧化	10.956	7.379				18.335
电极带入	0.127	0.086				0.213
天然气	2.704	1.821		2.572		
白云石带入						
石灰带入						0.000
焦炭带入						0.000
氧气带入			0.352			0.352
空气带入			26.279	0.000		26.279
游离氧参与的反应	−6.105	9.594				3.489
水参与的反应	−4.501	7.073		−2.572	0.286	0.286
合计	3.181	25.953	26.632	0.000	0.286	56.052
质量分数/%	5.68	46.30	47.51	0.00	0.51	100.00

（5）确定铁的挥发量。966.071×4%×80%=30.914kg

（6）炉渣量的确定，见表6-10。

表 6-10 熔化期炉渣量计算

名称	消耗量		成渣组分/kg									
			CaO	SiO_2	MgO	Al_2O_3	MnO	FeO	Fe_2O_3	P_2O_3	CaS	合计
炉料中元素的氧化	Si	3.962		8.490								8.490
	Mn	3.612					4.663					4.663
	P	0.428								0.979		0.979
	Fe	13.525						13.042	9.661			22.703
炉顶		0.750	0.009	0.048		0.685			0.007			0.749
炉衬		2.100	0.086	0.077	1.880	0.018			0.040			2.100
焦炭		0.000	0.000	0.000	0.000	0.000			0.000	0.000		
电极		1.125		0.007		0.004						0.010
合计			0.095	8.621	1.880	0.707	4.663	13.042	9.707	0.979	0.000	39.694
质量分数/%			56.33	17.83	3.53	1.21	6.95	5.29	4.28	3.46	1.12	100.00

注：1. 铁的烧损率及产物比例按表 6-7 中注释计算。

2. 石灰中 CaO 被自身 S 还原消耗一部分。

（7）金属量的确定。Q_i = 金属炉料重 − 炉料中 C、Si、Mn、P 和 Fe 的烧损量 = 1000 − 53.393 = 946.607kg。

（8）熔化期物料平衡表见表 6-11。

表 6-11 熔化期物料平衡表

收入			支出		
项目	质量/kg	质量分数/%	项目	质量/kg	质量分数/%
废钢	500.000	46.58	金属	946.607	87.12
生铁	200.000	18.63	炉渣	39.694	3.65
铁水	200.000	18.63	炉气	56.052	5.16
DRI	100.000	9.32	炉尘	44.163	4.06
剩余钢水	0.000	0.00			
电极	1.125	0.10			
白云石	0.000	0.00			
石灰	0.000	0.00			
炉顶	0.750	0.07			

续表 6-11

收入			支出		
项目	质量/kg	质量分数/%	项目	质量/kg	质量分数/%
炉衬	2.100	0.20			
氧气	35.240	3.28			
空气	34.129	3.18			
合计	1073.344	100.00	合计	1086.517	100.00

6.1.1.2 氧化期物料平衡计算

（1）氧化期渣量计算见表 6-12。

表 6-12 氧化期渣量计算

名称		消耗量/kg	成渣组分/kg									
			CaO	SiO_2	MgO	Al_2O_3	MnO	FeO	Fe_2O_3	P_2O_5	CaS	合计
留渣=39.694×30%=11.908kg			0.03	2.59	0.56	0.21	1.40	3.91	2.91	0.29	0.00	11.91
金属中元素的氧化或烧损	Si	0.70		1.50								1.50
	Mn	0.39					0.50					0.50
	P	0.38								0.87		0.87
	Fe	0.74						0.72	0.26			0.98
	S	0.10	-0.01								0.01	0.00
炉顶蚀损量		0.75	0.01	0.05		0.69						0.74
炉衬蚀损量		1.40	0.06	0.05	1.25	0.01			0.03			1.40
电极烧损量		0.38		0.00		0.00						0.00
碳粉带入		12.00	0.03	0.32	0.01	0.17						
白云石带入		15.00	5.46	0.12	3.84	0.15						9.57
石灰带入		40.00	35.20	1.00	1.04	0.60			0.20	0.04	0.00	38.08
合计			40.77	5.62	6.70	1.83	1.90	4.64	3.40	1.21	0.02	65.56
质量分数/%			0.62	0.09	10.22	2.79	2.90	7.07	5.18	1.84	0.02	100.79

注：石灰中 CaO 被自身 S 还原，消耗 0.004kgCaO。

（2）氧化期净耗氧量计算见表6-13。

表6-13　氧化期净耗氧量计算　　（kg）

项目	名称	元素	反应产物	烧损量		耗氧量	供氧量
耗氧项	炉料中元素的氧化	C	[C]→{CO}	14.658	14.658 ×70% = 10.261	13.681	
			[C]→{CO_2}		14.658 ×30% = 4.397	11.726	
		Si	[Si]→(SiO_2)	0.699	0.699 ×100% = 0.699	0.799	
		Mn	[Mn]→(MnO)	0.389	0.389×20% = 0.078	0.023	
		P	[P]→(P_2O_5)	0.381	0.381×100% = 0.381	0.491	
		S	[S]→{SO_2}	0.097	0.097×27% = 0.026	0.026	
		Fe	[Fe]→(FeO) *	0.742	0.724×100% = 0.724	0.161	
			[Fe]→(Fe_2O_3) *		0.256×100% = 0.256	0.077	
	小计			16.822		26.984	
	焦炭粉中碳的氧化	C	[C]→{CO}	10.320	10.320×70% = 7.224	9.632	
			[C]→{CO_2}		10.320×30% = 3.096	8.256	
	电极中碳的氧化	C	[C]→{CO}	0.026	0.026×70% = 0.018	0.024	
			[C]→{CO_2}		0.026×30% = 0.008	0.016	
	天燃气	C	[C]→{CO}	1.314×84.00%×70% = 0.773		2.060	
			[C]→{CO_2}	1.314×84.00%×30% = 0.331		0.883	
		H	[H]→{H_2O}	1.314×14.50% = 0.191		1.524	
	合计					49.380	
供氧项	石灰	S	CaO+S = CaS+O	0.024	0.024×1/2 = 0.012		0.012
	金属中S	S	CaO+S = CaS+O	0.097	0.097×1/2 = 0.049		0.049
合计							0.061
净耗氧量						49.319	

（3）氧化期氧气和空气的实际消耗量，见表6-14。

1）按氧气供氧80%，80%×49.319 = 39.455kg。

2）按空气供氧 20%，49.319−39.455−0.061=9.803kg。

表 6-14 氧化期氧气和空气的实际消耗量计算

项目	氧气			空气		
	带入 O_2	带入 N_2	总耗	带入 O_2	带入 N_2	总耗
质量消耗/kg	43.839	0.443	44.282	9.803	32.819	42.623
摩尔量/g · mol^{-1}	32.000	28.000		32.000	28.000	
体积/m^3	30.687	0.354	31.042	6.862	26.256	33.118

注：空气中的氮气与氧气质量比按 77/23 计算。

（4）氧化期炉气量计算见表 6-15。

表 6-15 氧化期炉气量计算

项目	气态产物/kg					
	CO	CO_2	N_2	H_2O	H_2	合计
炉料碳氧化	23.942	16.124				40.065
电极带入	0.042	0.029				0.071
碳粉带入	16.856	11.352				28.208
天然气	1.803	1.214		1.715		
白云石带入		5.434				5.434
石灰带入		1.920		0.002		1.922
氧气带入			0.443			0.443
空气带入			32.819	0.507		33.326
游离氧参与的反应	−7.672	12.056				4.384
水参与的反应	−3.891	6.115		−2.223	0.247	0.247
合计	31.080	54.243	33.262	0.000	0.247	118.832
质量分数/%	26.15	45.65	27.99	0.00	0.21	100.00

（5）确定金属量。Q_i = 熔化期金属量 − 炉料中 C、Si、Mn、P、S 和 Fe 的烧损量 = 946.6 − 16.82 = 929.79kg。

6.1.1.3 熔化期和氧化期综合物料平衡计算

熔化期和氧化期综合物料平衡表见表 6-16。

表 6-16 熔化期和氧化期综合物料平衡表

收入			支出		
项目	质量/kg	质量分数/%	项目	质量/kg	质量分数/%
废钢	500.000	40.53	金属	929.79	75.10
生铁	200.000	16.21	炉渣	83.61	6.75
铁水	200.000	16.21	炉气	180.58	14.58
DRI	100.000	8.11	炉尘	44.16	3.57
剩余钢水	0.000	0.00			
焦炭	0.000	0.00			
电极	1.500	0.12			
碳粉	12.000	0.97			
白云石	15.000	1.22			
石灰	40.000	3.24			
炉顶	1.500	0.12			
炉衬	3.500	0.28			
氧气	80.135	6.50			
空气	79.933	6.48			
合计	1233.568	100.00	合计	1238.142	100.00

6.1.2 热平衡计算

6.1.2.1 热收入 Q_S 计算

A 铁水物理热

铁水熔点 $T_t = 1539 - 100.000 \times 0.800 - 8.000 \times 0.800 - 5.000 \times 0.600 - 30.000 \times 0.200 - 25.000 \times 0.035 - 4.000 = 1439$℃

铁水温度 T(实际) = 1350℃

铁水物理热 $Q_t = 200.00 \times [0.745 \times (1439 - 25) + 217.568 + 0.837 \times (1350 - 1439)] = 239306.06\text{kJ} = 66.48\text{kW} \cdot \text{h}$。

B 物料的物理热

物料的物理热见表 6-17。

表 6-17 物料的物理热

名称	热熔/kJ·(kg·K)$^{-1}$	温度/K	消耗量/kg	物理热/kJ
废钢	0.699	298.0	500.000	8737.500
生铁	0.745	298.0	200.000	3725.000
DRI	0.760	298.0	0.000	0.000
石灰	0.728	298.0	40.000	728.000
铁矿石	1.047	298.0	0.000	0.000
炉顶高铝砖	0.879	873.0	1.500	791.100
炉衬镁砂砖	0.966	873.0	3.500	2028.600
氧气	1.318	298.0	79.522	2620.237
空气	0.963	298.0	76.751	1847.791
电极	1.507	723.0	1.500	1017.225
合计				21495.453

C 元素氧化热及成渣热

元素氧化热及成渣热见表6-18。

表6-18 元素氧化热及成渣热

名称	氧化量/kg	化学反应	ΔH/kJ·kg^{-1}	放热量/kJ
钢水中C	10.315	CO	-11639	120058.814
	6.410	CO_2	-34834	223279.624
碳粉	7.224	CO	-11639	84080.136
	3.096	CO_2	-34834	107846.064
电极中C	0.073	CO	-11639	846.912
	0.031	CO_2	-34834	1086.298
天然气	4.500		33500	150750.000
金属中Si	3.962	SiO_2	-11329	44885.725
金属中Mn	3.690	MnO	-2176	8029.180
金属中P	0.808	P_2O_5	-2419	1955.418
Fe*	6.360	FeO	-4250	27028.043
	33.026	Fe_2O_3	-6460	213345.555
SiO_2成渣	14.112	$2CaO\cdot SiO_2$	-1620	22861.446
P_2O_5成渣	2.185	$4CaO\cdot P_2O_5$	-4880	10663.985
合计				1016717.201

6.1.2.2 热支出Q_Z计算

A 钢水物理热Q_g

钢水熔点 T_t = 1536.000−70.000×0.099−8.000×0.000−5.000×0.192−15.000×0.014−30.000×0.027−6.000 = 1521℃

出钢温度 T（实际）= 1635℃

钢水物理热 = 929.785×[0.699×(1521−25)+271.96+0.837×(1635−1521)] = 1313855.00kJ

B 炉渣物理热 Q_r

炉渣物理热见表 6-19。

表 6-19 炉渣物理热

名称	熔化期炉渣	氧化期炉渣	合计
温度/℃	1450	1620	
热容/kJ·(kg·K)$^{-1}$	1.172	1.216	
物理热/kJ	67456.65	129137.22	196593.87

C 吸热反应消耗的热量 Q_s

吸热反应消耗的热量见表 6-20。

表 6-20 吸热反应消耗的热量

金属		消耗量/kg	化学反应	ΔH/kJ·kg^{-1}	吸热量/kJ
渣中(FeO)和(Fe_2O_3)被碳粉中的C还原			(FeO)+C═{CO}+[Fe]	6244/C	0.00
			(Fe_2O_3)+3C═3{CO}+2[Fe]	8520/C	0.00
金属脱硫		0.015	[FeS]+(CaO)═(CaS)+(FeO)	2143/CaS	32.15
石灰烧碱		1.856	$CaCO_3$═CaO+CO_2	4177/CO_2	7752.51
水分挥发(由25℃升至1200℃)	石灰带入	0.00192			
	碳粉带入	0.000			
	空气带入	0.507			
	小计	0.509	H_2O→{H_2O}1200℃	1227/H_2O	624.20
合计					8408.86

D 铁的挥发物理热 Q_y

$$Q_y = 30.914\times[0.996\times(1200-25)] = 36178.99\text{kJ}$$

E 炉气物理热 Q_x 和化学热

$$Q_x = 174.884\times[1.137\times(1200-25)] = 233640.70\text{kJ}$$

炉气化学热：14.95624357×1×23583.33333＝352718.0776kJ

F　冷却水吸热 Q_1

如炉子公称容量为50t，冷却水消耗量为 $30m^3/h$，冷却水进出口温差为20℃，冶炼时间平均为45min，则得：

$$Q_1 = 30 \times 1000 \times 0.75 \times 4.185 \times 20 = 37665kJ$$

G　其他热损失 Q_q

其他热损失包括炉体表面散热热损失、开启炉门热损失、开启炉盖热损失、电耗热损失等。其损失量与设备的大小、冶炼时间、开启炉门和炉盖的总时间以及炉内的工作温度有关。实践表明，该项热损失占总热收入的6%～9%。本计算取6%。

H　变压器及短网系统的热损失 Q_b

一般，该损失量为总热收入的5%～7%。本计算取5%。

令总热收入 Q_z，则：

$$Q_z = (1313855+196593+8408+36178+233640.70+37665.00)/0.86$$
$$= 2123653.97kJ$$

$$Q_q = 2123653.97 \times 6\% = 127419.24kJ$$

$$Q_b = 2123653.97 \times 5\% = 106182.70kJ$$

电能 = 2123653.97 − 239306.060 − 21495.453 − 1016717.201 = 846135.25kJ

I　能量及物料平衡（表6-21～表6-23、图6-1、表6-24、图6-2）

表6-21　热平衡表

收入			支出		
项目	热量/kJ	百分比/%	项目	热量/kJ	百分比/%
铁水物理热	239306	11.74	钢水物理热	1313855	64.46
物料物理热	21592	1.06	炉渣物理热	176767	8.67
元素放热和成渣热	1044419	51.24	吸热反应消耗热	8409	0.41
C氧化	564900	27.71	铁挥发物理热	36179	1.77
Si氧化	44886	2.20	炉气物理热	241254	11.84
Mn氧化	8029	0.39	冷却水吸热	37665	1.85
P氧化	1955	0.10	其他热损失	122301	6.00
Fe氧化	240374	11.79	变压器系统热损失	101917	5.00
SiO_2氧化	22861	1.12			

续表 6-21

收入			支出		
项目	热量/kJ	百分比/%	项目	热量/kJ	百分比/%
P_2O_5氧化	10664	0.52			
天然气	150750	7.40			
电能	733030	35.96			
合计	2038347	100.00	合计	2038347	100.00

表 6-22 能量平衡表（电耗）

收入			支出		
项目	能量/kJ	百分比/%	项目	能量/kJ	百分比/%
铁水物理热	66.36	11.74	钢水物理热	364.33	64.46
物料物理热	5.99	1.06	炉渣物理热	49.02	8.67
元素放热和成渣热	289.62	51.24	吸热反应消耗热	2.33	0.41
C 氧化	156.65	27.71	铁挥发物理热	10.03	1.77
Si 氧化	12.45	2.20	炉气物理热	66.90	11.84
Mn 氧化	2.23	0.39	冷却水吸热	10.44	1.85
P 氧化	0.54	0.10	其他热损失	33.91	6.00
Fe 氧化	66.66	11.79	变压器系统热损失	28.26	5.00
SiO_2 氧化	6.34	1.12			
P_2O_5 氧化	2.96	0.52			
天然气	41.80	7.40			
电能	203.27	35.96			
合计	565.23	100.00	合计	565.23	100.00

表 6-23　转换为生产 1000kg 的钢水后的物料平衡

收入			支出		
项目	质量/kg	百分比/%	项目	质量/kg	百分比/%
废钢	537.924	41.46	金属	1000.13	77.37
生铁	215.169	16.59	炉渣	89.07	6.89
铁水	215.169	16.59	炉气	155.93	12.06
DRI	107.585	8.29	炉尘	47.49	3.67
电极	1.599	0.12			
碳粉	12.796	0.99			
白云石	15.995	1.23			
石灰	42.653	3.29			
炉顶	1.599	0.12			
炉衬	3.732	0.29			
氧气	71.634	5.52			
空气	71.447	5.51			
合计	1297.302	100.00	合计	1292.629	100.00

表 6-24　转换为生产 1000kg 的钢水后的能量平衡表

收入			支出		
项目	能量/kJ	百分比/%	项目	能量/kJ	百分比/%
铁水物理热	0.00	0.00	钢水物理热	391.90	66.36
物料物理热	7.75	1.31	炉渣物理热	52.24	8.85
元素放热和成渣热	267.53	45.30	吸热反应消耗热	2.45	0.41
C 氧化	126.42	21.41	铁挥发物理热	10.79	1.83
Si 氧化	12.67	2.15	炉气物理热	57.77	9.78
Mn 氧化	2.67	0.45	冷却水吸热	10.44	1.77

续表 6-24

收入			支出		
项目	能量/kJ	百分比/%	项目	能量/kJ	百分比/%
P 氧化	0.48	0.08	其他热损失	35.43	6.00
Fe 氧化	71.61	12.13	变压器系统热损失	29.53	5.00
SiO_2 氧化	6.49	1.10			
P_2O_5 氧化	2.63	0.44			
天然气	44.58	7.55			
电能	315.26	53.39			
合计	590.55	100.00	合计	590.55	100.00

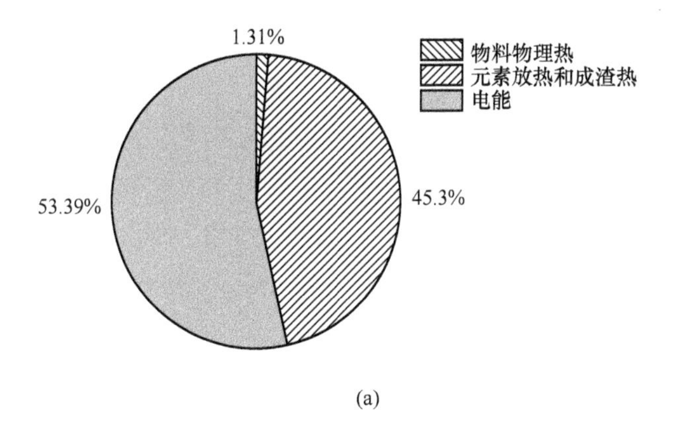

(a)

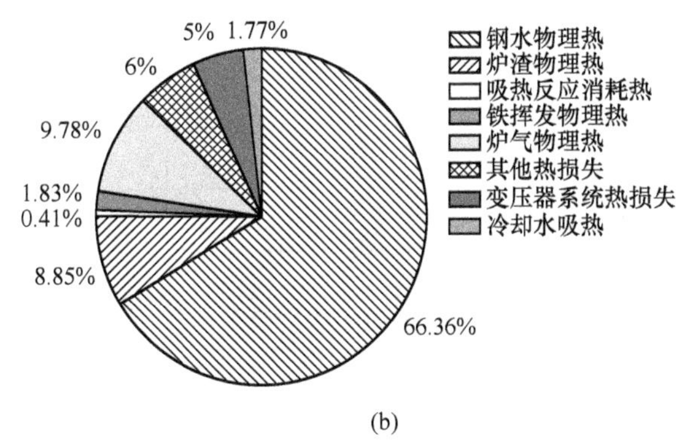

(b)

图 6-2　50%废钢+20%生铁+20%铁水+10%DRI 能量平衡收入及支出
(a) 收入；(b) 支出

6.1.3 典型炉料结构的物料平衡及热平衡

对全废钢、70%废钢+30%生铁、70%废钢+30%铁水、70%废钢+30%DRI、70%废钢+20%铁水+10%生铁、70%废钢+20%铁水+10%DRI等典型的炉料结构进行计算，得出各自的物料及能量平衡数据。

（1）全废钢物料及能量平衡数据（表6-25、图6-3、表6-26、图6-4）。

表6-25 全废钢物料平衡表

收入			支出		
项目	质量/kg	百分比/%	项目	质量/kg	百分比/%
废钢	1050.200	85.73	金属	1000.13	81.34
生铁	0.000	0.00	炉渣	81.60	6.64
铁水	0.000	0.00	炉气	100.39	8.16
DRI	0.000	0.00	炉尘	47.51	3.86
剩余钢水	0.000	0.00			
焦炭	0.000	0.00			
电极	1.575	0.13			
碳粉	12.602	1.03			
白云石	15.753	1.29			
石灰	42.008	3.43			
炉顶	1.575	0.13			
炉衬	3.676	0.30			
氧气	48.928	3.99			
空气	48.744	3.98			
合计	1225.063	100.00	合计	1229.641	100.00

表6-26 全废钢能量平衡表

收入			支出		
项目	能量/kJ	百分比/%	项目	能量/kJ	百分比/%
铁水物理热	0.00	0.00	钢水物理热	391.90	69.72
物料物理热	7.19	1.28	炉渣物理热	47.58	8.46

续表 6-26

收入			支出		
项目	能量/kJ	百分比/%	项目	能量/kJ	百分比/%
元素放热和成渣热	197.33	35.11	吸热反应消耗热	2.35	0.42
C 氧化	67.74	12.05	铁挥发物理热	10.79	1.92
Si 氧化	7.01	1.25	炉气物理热	37.19	6.62
Mn 氧化	2.31	0.41	冷却水吸热	10.44	1.86
P 氧化	0.11	0.02	其他热损失	33.73	6.00
Fe 氧化	71.63	12.74	变压器系统热损失	28.10	5.00
SiO_2 氧化	3.92	0.70			
P_2O_5 氧化	0.70	0.12			
天然气	43.90	7.81			
电能	357.57	63.61			
合计	562.09	100.00	合计	562.09	100.00

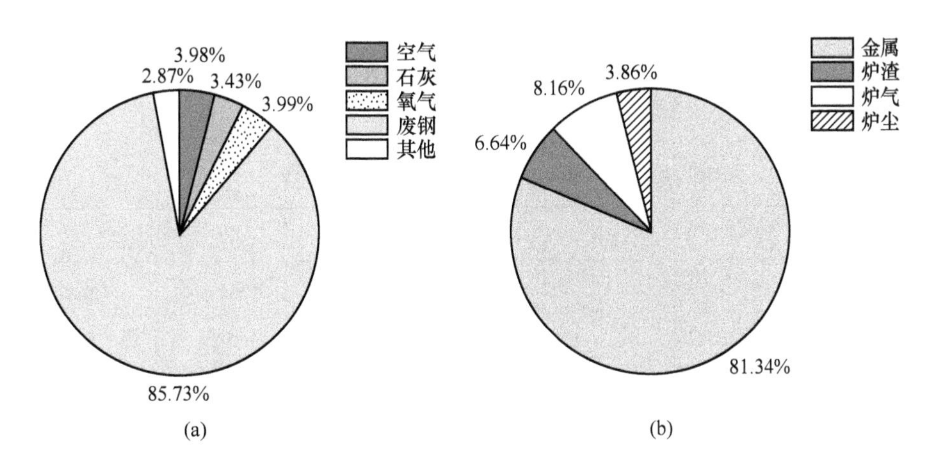

图 6-3 全废钢物料平衡收入及支出
(a) 收入；(b) 支出

（2）70%废钢+30%铁水物料及能量平衡数据（表 6-27、图 6-5、表 6-28、图 6-6）。

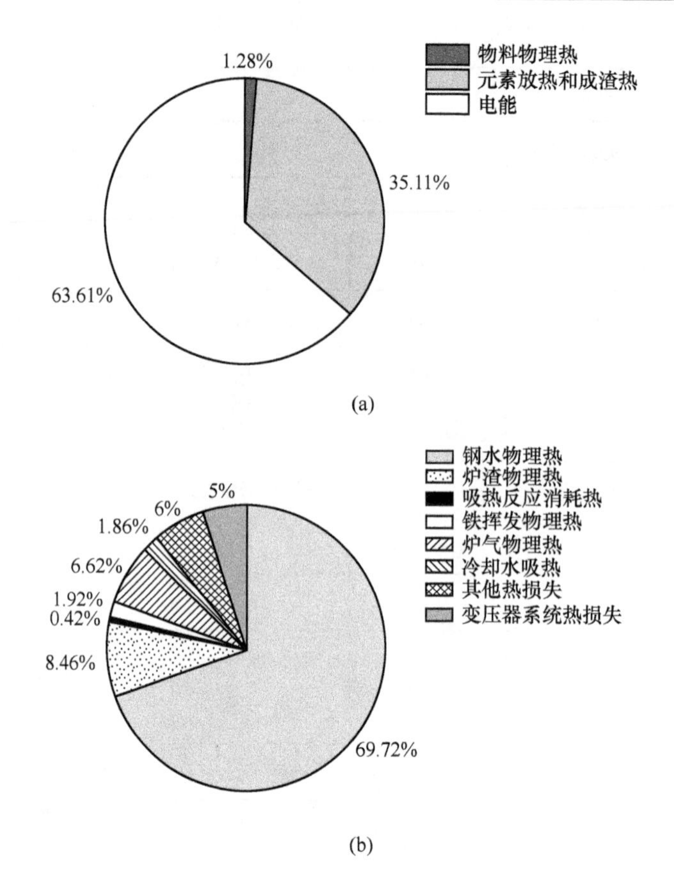

图 6-4 全废钢能量平衡收入及支出

(a) 收入；(b) 支出

表 6-27 70%废钢+30%铁水物料平衡表

收入			支出		
项目	质量/kg	百分比/%	项目	质量/kg	百分比/%
废钢	746.428	57.96	金属	1000.59	77.41
生铁	0.000	0.00	炉渣	87.80	6.79
铁水	319.898	24.84	炉气	156.62	12.12
DRI	0.000	0.00	炉尘	47.53	3.68
剩余钢水	0.000	0.00			
焦炭	0.000	0.00			
电极	1.599	0.12			

续表 6-27

收入			支出		
项目	质量/kg	百分比/%	项目	质量/kg	百分比/%
碳粉	12.796	0.99			
白云石	15.995	1.24			
石灰	42.653	3.31			
炉顶	1.599	0.12			
炉衬	3.732	0.29			
氧气	71.602	5.56			
空气	71.424	5.55			
合计	1287.727	100.00	合计	1292.535	100.00

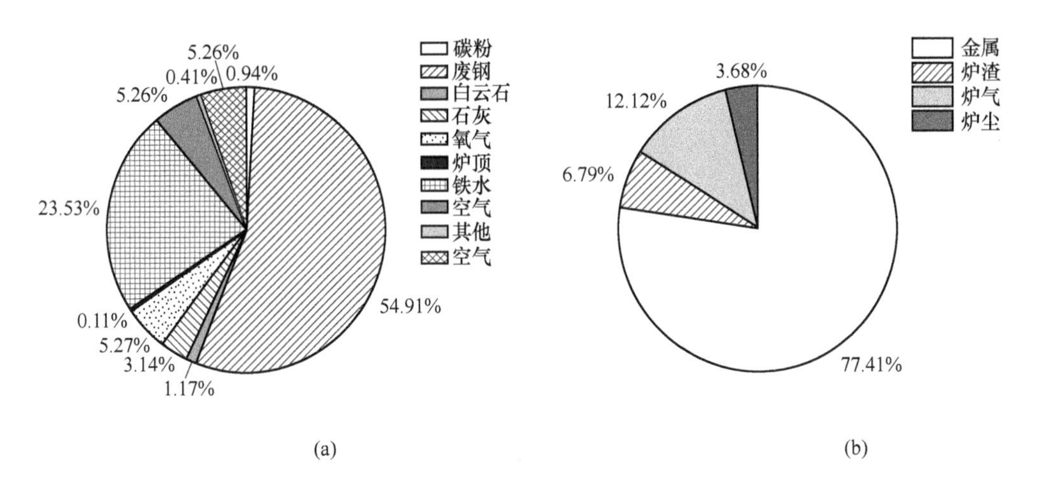

图 6-5 70%废钢+30%铁水物料平衡收入及支出

(a) 收入;(b) 支出

表 6-28 70%废钢+30%铁水能量平衡表

收入			支出		
项目	能量/kJ	百分比/%	项目	能量/kJ	百分比/%
铁水物理热	106.14	17.99	钢水物理热	392.08	66.44
物料物理热	6.10	1.03	炉渣物理热	51.42	8.71
元素放热和成渣热	267.23	45.28	吸热反应消耗热	2.45	0.41

续表 6-28

收入			支出		
项目	能量/kJ	百分比/%	项目	能量/kJ	百分比/%
C 氧化	127.56	21.62	铁挥发物理热	10.80	1.83
Si 氧化	11.82	2.00	炉气物理热	58.02	9.83
Mn 氧化	2.41	0.41	冷却水吸热	10.44	1.77
P 氧化	0.48	0.08	其他热损失	35.41	6.00
Fe 氧化	71.66	12.14	变压器系统热损失	29.51	5.00
SiO_2 氧化	6.10	1.03			
P_2O_5 氧化	2.63	0.44			
天然气	44.58	7.55			
电能	210.66	35.70			
合计	590.12	100.00	合计	590.12	100.00

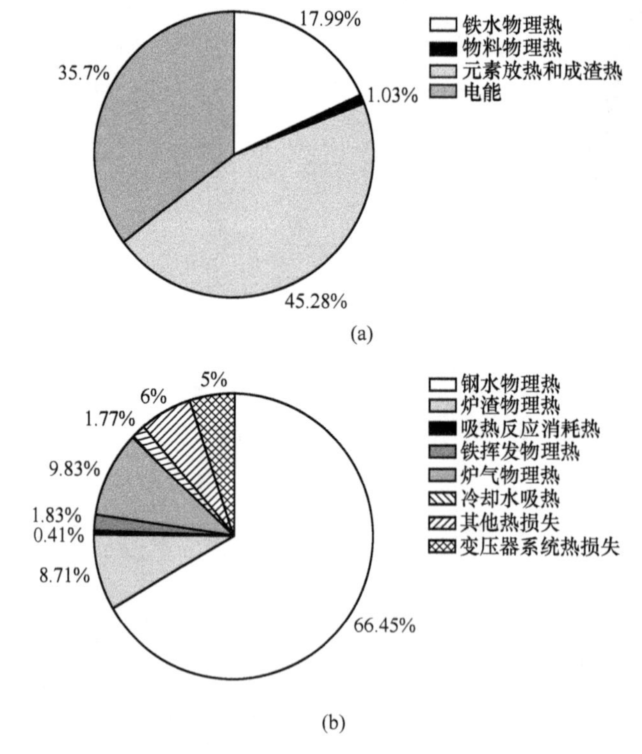

图 6-6　70%废钢+30%铁水能量平衡收入及支出

(a) 收入；(b) 支出

（3）70%废钢+30%DRI 物料及能量平衡数据（表 6-29、图 6-7、表 6-30、图 6-8）。

表 6-29 70%废钢+30%DRI 物料平衡表

收入			支出		
项目	质量/kg	百分比/%	项目	质量/kg	百分比/%
废钢	743.454	58.19	金属	1000.11	77.99
生铁	0.000	0.00	炉渣	78.91	6.15
铁水	0.000	0.00	炉气	155.76	12.15
DRI	318.623	24.94	炉尘	47.53	3.71
剩余钢水	0.000	0.00			
焦炭	0.000	0.00			
电极	1.593	0.12			
碳粉	12.745	1.00			
白云石	15.931	1.25			
石灰	42.483	3.33			
炉顶	1.593	0.12			
炉衬	3.717	0.29			
氧气	68.908	5.39			
空气	68.619	5.37			
合计	1277.668	100.00	合计	1282.311	100.00

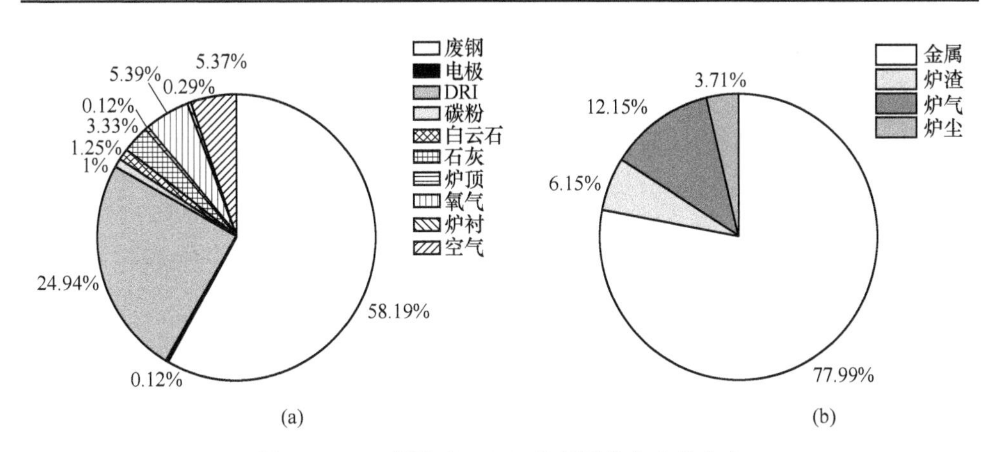

图 6-7 70%废钢+30%DRI 物料平衡收入及支出
（a）收入；（b）支出

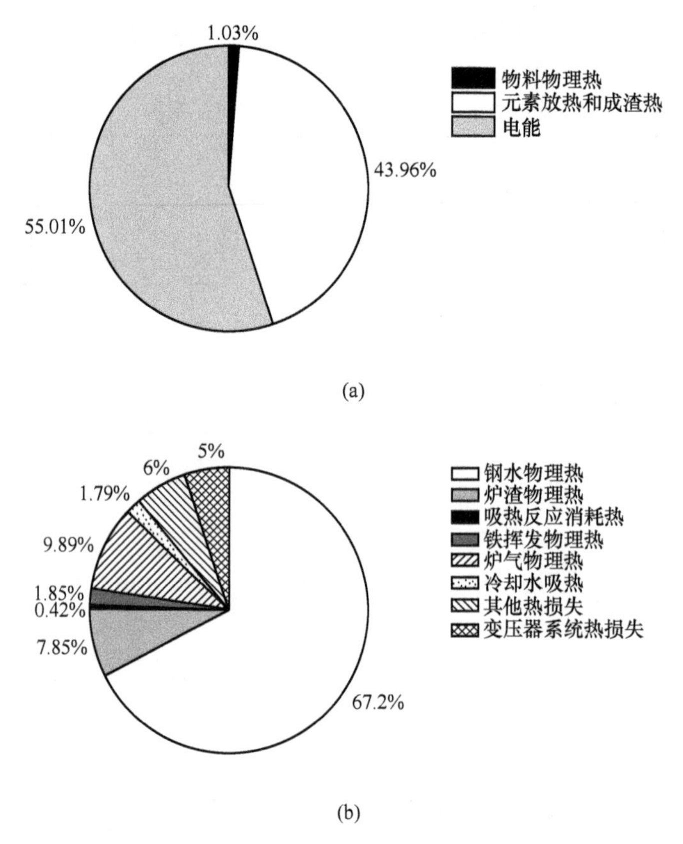

图 6-8　70%废钢+30%DRI 能量平衡收入及支出

（a）收入；（b）支出

表 6-30　70%废钢+30%DRI 能量平衡表

收入			支出		
项目	能量/kJ	百分比/%	项目	能量/kJ	百分比/%
铁水物理热	0.00	0.00	钢水物理热	391.89	67.19
物料物理热	6.03	1.03	炉渣物理热	45.80	7.85
元素放热和成渣热	256.40	43.96	吸热反应消耗热	2.44	0.42
C 氧化	130.17	22.32	铁挥发物理热	10.80	1.85
Si 氧化	5.06	0.87	炉气物理热	57.71	9.89
Mn 氧化	1.65	0.28	冷却水吸热	10.44	1.79

续表 6-30

收入			支出		
项目	能量/kJ	百分比/%	项目	能量/kJ	百分比/%
P 氧化	0.05	0.01	其他热损失	34.99	6.00
Fe 氧化	71.66	12.29	变压器系统热损失	29.16	5.00
SiO_2 氧化	3.04	0.52			
P_2O_5 氧化	0.38	0.06			
天然气	44.40	7.61			
电能	320.79	55.00			
合计	583.23	100.00	合计	583.23	100.00

（4）70%废钢+30%生铁物料及能量平衡数据（表6-31、图6-9、表6-32、图6-10）。

表 6-31 70%废钢+30%生铁物料平衡表

收入			支出		
项目	质量/kg	百分比/%	项目	质量/kg	百分比/%
废钢	746.428	57.96	金属	1000.13	77.37
生铁	319.898	24.84	炉渣	89.07	6.89
铁水	0.000	0.00	炉气	155.93	12.06
DRI	0.000	0.00	炉尘	47.49	3.67
剩余钢水	0.000	0.00			
焦炭	0.000	0.00			
电极	1.599	0.12			
碳粉	12.796	0.99			
白云石	15.995	1.24			
石灰	42.653	3.31			
炉顶	1.599	0.12			
炉衬	3.732	0.29			
氧气	71.634	5.56			
空气	71.447	5.55			
合计	1287.780	100.00	合计	1292.629	100.00

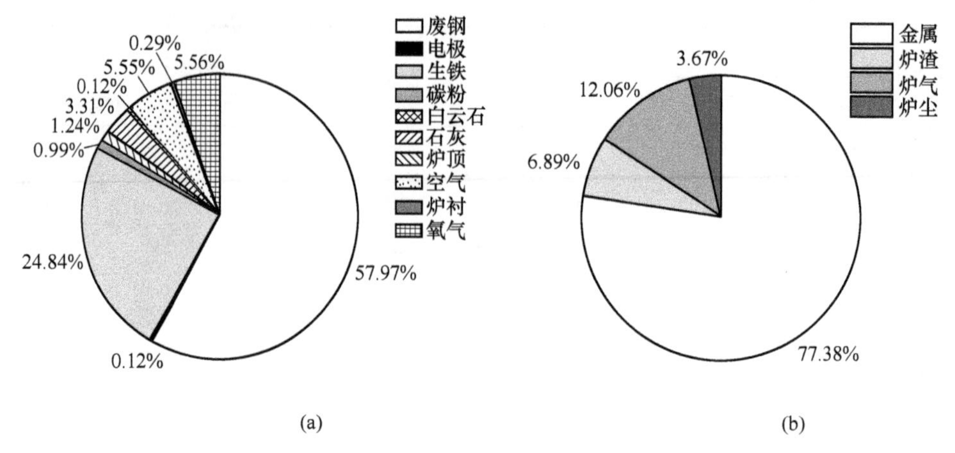

图 6-9 70%废钢+30%生铁物料平衡收入及支出
(a) 收入; (b) 支出

表 6-32 70%废钢+30%生铁能量平衡表

收入			支出		
项目	能量/kJ	百分比/%	项目	能量/kJ	百分比/%
铁水物理热	0.00	0.00	钢水物理热	391.90	66.36
物料物理热	7.75	1.31	炉渣物理热	52.24	8.85
元素放热和成渣热	267.53	45.30	吸热反应消耗热	2.45	0.41
C 氧化	126.42	21.41	铁挥发物理热	10.79	1.83
Si 氧化	12.67	2.15	炉气物理热	57.77	9.78
Mn 氧化	2.67	0.45	冷却水吸热	10.44	1.77
P 氧化	0.48	0.08	其他热损失	35.43	6.00
Fe 氧化	71.61	12.13	变压器系统热损失	29.53	5.00
SiO_2 氧化	6.49	1.10			
P_2O_5 氧化	2.63	0.44			
天然气	44.58	7.55			
电能	315.26	53.39			
合计	590.55	100.00	合计	590.55	100.00

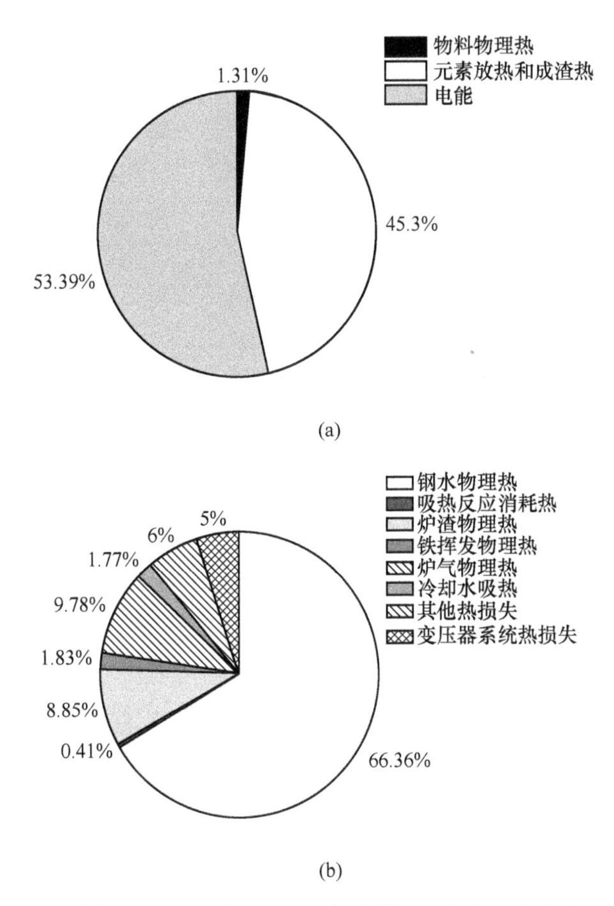

图 6-10 70%废钢+30%生铁能量平衡收入及支出
（a）收入；（b）支出

（5）70%废钢+20%铁水+10%生铁物料及能量平衡数据（表 6-33、图 6-11、表 6-34、图 6-12）。

表 6-33 70%废钢+20%铁水+10%生铁物料平衡表

收 入			支 出		
项目	质量/kg	百分比/%	项目	质量/kg	百分比/%
废钢	746.189	57.96	金属	1000.12	77.40
生铁	106.598	8.28	炉渣	88.20	6.83
铁水	213.197	16.56	炉气	156.34	12.10
DRI	0.000	0.00	炉尘	47.50	3.68

续表 6-33

收入			支出		
项目	质量/kg	百分比/%	项目	质量/kg	百分比/%
剩余钢水	0.000	0.00			
焦炭	0.000	0.00			
电极	1.599	0.12			
碳粉	12.792	0.99			
白云石	15.990	1.24			
石灰	42.639	3.31			
炉顶	1.599	0.12			
炉衬	3.731	0.29			
氧气	71.590	5.56			
空气	71.409	5.55			
合计	1287.333	100.00	合计	1292.153	100.00

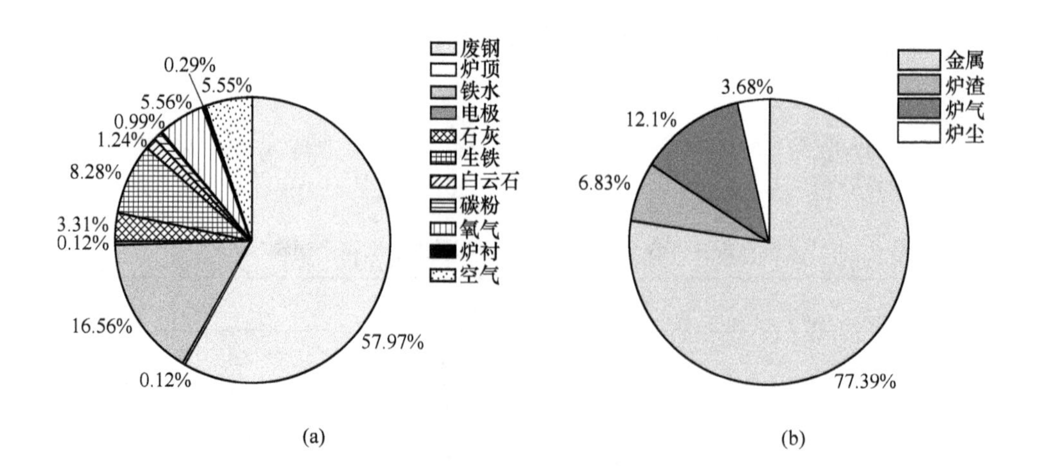

图 6-11 70%废钢+20%铁水+10%生铁物料平衡收入及支出
（a）收入；（b）支出

表 6-34 70%废钢+20%铁水+10%生铁能量平衡表

收 入			支 出		
项目	能量/kJ	百分比/%	项目	能量/kJ	百分比/%
铁水物理热	70.74	11.99	钢水物理热	391.89	66.41
物料物理热	6.65	1.13	炉渣物理热	51.68	8.76
元素放热和成渣热	267.24	45.29	吸热反应消耗热	2.45	0.41
C 氧化	127.14	21.55	铁挥发物理热	10.79	1.83
Si 氧化	12.10	2.05	炉气物理热	57.92	9.82
Mn 氧化	2.50	0.42	冷却水吸热	10.44	1.77
P 氧化	0.48	0.08	其他热损失	35.40	6.00
Fe 氧化	71.62	12.14	变压器系统热损失	29.50	5.00
SO_2 氧化	6.23	1.06			
P_2O_5 氧化	2.62	0.44			
天然气	44.56	7.55			
电能	245.45	41.60			
合计	590.08	100.00	合计	590.08	100.00

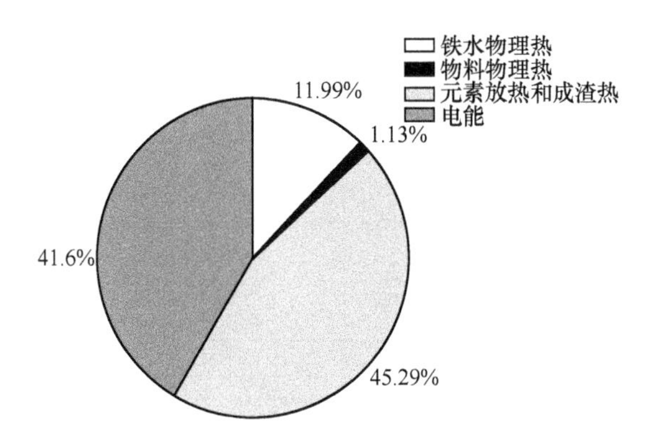

(a)

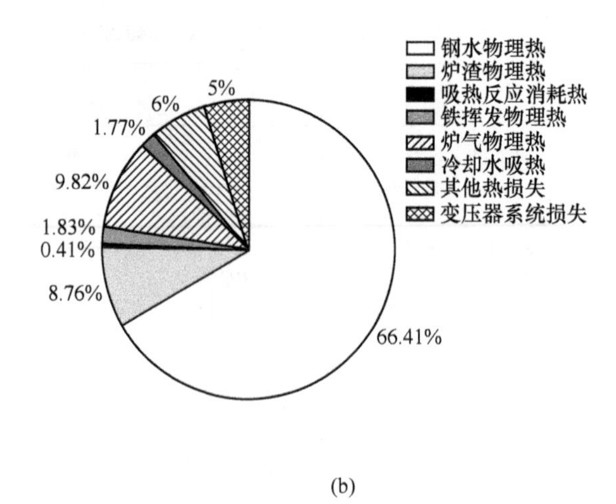

(b)

图 6-12　70%废钢+20%铁水+10%生铁能量平衡收入及支出

(a) 收入；(b) 支出

(6) 70%废钢+20%铁水+10%DRI 物料及能量平衡数据（表 6-35、图 6-13、表 6-36、图 6-14）。

表 6-35　70%废钢+20%铁水+10%DRI 物料平衡表

收入			支出		
项目	质量/kg	百分比/%	项目	质量/kg	百分比/%
废钢	745.236	58.04	金属	1000.17	77.61
生铁	0.000	0.00	炉渣	84.81	6.58
铁水	212.925	16.58	炉气	156.29	12.13
DRI	106.462	8.29	炉尘	47.51	3.69
剩余钢水	0.000	0.00			
焦炭	0.000	0.00			
电极	1.597	0.12			
碳粉	12.775	0.99			
白云石	15.969	1.24			
石灰	42.585	3.32			
炉顶	1.597	0.12			
炉衬	3.726	0.29			

续表 6-35

收入			支出		
项目	质量/kg	百分比/%	项目	质量/kg	百分比/%
氧气	70.683	5.50			
空气	70.468	5.49			
合计	1284.024	100.00	合计	1288.776	100.00

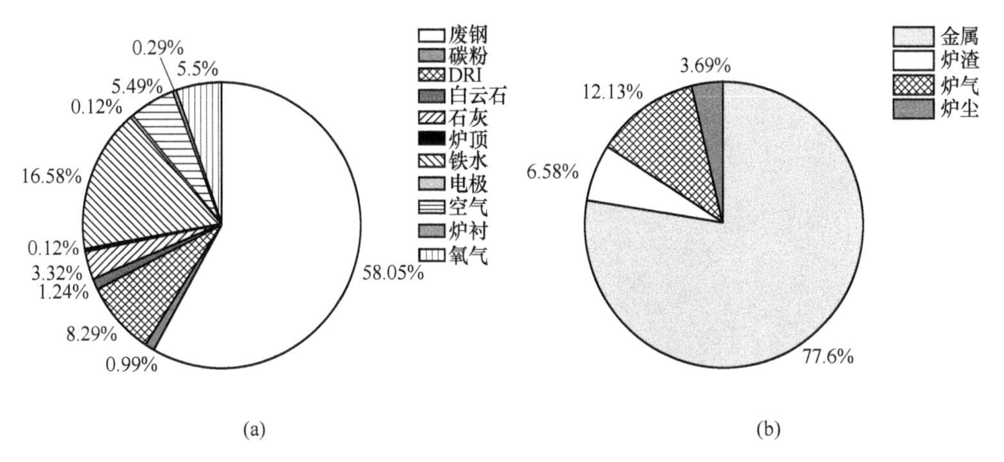

图 6-13 70%废钢+20%铁水+10%DRI 物料平衡收入及支出
(a) 收入；(b) 支出

表 6-36 70%废钢+20%铁水+10%DRI 能量平衡表

收入			支出		
项目	能量/kJ	百分比/%	项目	能量/kJ	百分比/%
铁水物理热	70.65	12.02	钢水物理热	391.91	66.69
物料物理热	6.08	1.03	炉渣物理热	49.53	8.43
元素放热和成渣热	263.54	44.84	吸热反应消耗热	2.44	0.42
C 氧化	128.40	21.85	铁挥发物理热	10.79	1.84
Si 氧化	9.56	1.63	炉气物理热	57.90	9.85
Mn 氧化	2.16	0.37	冷却水吸热	10.44	1.78
P 氧化	0.33	0.06	其他热损失	35.26	6.00
Fe 氧化	71.64	12.19	变压器系统热损失	29.38	5.00

续表 6-36

收入			支出		
项目	能量/kJ	百分比/%	项目	能量/kJ	百分比/%
SO_2 氧化	5.08	0.86			
P_2O_5 氧化	1.87	0.32			
天然气	44.50	7.57			
电能	247.40	42.10			
合计	587.67	100.00	合计	587.67	100.00

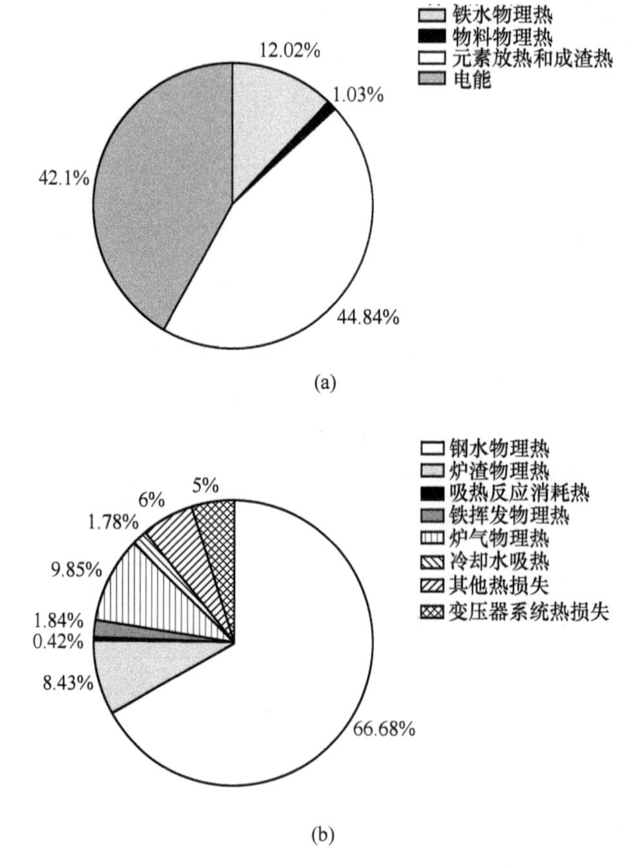

图 6-14　70%废钢+20%铁水+10%DRI 能量平衡收入及支出

（a）收入；（b）支出

对数据进行分析统计，得出如下结论：

配料中每使用 1% 的热铁水代替冷废钢，吨钢冶炼电耗约减少 4.66kW·h，即：

$$E_{iron} = -4.66\text{kW} \cdot \text{h/t 钢}$$

配料中每使用 1% 的冷生铁代替冷废钢，吨钢冶炼电耗约减少 1.18kW·h，即：

$$E_{pig} = -1.18\text{kW} \cdot \text{h/t 钢}$$

配料中每使用 1% 的冷直接还原铁代替冷废钢，吨钢冶炼电耗约增加 1.24kW·h，即：

$$E_{DRI} = 1.24\text{kW} \cdot \text{h/t 钢}$$

在熔池碳充分的条件下，每用 $1m^3$ 的氧气量可替代 4.0～4.5kW·h 的电能，即：

$$E_{O_2} = 4.0 \sim 4.5\text{kW} \cdot \text{h/m}^3\text{O}_2$$

6.2 供氧工艺及匹配

传统的电弧炉炼钢供能的主导操作理念是如何强化供能，尽量提高生产速率；全废钢冶炼条件下，主要是超高功率供电。在配加铁水的工况下，操作理念转变为如何实现供电及供氧的匹配及提高能量利用效率。

对于全冷炉料（全废钢）的工况，以电能供应为主，首先考虑的是尽量发挥变压器的能力，而其他化学能和物理能则是“辅助能源”。而在大量配加热铁水的多元炉料工况中，供能的决策顺序变成了“先氧后电”。因为供氧用于化学反应，其产生的热能与物质的投入和消耗有关，而电能是几乎不涉及物料的“纯”能量，可以最终按不足的能量来予以补充。

在实际生产中，原材料条件、炉料结构各不相同，需根据每炉次、每个时段调整各功率单元操作，按能量需求匹配供能，才能达到电耗、能耗较低的效果。

6.2.1 电弧炉炼钢能量集成方法

按现代电弧炉炼钢生产情况，粗炼钢水的成分和温度要求一般都少有变化，而入炉的原料条件则变化较大，除了传统的冷废钢和冷生铁外，还有热铁水以及直接还原铁等含铁原料，原料种类和配比决定着整个冶炼过程的操作能量供应和生产速率、电耗等各项技术经济效果。电弧炉炼钢能量集成就是依据原材料结构及冶金操作将有效供能时间分成若干个时间段，为了适应各种炉料结构，工艺操作以及氧气、电力的供应都必须相应分时段进行。借助于辅助软件工具，计算出总能量需求和各个时段内的能量需求，综合考虑两项功率单元技术，实现总能量和各个时段能量的供需接近理论平衡值，达到炼钢生产高效、节电、节能的目的，其示意图如图 6-15 所示。

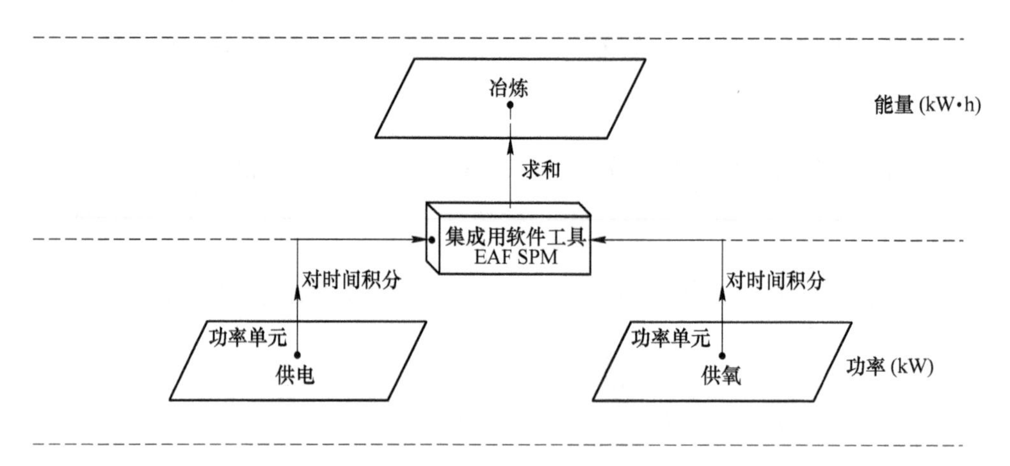

图 6-15　电弧炉炼钢能量集成的方法

6.2.2　电弧炉炼钢能量集成过程案例分析

电弧炉炼钢能量集成的过程是：根据炉料结构确定冶炼过程总的能量需求，按冶金操作确定各个时段的能量需求，每一时段内先确定物理热，然后确定需氧量和氧气流量，再确定电弧功率，进而使供氧和供电两项功率单元对时间的积分之和满足工位级该时段的能量需求，最终将各时段的能量供应求和，使之达到按有效供能时间要求实现物质转化的总能量需求的集成过程。

在实际电弧炉炼钢过程中，由于原料结构不同，全工序对工位级时间节奏要求不同，冶金操作在时间轴上的展开并非均匀、线性的，特别是供氧操作不仅仅取决于能量需求，还必须适应冶金任务的顺序，故对于电弧炉炼钢不同的炉料结构、不同的装料制度以及相应的生产工艺要求，工位级跨尺度能量集成过程也不同。

现以典型工况下的炼钢过程来说明能量集成过程。

6.2.2.1　工况

A　四元炉料结构

使用四元炉料结构，炼钢生产采用一篮装料制度。其炉料结构为：

冷废钢装入量	70t	43.8%
冷生铁装入量	20t	12.5%
热铁水装入量	40t	25.0%
直接还原铁装入量	30t	18.7%
总装入量	160t	100.0%

各原料的化学成分列于表6-37。

表6-37 原料化学成分 (%)

名称	C	Si	Mn	P	S	TFe	灰分	合计
废钢	0.18	0.25	0.55	0.03	0.03	98.96		100.00
生铁	4.20	0.80	0.60	0.20	0.04	94.17		100.00
铁水	4.20	0.80	0.60	0.20	0.04	94.17		100.00
DRI	0.36				0.02	90.86	8.76	100.00

B 合格钢水

电弧炉炼钢的成品是150t合格钢水，其温度为1640℃，化学成分见表6-38。

表6-38 钢水成分 (%)

名称	C	Si	Mn	P	S	Fe	合计
钢水	0.10	0.01	0.06	0.01	0.02	99.80	100.00

6.2.2.2 分时段控制技术

A 冶金操作时间表

上述四元炉料结构的装一次料的分时段操作时间表如图6-16所示。

B 选定有效供能时间

有效供能时间取决于整个生产流程的要求，现选定每炉钢的冶炼周期时间为54min，故150t电弧炉炼钢的有效供能时间（或通电时间）t_T =40min。

C 五个时段

根据冶金操作及工艺要求，将有效供能时间分为五个时段，冶金时间记为t，各时段的时间长度分别记为t_1、t_2、t_3、t_4、t_5，各时段的冶金操作见表6-39和图6-17。

表6-39 各时段冶金操作

时段	时间长度	冶金操作
时段Ⅰ	t_1 = 5min	装入废钢70t和生铁20t，开始通电至“穿井”结束
时段Ⅱ	t_2 = 15min	兑入铁水40t，加石灰，至熔化期结束
时段Ⅲ	t_3 = 5min	进入氧化期，喷入碳粉，测温、取样

续表 6-39

时段	时间长度	冶 金 操 作
时段Ⅳ	$t_4=10\mathrm{min}$	加入直接还原铁 30t
时段Ⅴ	$t_5=5\mathrm{min}$	测温，至氧化期结束，停电，准备出钢
有效供能时间	$t_T=40\mathrm{min}$	$t_T=t_1+t_2+t_3+t_4+t_5$

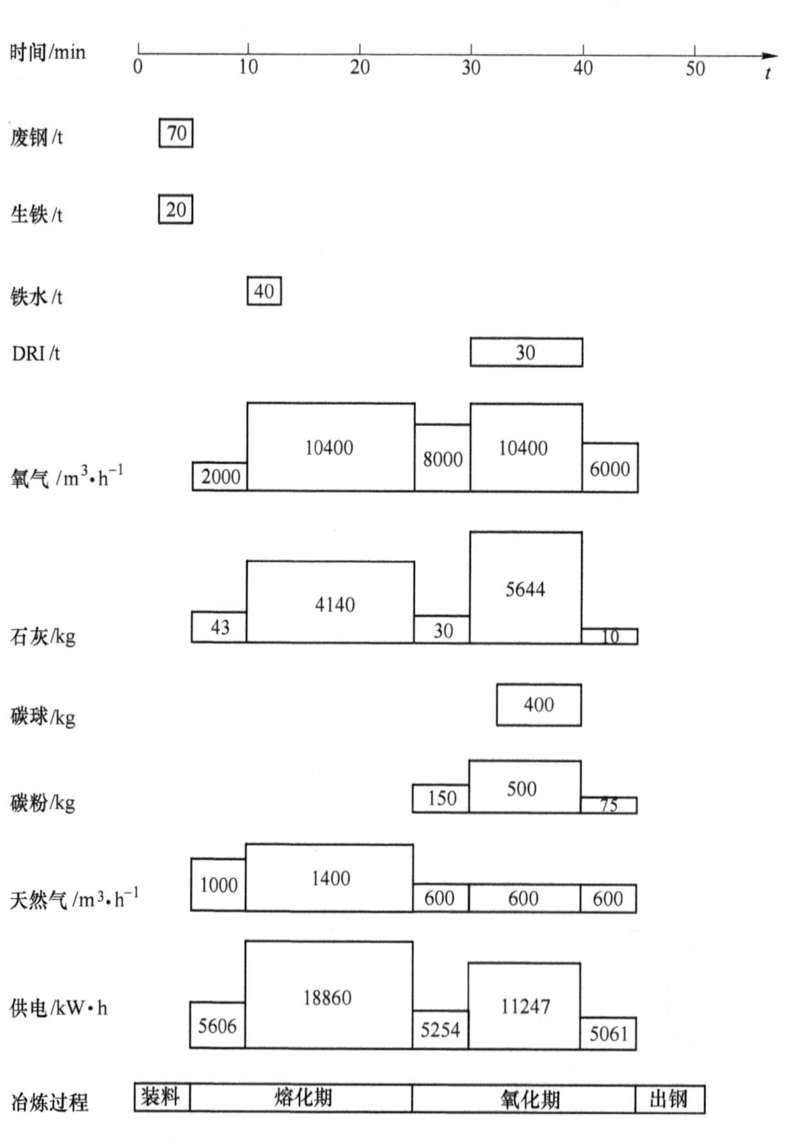

图 6-16　某四元炉料结构冶炼操作分时段表

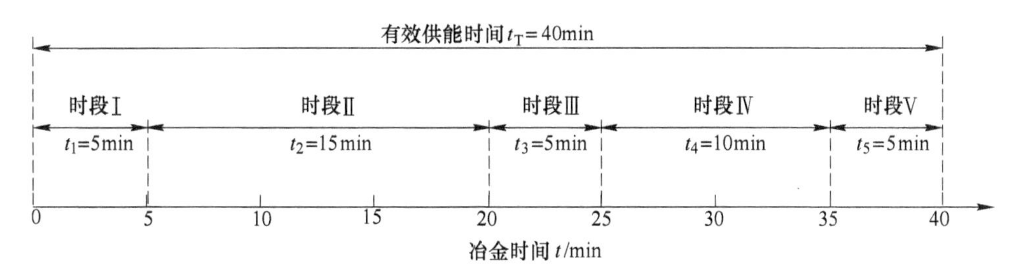

图 6-17 各时段的划分

五个时段如下：

时段Ⅰ：冶金时间 $t \in [0, 5]$，废钢和生铁由料篮直接装入电弧炉内完毕，开始通电的时刻取为 $t = 0$ 时刻，至 $t = 5$min 时刻，认为“穿井”结束，时间长度 $t_1 = 5$min。

时段Ⅱ：冶金时间 $t \in (5, 20]$，由炉门向炉内兑入铁水，铁水可认为是瞬间加入的，至熔化期结束，时间长度 $t_2 = 15$min。

时段Ⅲ：冶金时间 $t \in (20, 25]$，氧化期开始至第一次测温、取样结束，时间长度 $t_3 = 5$min。

时段Ⅳ：冶金时间 $t \in (25, 35]$，直接还原铁从炉盖第五孔向炉内开始以一定速度连续加入，至完全加完，时间长度 $t_4 = 10$min。

时段Ⅴ：冶金时间 $t \in (35, 40]$，第二次测温，至氧化期结束，准备出钢，时间长度 $t_5 = 5$min。

6.2.2.3 能量集成过程

各时段能量集成的过程如下（以时段Ⅱ为例）：时段Ⅱ（熔化期，时间长度15min）。

（1）能量需求。设定结束时刻钢液温度为 1521℃，使用软件 EAF SPM，求出该时段的能量需求 $E_{q2} = 57557$kW·h。

（2）单元操作。

单元操作一：使用四支炉壁 KT 氧枪，每支氧气流量 $Q_{O_22} = 2000$m^3/h。天然气流量 $Q_{g2} = 350$m^3/h。功率 $P_{g2} = 3658$kW。

使用一支炉门氧枪，氧气流量 $Q'_{O_22} = 2400$m^3/h。

使用三支 KT 碳枪，每支碳粉质量流量 $\dot{m}_{C2} = 0$kg/min、功率 $P_{C2} = 0$kW。

单元操作二：使用第 9 级电压的 5 号工作点：$U_2 = 865$V、$I_2 = 66$kA、$P_{arc_2} = 75440$kW。

能量集成：本时段时间长度 $t'_2 = 15$min。

物理能：$E_{PH1}=12708kW \cdot h$。

化学能：天然气燃烧放热：$E_{g2}=n\int_{5}^{20}P_{g2}dt=3658kW \cdot h$；

碳粉氧化放热：$E_{C2}=m\int_{5}^{20}P_{C2}dt=0kW \cdot h$；

熔池内元素氧化放热：$E_{CH2}=22372kW \cdot h$。

电能：$E_{e2}=\int_{5}^{20}P_{arc2}dt=18860kW \cdot h$。

总供能：$E_{s2}=E_{PH2}+(E_{g2}+E_{C2}+E_{CH2})+E_{e2}=57598kW \cdot h$。

时段Ⅱ内冶金操作如图 6-18 所示，氧枪氧气流量、电弧输入功率以及能量供应量如图 6-19～图 6-21 所示。

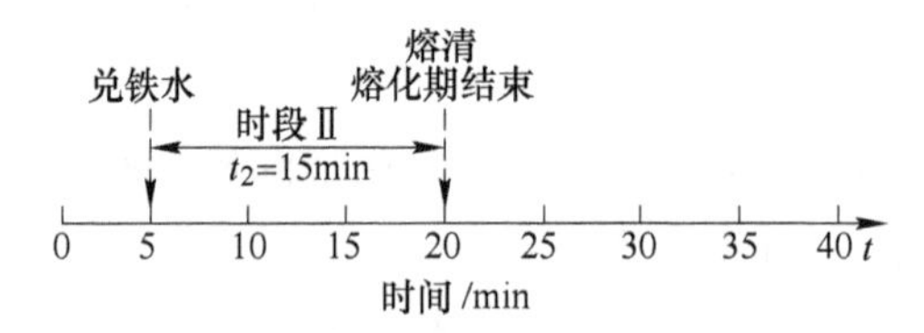

图 6-18　时段Ⅱ冶金操作

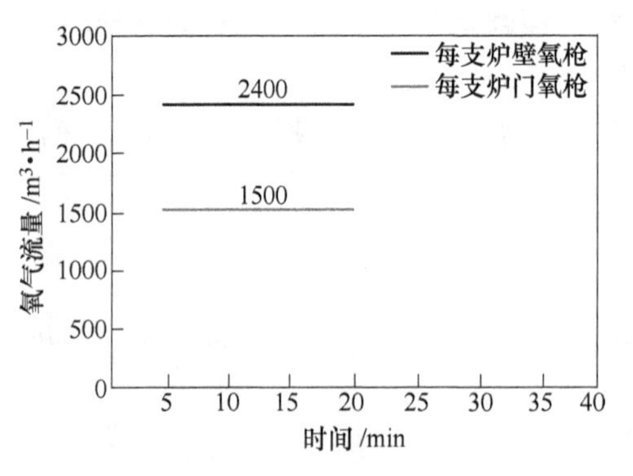

图 6-19　时段Ⅱ内氧枪氧气流量

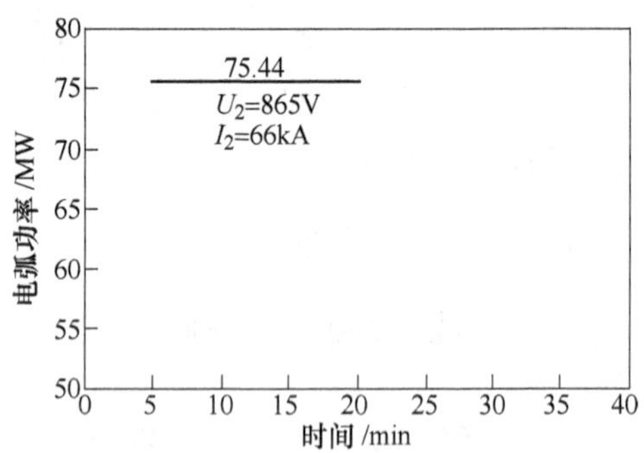

图 6-20　时段Ⅱ内变压器电弧输入功率

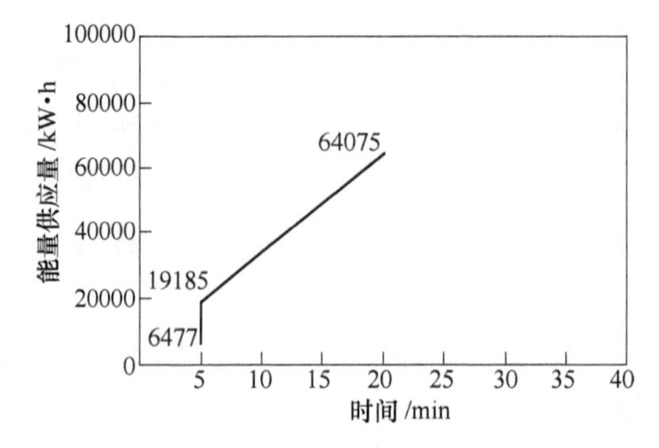

图 6-21　时段Ⅱ内能量供应

6.2.2.4 能量集成结果

将铁水物理热、四支炉壁氧枪和一支炉门氧枪供氧、三相电弧功率供电进行能量集成，集成结果如图 6-22 和图 6-23 所示。冶炼过程的能量供需关系体现在数值上，如图 6-24 所示。

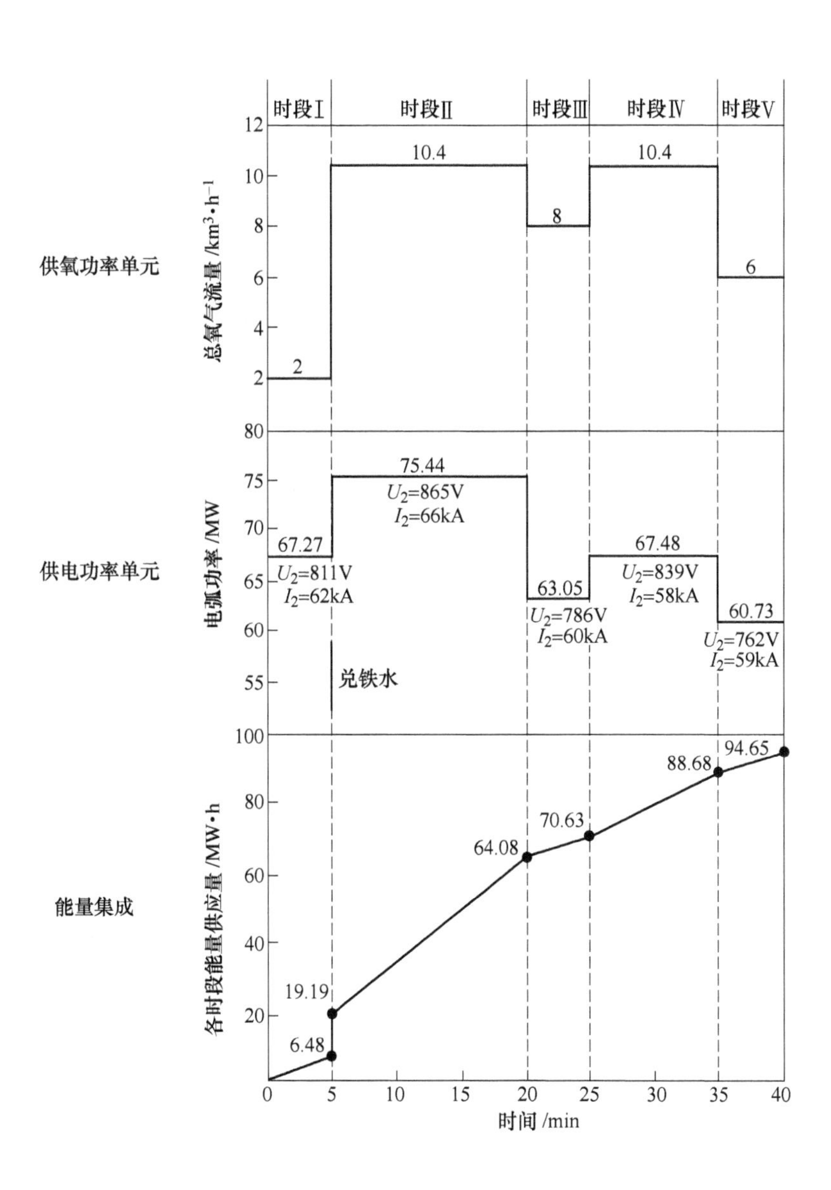

图 6-22 集成结果

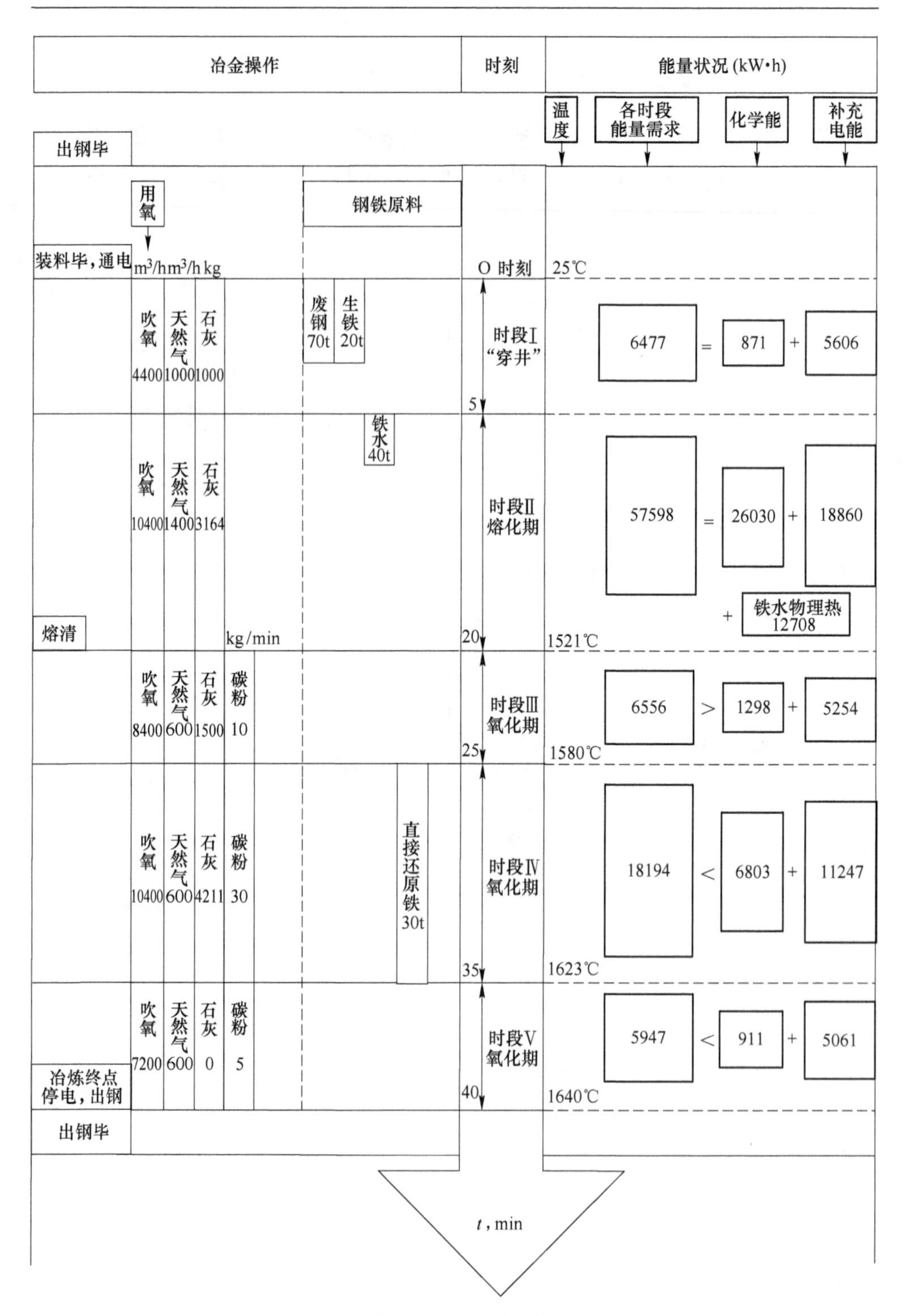

图 6-23　炼钢过程冶金操作及能量集成状况

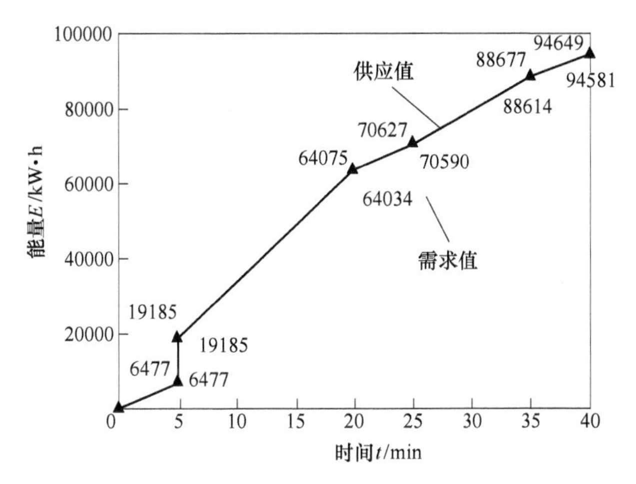

图 6-24 冶炼过程的能量供需值变化

集成结果为：冶炼氧耗 $40m^3/t$；冶炼电耗 326kW · h/t；出钢量 141t。

7 电弧炉炼钢用氧相关技术

电弧炉炼钢的操作及控制涉及多项相关技术，各单元技术之间的协同运作及控制影响电弧炉的技术经济指标。本章重点介绍了泡沫渣工艺、供电技术、底吹技术、二次燃烧技术及余热利用技术。

7.1 泡沫渣工艺

7.1.1 概述

泡沫渣工艺是20世纪70年代末提出的。早期电炉炼钢采用富氧法，使电耗明显降低，但由此产生了金属收得率降低以及炉渣量增加等问题，另外由于大量用氧造成熔清后钢液含碳低、炉渣稀薄、电弧加热效率低、钢液升温困难，为消除这些不利因素，在氧化期时，向熔池中钢液喷吹碳粉，以还原回收渣中的FeO，提高金属收得率和降低渣量。

现代电炉炼钢为缩短电弧炉冶炼时间，提高电弧炉生产率，电弧炉炼钢采用了较高的二次电压，进行长电弧冶炼操作，增加有功功率的输入，提高炉料熔化速率。但电弧强大的热流向炉壁辐射，增加了炉壁的热负荷，使耐火材料的熔损和热量的损失增加。为了使电弧的热量尽可能多地进入钢水，需要采用泡沫渣技术。

泡沫渣技术适用于大容量超高功率电炉，在电弧较长的直流电炉上使用效果更为突出。泡沫渣可使电弧对熔池的传热效率从30%提高到60%（一般情况下，全炉热效率能提高5%以上）；电炉冶炼时间缩短10%~14%；冶炼电耗降低约22%；并能提高电炉炉龄，减少炉衬材料消耗。电弧炉炼钢过程中电极消耗的50%~70%是由电极表面氧化造成的。而采用泡沫渣操作可使电极埋于渣中，减少了电极的直接氧化又有利于提高二次电压、降低二次电流，使电能消耗减少，电极消耗也相应减少2kg/t以上，因而使得生产成本降低，同时也提高了生产率，也使噪声减少，噪声污染得到控制。

7.1.2 泡沫渣形成机理及作用

7.1.2.1 泡沫渣形成机理

泡沫渣是气体分散在熔渣中形成的。当熔渣的温度、碱度、成分、表面张力、黏度等条件适宜时会因气体的作用而使熔渣发泡形成泡沫渣。所谓泡沫渣是指在不增大渣量的前提下，使炉渣呈很厚的泡沫状，即熔渣中存在大量的微小气泡，而且气泡的总体积大于液渣的体积，液渣成为渣中小气泡的薄膜而将各个气泡隔开，气泡自由移动困难而滞留在熔渣中，这种渣气系统称为泡沫渣。电弧炉泡沫渣的形成是在冶炼过程中，增加炉料的碳含量和利用吹氧管向熔池吹氧以诱发和控制炉渣的泡沫化。熔池中的碳直接和氧反应生成 CO，使熔渣起泡，喷入渣中悬浮的固体碳粒，提高了熔渣的黏度及气泡表面液膜的强度和弹性，使气泡液膜难以破裂，从而提高了泡沫的稳定性。炉渣发泡后，电极热端与金属液之间高温弧区不易散热，弧区电离条件得到改善，故气体的导电率增加，在同样的电压情况下，电弧长度增加，同时泡沫渣成为电极弧光的屏蔽，对保护电极、提高炉内热效率等起重要作用。泡沫渣技术是在电弧炉冶炼过程中，在向炉内吹入氧气的同时向熔池内喷吹碳粉或碳化硅粉，在此形成强烈的碳氧反应，通过该反应使渣层内形成大量的 CO 气体泡沫，气体泡沫使渣层厚度达到电弧长度的 2.5~3.0 倍，这使电弧完全屏蔽在渣内，从而减少电弧向炉顶和炉壁的辐射，最终延长电炉炉体寿命，并能提高电炉的热效率。

7.1.2.2 泡沫渣的作用

泡沫渣增大了渣-钢的接触界面，加速氧的传递和渣-钢间的物化反应，大大缩短了一炉钢的冶炼时间。在电弧炉中泡沫渣厚度一般要求是弧柱长度的 2.5 倍以上，电炉造泡沫渣的主要作用为：

（1）可以采用长弧操作，使电弧稳定和屏蔽电弧，减少弧光对炉衬的热辐射。传统的电弧炉供电是采用大电流、低电压的短弧操作，以减少电弧对炉衬的热辐射，减轻炉衬的热负荷，提高炉衬的使用寿命。但是短弧操作功率因数低（$\cos\varphi=0.6\sim0.7$）、电耗大，大电流对电极材料要求高，或要求电极断面尺寸大，所以电极消耗也大。为了加速炉料的熔化和升温，缩短冶炼时间，向炉内输入的电功率不断提高，实行所谓高功率、超高功率供电。如仍用短弧操作，则电流极大，使得电极材料无法满足要求，所以高电压长弧操作势在必行。但是长弧操作会使电弧不稳及弧光对炉衬热辐射严重。而泡沫渣能屏蔽电弧，减少了对炉衬的热辐射；泡沫渣减轻了长弧操作时电弧的不稳定性，直流电弧炉采用恒电流控制时，随流电弧电压波动很小，电极几乎不动。

（2）长弧泡沫渣操作可以增加电炉输入功率、提高功率因数和热效率。有关资料和试验指出，在容量为 80t、配以 90MV·A 变压器的电炉，功率因数可由 0.63 增至 0.88，如不造泡沫渣时炉壁热负荷将增加 1 倍以上。而造泡沫渣后热负荷几乎不变；泡沫渣埋弧可使电弧对熔池的热效率从 30%~40%提高到 60%~

70%；使用泡沫渣使炉壁热负荷大大降低，可节约补炉镁砂50%以上和提高炉衬寿命20余炉。

（3）降低电耗、缩短冶炼时间、提高生产率。由于埋弧操作加速了钢水升温，缩短了冶炼时间，降低电耗。国内某些厂100t电弧炉造泡沫渣后。1t钢节电20~50kW·h，缩短冶炼时间30min/炉，提高生产率15%左右。由于吹氧脱碳及其氧化反应产生大量热能、加入泡沫渣对电弧的屏蔽作用、吹氧搅拌迅速均匀钢水温度等方面的原因，吨钢电耗明显降低。据日本大同特钢知多厂70t电弧炉实测，冶炼各期电弧加热效率 η 如下：熔化期加热 $\eta=80\%$，熔化平静钢液面加热 $\eta=40\%$，喷碳埋弧加热 $\eta=70\%$。可见，采用埋弧喷碳造泡沫渣的方式，将比传统操作热效率提高很多，将使熔体升温速度加快，冶炼时间缩短。同时，由于炉渣大量发泡，使钢渣界面扩大，有利于冶金反应的进行，也使冶炼时间缩短。再加上电弧炉功率因数的提高，使吨钢电耗得以下降。100t普通功率电炉运用泡沫渣冶炼技术后，每炉钢的冶炼时间缩短了30min，并节电20~70kW·h/t。

（4）降低耐火材料消耗。由于泡沫渣屏蔽了电弧，减少了弧光对炉衬的辐射，使炉衬的热负荷降低。同时，导电的炉渣形成了一个分流回路，输入炉内的电能不再是全部由电弧转换为热能，而是有一部分依靠炉渣的电阻转换。这样在同样的输入功率下，就减少了电弧功率，这也有利于减少炉衬的热负荷，降低耐火材料消耗。使用泡沫渣时炉衬的热负荷状况，电极消耗与电流的平方呈正比，显然采用低电流大电压的长弧泡沫渣冶炼，可以大幅度降低电极消耗。另外，泡沫渣使处于高温状态的电极端部埋于渣中，减少了电极端部的直接氧化损失。

（5）泡沫渣具有较高的反应能力，有利于炉内的物理化学反应进行，特别有利于脱磷、脱硫。泡沫渣操作要求更大的脱碳量和脱碳速度，因而有较好的去气效果，尤其是可以降低钢中的氮含量。因为泡沫渣埋弧使电弧区氮的分压显著降低，钢水吸氮量大大降低。泡沫渣单渣法冶炼，成品钢的含氮量仅为无泡沫渣操作的三分之一。由于铺底石灰提前加入及炉渣泡沫化程度高、流动性好且不断吹氧搅拌钢液炉渣，大大增加了钢渣接触面积，利于少氧化渣脱磷反应进行。冶炼实践证明：只有少数炉次熔清时分析磷在0.040%以上，一般磷都能小于0.020%。由于炉渣的发泡使渣钢界面积扩大，改善了反应的动力学条件，有利于脱磷反应的进行。脱磷反应是界面反应，泡沫渣使得这种反应得以不断进行。另外，工业上一般选用TFeO为20%，（CaO/SiO_2）为2的炉渣作为泡沫渣的基本要求，这种渣本身对脱磷就很有利。同时，电弧炉可以一边吹氧一边流渣，可及时将含磷量高的炉渣排出炉外，这也是有利于脱磷的。此外，在进行泡沫渣冶炼时，一般熔池的脱碳量和脱碳速度较高，有利于脱[N]。因有泡沫渣屏蔽，电弧区氮的分压显著降低。因此，采用泡沫渣冶炼的成品钢中，氮含量只有常规工艺的1/3。

7.1.2.3 影响熔渣发泡的因素

从理论上分析，影响熔渣泡沫化的因素主要有两个方面，即熔渣本身的物性和气源条件。由于炉渣泡沫化是炉渣中存在大量气泡的结果，故影响气泡存在和消失的炉渣物理性质必然对炉渣泡沫化有影响。炉渣中气泡的出现必然要为形成气液界面做功，所形成的气液表面能取决于气泡表面积的增加量和表面张力的乘积。可见，炉渣的表面张力对炉渣发泡性能有影响。从能量的角度出发，可以定性地认为，随着炉渣表面张力的降低，在炉渣中形成气泡所消耗的能量减少，所以有利于炉渣的发泡。而当炉渣呈泡沫状态时，存在于渣中的气泡被膜状的渣液所分隔，这种状态的出现和消失就是炉渣的发泡和消泡。其主要影响因素如下所述：

(1) 吹气量和气体种类。在不使熔渣泡沫破裂或喷溅的条件下，适当增加气体流量，能使泡沫高度增加。$CaO/SiO_2=0.43$、(FeO) = 30%的熔渣，随吹入的氧气量增加，泡沫渣的发泡高度呈线性增加，但吹气量增加到一定程度后，发泡指数不变。在其他碱度和 FeO 时也将有同样的结果。

(2) 炉渣碱度。大量研究指出，碱度为 2.0 附近（也有的实验结果为 1.22 时），其发泡高度最高，碱度离 2.0 越远，其发泡高度越低。这主要与碱度为 2.0 附近渣中析出大量 $2CaO \cdot SiO_2$（缩写为 C_2S）固体颗粒和 CaO 固体颗粒，从而提高熔渣的黏度有关。低碱度时，加入 CaO，熔渣表面张力增加而黏度降低。碱度高于 2.0，加入 CaO，则使 CaS 转变为 C_3S，因而渣中固体颗粒数量减少。但碱度小于 1 时，碱度增加，泡沫寿命降低。碱度对 $CaO\text{-}SiO_2\text{-}Al_2O_3$熔渣也有类似的影响。发泡高度最高点出现在碱度为 1.6~2.0。

(3) 熔渣组成成分。$CaO/SiO_2=1.22$ 时，随熔渣中 FeO 的增加，泡沫寿命逐渐下降。碱度为 2.0 附近时，FeO 对发泡高度影响较小。碱度离 2.0 越远（靠近 1.0 或 3.0），含 FeO 为 20%~25%熔渣比含 FeO 为 40%左右熔渣的发泡高度要高。因碱度低于 1.5 时，随 FeO 的增加，熔渣的表面张力增加、黏度降低，故发泡高度和泡沫寿命下降。生产中一般选用 (FeO) = 20%、$(CaO)/(SiO_2)=2$ 的炉渣作为泡沫渣的基本要求。

(4) 熔池温度。随着熔池温度升高，炉渣的黏度下降，渣中气泡的稳定性随之降低，即泡沫的寿命缩短。有关研究指出，温度增加 100℃，泡沫的寿命将缩短 1.4 倍。显然，炉渣成分及进气量一定时，较低的熔池温度，炉渣的泡沫化程度相对较高温度升高，熔渣黏度降低，通常使泡沫渣寿命下降。

(5) 其他添加剂。凡是影响 $CaO\text{-}SiO_2\text{-}FeO$ 系熔渣表面张力和黏度的因素都会影响其发泡性能。例如，加入 CaF 既降低炉渣黏度，又降低了炉渣表面张力，所以对泡沫渣的影响比较复杂。有关研究表明，在碱度 $(CaO)/(SiO_2)=$

1.8时，加入5%CaF_2有利于提高炉渣的发泡性，继续增加CaF_2含量对炉渣发泡不利。可见在CaF_2含量小于5%时，表面张力起主要作用；当CaF_2含量大于5%时，黏度起主要作用。又如加入MgO使熔渣黏度增加，使熔渣泡沫渣保持时间延长。

7.1.3　泡沫渣工艺操作

7.1.3.1　各不同泡沫渣工艺特点对比

（1）泡沫渣操作工艺主要有以下几种：

1）渣面上加焦炭粉法。吹氧的同时，通过人工不断向炉内抛入焦粉，利用碳氧反应，使炉渣发泡。此法操作简便，但是用效果差、劳动强度大。

2）配料加焦法。配料时加入5～15kg/t焦粉及适量铁皮、石灰石，熔氧结合，富氧操作，泡沫渣高压长弧升温，降碳至要求含量。这种方法能得到一定厚度的泡沫渣，但该法泡沫渣作用时间短，渣中（FeO）含量不易控制，终点碳控制不准；钢中氧含量高，合金收得率不稳定。当终点碳控制较准时，可用于冶炼碳含量较高的钢种。

3）氧末喷碳法。配料不加碳，熔氧合一，富氧操作。因控碳不准，一般含量偏低，再喷碳（焦）粉增碳，同时生成泡沫渣。这种方法主要用于钢中增碳，故喷碳速度较大，但泡沫化作用时间太短。

4）配料加焦，氧末喷碳法。此法是在2）、3）法结合的基础上调整喷粉罐参数，适当延长喷碳时间，使喷入的碳粉既能增碳又能延长泡沫渣的作用时间，整个熔氧期基本处于泡沫渣下冶炼。该法适用于各种功率水平和不同吨位的电炉冶炼中低碳钢。利用“富氧、喷碳、长弧”三位一体联合操作，以得到最佳效果。由于在吹氧助熔时，配料中未熔焦粒有部分随炉渣流出浪费。对于大电炉来讲这种浪费就很严重。

5）熔氧期全程喷碳法。这种方法在熔池形成并有适量钢水时，吹入氧气并喷入焦粉。钢水在泡沫渣下去磷、降碳、升温，直到达到要求。该法在熔氧前期喷碳的主要目的有：①造泡沫渣，形成泡沫渣长弧冶炼工艺。在向钢水不断增碳的同时使钢水的降碳和升温接近同步进行。②喷碳在完全燃烧时放热，有利于升温。熔氧后期喷碳则主要是调整钢水碳含量至规格要求和在泡沫渣下快速升温。

熔氧期全程喷碳法是目前通常的方法，如宝钢二期引进的电炉就具备了喷碳粉设备和富氧操作条件。因此宜采用“富氧、喷碳、长弧”三位一体联合操作，以达到冶炼各含碳量钢种目的。

（2）泡沫渣工艺对比见表7-1。

表 7-1 泡沫渣工艺对比

工艺方法名称	用 途	优 点	缺 点
渣面加碳粉		操作简便不需任何设备，使用人工加入。	(1) 随意性大，操作不易规范化； (2) 氧末终点碳低时，钢水增碳难，且钢中含氧高、合金收得率低、还原脱氧脱硫变难； (3) 碳氧在渣面反应，渣层薄不能发挥长弧优点； (4) 渣中含（FeO）高，铁损增大
配料加焦法	用于冶炼高碳钢	可得到厚层泡沫渣，熔清碳适当，电力、电极消耗降低炉衬寿命延长	(1) 泡沫渣持续时间短，只在熔氧前期效果好，熔氧后期部分焦粒随渣子流出造成焦的损失，且渣层变薄； (2) 渣中（FeO）含量不好控制，造成终点碳不好控制，当碳低时很难用焦粒增碳； (3) 渣及钢液中［O］过高，还原困难，合金收得率不准
氧末喷碳法	通常用于对钢水增碳，不用生铁	能对钢水增碳，同时有泡沫渣的全部优点	泡沫只在氧末期使用，不能充分发挥其优点
配料加焦法与氧末喷碳法	适用于有管道送粉设备的电炉厂，适用各种功率电炉不同钢种的冶炼	充分发挥泡沫渣长弧埋弧优点，能克服上述三种方法的缺点	焦粒随流渣溢出，故50t以上电炉不宜采用
熔氧期全程喷碳法	适用于机械自动化程度高的电弧炉，且有管道输送粉料系统的厂采用	充分发挥"富氧、喷碳、长弧"三位一体联合操作，最佳优点冶炼各种钢种	

7.2 供电技术

电弧炉根据供电方式分为直流电弧炉与三相交流电弧炉。其中，电弧炉直流电炉供电系统应当满足以下要求：

(1) 能快速实现电压的调节，使得炉子负荷波动时尽量维持电流恒定；

(2) 由于电炉经常处于短路状态，供电系统要有抗短路能力；

（3）供电系统要有高的电效率；

（4）要满足对电网干扰的有关限制条件。

直流电弧炉一般由以下几部分组成：

（1）真空开关柜；

（2）电炉变压器；

（3）整流装置；

（4）直流电抗器；

（5）汇流排和电缆；

（6）滤波和功率补偿装置；

（7）检测和控制装置。

直流电弧炉与三相交流电弧炉相比，有下列优点：

（1）石墨电极消耗减少 1/2～2/3；

（2）熔炼单位电能消耗可下降 3%～10%；

（3）直流电弧燃烧稳定，对前级电网造成的电压闪烁只是相同功率交流电弧炉的 30%～50%，不用动态补偿装置；

（4）噪声水平可降低 10～15dB；

（5）上部为单电极的直流电弧炉可以消除偏弧及炉壁热点，耐火材料消耗也减少；

（6）对钢液的搅拌力增强。

目前，我国直流电弧炉的开发也取得了一定进展，但数量不多，所以应加速我国直流电弧炉技术的开发。相信直流电弧炉技术在我国电炉炼钢领域会有广阔的发展前景。目前国内在用的主要是交流电弧炉，下面主要来介绍三相交流电弧炉。

7.2.1　电弧炉电气运行技术

超高功率电弧炉作为电炉发展的方向，为实现其高产、低耗、优质的目标，就必须具备快速准确的生产控制，全面而优化的综合管理。单凭经验或依据普通电弧炉的控制和管理方法，已不能适应生产需要，而在生产过程控制中，电气运行是极为关键的技术。

电弧炉电气运行是电弧炉冶炼生产最基本的工艺之一，它关系到冶炼工艺、原料、电气、设备等诸多方面的问题，直接影响电弧炉炼钢生产的各项技术经济指标。随着水冷炉壁、水冷炉盖尤其是泡沫渣技术的出现和成功，使“高电压、低电流、长电弧、泡沫渣”操作有了可能，这类超高功率电弧炉是 20 世纪 80 年代中期的先进技术。在这个时期，炉子容量进一步大型化，功率级别又有所提高，炉子变压器容量达到了 70MV · A 以上，其运行特点是高功率因数操作，使变压器的能力较充分发挥。到了 90 年代，电弧炉的容量进一步加大，炉子变压器容量达到了 100MV·A 左右。

在炉子电气运行特点方面出现了高阻抗和变阻抗技术；另外，由于神经元网络技术的成功应用，电弧炉的电气运行工作点的识别和控制有了很大改善。这一时期的电弧炉电气运行采用“更高、更小电流、更长电弧”的操作制度。

冶炼一炉钢首先要确定需要多少能量，以电能为主要能源的电弧炉炼钢首先要保证安全、稳定的提供电能。电弧炉是用电大户，三相电弧炉变压器的容量可达几十兆伏安，且所需功率数值在炉子工作期间急剧地大幅度波动。这就有一个怎样提供电能的供电曲线问题。

在制定工艺制度时，要考虑变压器容量、变压器的利用系数、对电网的干扰(闪变、谐波)、功率因数等电气问题，这关系到冶炼时间、冶炼反应、出钢温度等工艺基本问题。采取合理的供电曲线不仅可保证工艺的顺行，还可缩短冶炼时间、降低吨钢电耗、减少对电网干扰。

7.2.1.1 高阻抗电弧炉的主回路

高阻抗电弧炉主电路与传统电弧炉主电路的主要区别在于前者的主电路中串联一台很大（同容量的 1.5~2 倍左右）的电抗器。它使电弧连续稳定地燃烧、电弧电流减小、电弧电压提高、电弧功率加大、电效率提高、谐波发生量及对供电电网的冲击减小。

电抗器分为固定电抗器和饱和电抗器两种。前者的缺点是不能自动调节电抗值。当工艺改变，需要改变电抗时，要提起电极、断电，然后才能改变电抗。而饱和电抗器则能根据炉况，自动地改变电抗值，基本上达到了恒电流电弧炉操作。

下面对带有不同电抗器的高阻抗电弧炉分别进行讨论。

A 带固定电抗器的高阻抗电弧炉

在高阻抗电弧炉中，采用高电压、低电流、长电弧作业时，选择合适的功率因数，并有合适的系统电抗以达到稳定操作是至关重要的。在大多数情况下，必须采用电抗器与电弧炉变压器串联。带固定电抗器的高阻抗电弧炉主电路如图 7-1 所示。

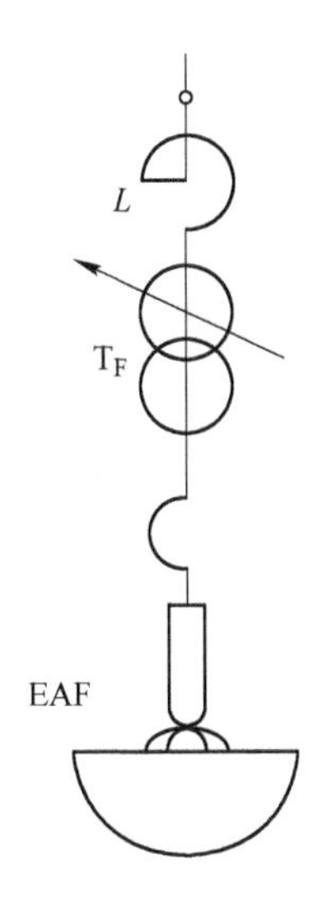

图 7-1 带固定电抗器的高阻抗电弧炉的主电路

这种高阻抗电弧炉的设计特点如下：

(1) 因电抗器电感的储能效应和高起弧电压的动态特性所获得的稳定起弧条件，导致高集成功率输入。

（2）短路电流小，当废钢塌陷时，电极、电极臂和电缆上的电流小。因此，电极损坏的危险性小，机械磨损也少。

（3）电极电流波动小，因而对电网的干扰也小。

（4）电抗器线圈常常作成抽头式，以便根据不同工艺需要改变电抗值。

（5）串联电抗器和变压器一样，都是在重负荷情况下运行。因此，对其热稳定性和机械强度要求较高。

（6）对现有电弧炉变压器及短网系统稍加改进，即可实现高阻抗化。

为了说明不同的系统总电抗对电弧炉操作的影响，表7-2给出了达涅利公司3台同样容量（90MV·A）、不同电抗器的电弧炉的运行实例。

表7-2　达涅利公司3台同样容量（90MV·A）、不同电抗器的电弧炉的运行实例

项目	单位	参数值		
		传统电弧炉设计	较高电抗电弧炉设计	高阻抗电弧炉设计
变压器二次电压	V	800	1025	1100
系统总运行电抗①	mΩ	4.0	6.8	8.2
电极电流	kA	65	50	50
有功功率	MW	74.4	72.7	72.8
电弧功率	MW	70.6	70.4	70.5
损耗功率	MW	3.8	2.3	2.3
功率因数 $\cos\varphi$		0.83	0.82	0.81
电弧电压	V	362	469	470
短路电流②	kA	138	104	93
短路电流倍数		2.123	2.08	1.86

①系统总运行电抗：$X_{OP} = 1.2X_{SC}$，其中 X_{SC} 为短路电抗。

②根据短路电抗的计算值。

B　带饱和电抗器的高阻抗电弧炉

饱和电抗器是一种在同时有恒定磁场与交变磁场作用下工作的电抗器。饱和电抗器的电抗因其恒定磁场的改变而发生变化的这一特性，被广泛地应用于各种电力调整设备中。利用饱和电抗器的下坠特性来限制短路电流，在真空电弧炉上曾经有成功的应用范例，为了达到这个目的而使用的电抗器有时被称为电流补偿电抗器。

当高阻抗电弧炉正常工作时，主电路中的电流为额定值，此时饱和电抗器受到最大的磁化作用，它在特性曲线上的工作点如图 7-2 中的 a 点所示，饱和电抗器的电压降较小。当炉子一旦发生工作短路时，流经电抗器的交流电流增加了，而直流电流却保持不变，这时的工作点移到同一曲线上的 b 点，由图 7-2 可看出，这时饱和电抗器的电压降很大，从而限制了短路电流，即饱和电抗器的磁化作用自动地随着主电路所要求的电压而改变。

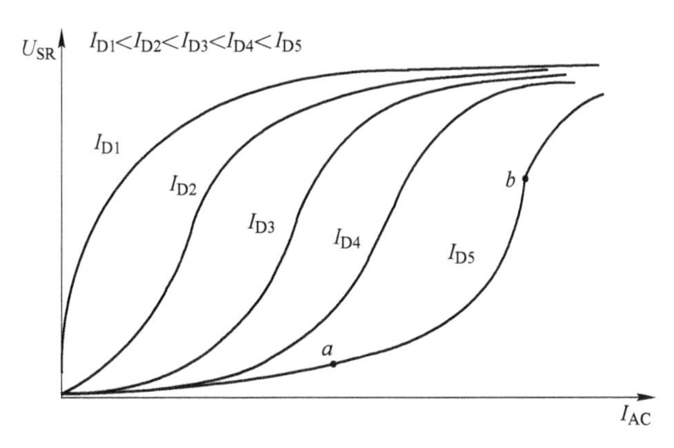

图 7-2 饱和电抗器的伏安特性

带有饱和电抗器的高阻抗电弧炉主电路如图 7-3 所示。饱和电抗器是利用铁磁材料的非线性磁化曲线进行工作的。每相饱和电抗器可被视为具有两个绕组的单相变压器，其中 NL 线匝与负荷（电炉变压器）串联称作负荷绕组；另一个 NC 线匝与 NL 电气隔离，并通以直流电流（I_{DC}），称作控制绕组。

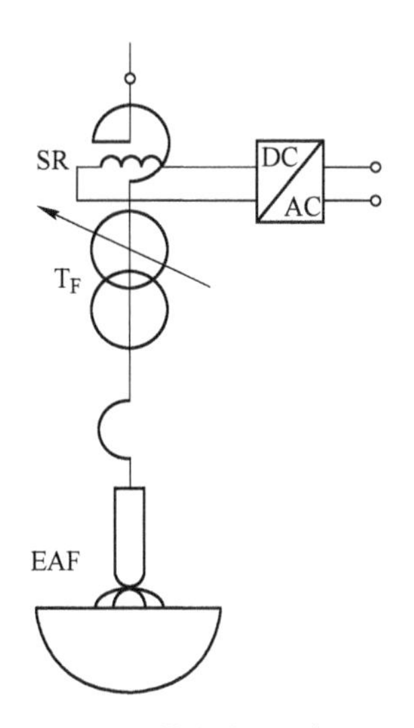

图 7-3 带有饱和电抗器的主电路

饱和电抗器通过控制绕组的安匝数，调节铁芯的饱和度，只要负荷绕组的安匝数比控制绕组的低（相当于图 7-2 中的 a 点），则负荷绕组产生的电压降很低，甚至可忽略不计。

如果负荷电流 $I_{L_{max}} \geqslant I_{DC}NC/NL$，铁芯将会减小饱和度，而负荷电流的任何增量将产生大的磁通量变化，结果在负荷绕组中产生较大的电压降（相当于图 7-2 中的 b 点）。这就是产生下坠式伏安特性的理论依据。

通过改变控制电流 I_{DC}，就可能在由零至最大允许电流的范围内控制负荷电流。当负荷电流趋向于超过 $I_{L_{max}}$ 时，饱和电抗器将产生较大的电压降，将电流限制在 $I_{L_{max}}$ 值之内。通过选择控制电流，饱和电抗器即能以全电流控制模式或作为峰值限流器进行工作。

7.2.1.2　主电路的过电压保护措施

真空断路器的操作过电压是由于电路中存在着电感、电容等储能元件，在开关操作瞬间放出能量，在电路中产生电磁振荡而出现的过电压。在电感性负载电路中，真空断路器的分断操作会产生严重的高频振荡波形，曾测到过的最高值约为电源峰值的4.5倍。高阻抗电弧炉变压器原方串联一个很大的电抗器，其电感值非常大，因而产生的分断过电压非常高，已运行的高阻抗电弧炉现场也确实证明了这一点，因此，必须采取特别有效的过电压保护措施。

常用的过电压保护措施有阻容保护和避雷器保护。前者也有几种不同方案，但效果最好的方案如图7-4所示。

这种双路式RC过电压保护器的运行结果表明，其能够消除分断过电压振荡，R_1C_1主要保护相间过电压，R_2C_2主要保护对地过电压。对于用来吸收相间电路存储能量的R_1C_1值应选用0.1μF的电容器比较合适。根据《电机工程手册》第三篇高压开关设备所述，对于频繁进行投切操作的电弧炉变压器的真空断路器，过电压保护装置选$C_1 = 0.1 \sim 0.2\mu F$，$R_1 = 100\Omega$。

组合式RC装置中的C_2的接入是为了消除相对地的过电压，同时又能解决常规三组RC吸收装置中对地电流过大而烧毁电阻R_1的缺陷。

关于第二种方案，用氧化锌避雷器截止操作过电压也有不同方案，效果最好的是三相组合式氧化锌避雷器，如图7-5所示。

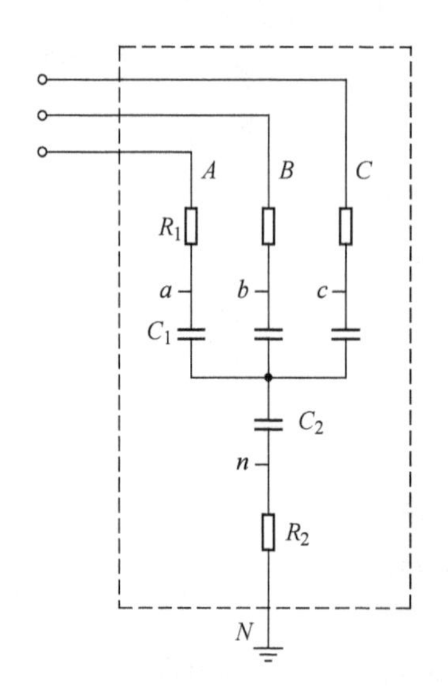

图7-4　双路式RC过电压吸收装置

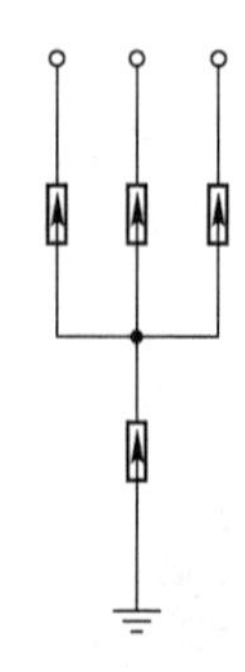

图7-5　三相组合式金属氧化锌避雷器

三相组合式金属氧化锌避雷器能够抑制分断真空断路器时引起的相间和相对地操作过电压，达到保护变压器和防止真空断路器相间和相对地闪络的目的。三相组合式金属氧化物避雷器能实现相间和相对地同时保护，因而一台三相组合式避雷器可代替 4 台普通型避雷器。对 35kV 电压，可选用 Y0.1W~41/127×41/140 型。

用真空断路器切断电炉变压器，通常都是在无载情况下进行操作（保护装置动作除外）。经验证明，真空断路器切断空载变压器时，产生的过电压最高，必须采取加强型的过电压抑制措施。因此对于高阻抗电弧炉设备来讲，采用阻容吸收器（*RC*）和避雷器双重保护措施是需要的。其工作原理是用电容器减缓过电压波头，用避雷器限制过电压峰值。因为后者是由放电间隙和氧化锌非线性压敏电阻串联而成的。在产生过电压时，放电间隙被击穿，过电压加在氧化锌非线性电阻上，其阻值迅速减小，流过的电流迅速增大，这样就限制了过电压。

真空断路器与电抗器之间连线类型和长度与过电压值也有关系。如果真空断路器和电抗器之间用电缆连接，由于电缆本身的电感及较大的分布电容，则连接电缆长度与过电压倍数呈反比例关系，即连接电缆越长，电抗器承受的过电压倍数越低。当连接电缆长度小于 6m 时，在电抗器的原方必须重复加装 *RC* 吸收器和氧化锌避雷器。

7.2.2 电弧炉供电曲线

供电曲线是一个冶炼炉次中，向电炉内供电的功率、电压、电流与时间的关系曲线。制定交流电炉供电曲线的总的目标是快节奏、低成本地冶炼出每炉钢水；制定的供电曲线要能够安全、稳定地运行，同时兼顾生产节奏，即保证电炉变压器承受的视在功率不过载，电弧稳定高效燃烧，电压有载开关切换次数尽可能少，对生产节奏的冲击要小。

炉料的熔化和供电制度：装好炉料，合上炉盖后，即降下电极到炉料面近处，接通主路开关，将电极调节系统的转换开关放到自动控制位置，以次高级电压通电起弧。5~10min，电弧伸入炉料熔成的“井”后，改用最高电压，到达变压器的最大有效功率，加速熔化炉料。电极随“井”底部的熔化而逐渐降低，直到电弧触到钢液，然后电极又随钢液面的升高而上提。当大部分炉料熔化时，电弧就完全暴露在熔池面上，这时，为减少电弧对炉顶的强烈辐射，要改用较低电压，直到炉料完全熔化。炉子输入能量的制度，随炉子的容量、冶炼钢种和冶炼工艺而不同。

超高功率电弧炉炼钢普遍采用大容量变压器供电，区别于以前的小容量变压器，现在变压器容量一般在 40MV · A 以上，档位超高 10 档，供电电压范围从150V左右到1500V左右，电压的调节区别于以前的调压方式，普遍采用有载电压，不需要停电可以直接调节变压器的档位，从而改变变压器的输出电压。

在电炉冶炼过程中，起弧阶段采用低电压送点，一般在形成“井”以后再调高电压冶炼。在最后的调温阶段，采用低档位小功率冶炼。

7.2.2.1　制定电炉供电曲线的依据

制定电炉供电曲线需考虑炉子的容量、变压器的容量、冶炼工艺等实际条件，根据不同的原料结构和生产要求制定不同的供电曲线。一般来讲，制定供电曲线主要从以下几方面来考虑。

（1）能量匹配。供电曲线要保证电炉冶炼时炉内金属在不同阶段熔化、升温时所必需的能量。例如，在加铁水的情况下，铁水带进来的显热和化学能相当显著，此时电炉供电并不追求输入功率的最大化，应该通过核算来确定输入的合适能量。

（2）能量的有效利用。针对冶炼不同阶段特点把握有利的加热条件，选定合理的电压、电流。在起弧阶段，电弧在炉料上面敞开燃烧，一般以功率较低的低电压、低电流操作。在主熔化期中，电弧几乎完全被炉料所覆盖，此时电弧与炉料间传热条件最好，可用长弧满功率工作。在精炼升温期，废钢熔清后，熔池面趋于平滑，电弧是“敞开燃烧”状态，此时一般吹入碳粉造泡沫渣。这一时期应根据泡沫渣状况调节电压及电流，控制电弧形态，以达到使熔池快速升温和减轻炉衬热负荷的双重目的。

（3）在熔化废钢时，采用低电压和短弧操作进行“穿井”，接着把电弧逐步拉长，以加宽废钢“穿井”且保护电极。当某一电压级对应的最大功率到达后，变压器切换到更高的电压并采用短弧操作，使功率更大。对每一电压级重复这一程序直到达最大功率。为防止废钢塌下时损坏电极且避免电极消耗过快，常将电弧设定的比最大功率所需的弧长长一些。当炉子顶部的废钢熔掉后，此过程也随之反过来，对应每一电压级，电弧逐步变短至到达最小弧长，然后变压器切换到较小的功率和电压级。这是制订供电曲线的重要准则。

7.2.2.2　典型的电炉供电曲线

安钢集团的100t电炉（留钢留渣、热装35%铁水）采用低功率起弧、高功率“穿井”，熔池形成后最大功率供电，钢水升温速度较快，在操作上采取熔化期和氧化期结合方式，做好低温脱磷，氧化末期泡沫渣效果差，可降低有功功率输入。

7.2.2.3 电弧炉供电曲线的优化

供电曲线是否合理，直接影响电炉的生产率及冶炼电耗。在生产运行过程中，供电曲线的要求是有显著差异的，供电曲线必须随冶炼工艺、装料制度变化而不断优化，应根据电路电气特性曲线修改供电曲线，保证电弧稳定的同时充分利用电弧功率。

全冷料炉次，前期“穿井”阶段应采用低电压级数，缩短电弧，减少热辐射，随着熔化的进行，逐步增大功率。但在熔化后期塌料阶段，采用长弧操作，避免塌料砸断电极。其余阶段大电压、大电流、高功率供电，最大限度地增加电能输入。

兑铁水量正常情况下，由于采用留钢留渣操作，一兑铁水，泡沫渣很快形成埋住电弧，便可采用高功率送电操作；兑铁水量过大时，初期应采用低电压级数送电，以避免升温过快，造成后期所谓的“返干”、造不起泡沫渣、脱磷困难，甚至发生回磷等现象。

开新炉操作时，全程低电压、小功率送电，保证烘炉效果。

7.2.3 电极控制技术

在电弧炉100多年的发展历史中，超高功率电弧炉（UHP-EAF，Ultra-High Power Electric Arc Furnace）炼钢的历史却仅有30多年[1]。提出高功率电弧炉的概念主要是为了解决炼钢周期太长、功耗太高的问题。超高功率电弧炉与普通功率电弧炉相比，在单位时间内输出到电弧炉内的能量要大2~3倍，电弧炉炼钢周期由原来的几小时缩短到几十分钟。随着高功率技术的发展，电弧炉的大型化及相关技术也得到了相应发展。

20世纪60~70年代国外一些学者针对电弧炉这个具有代表性的工业过程对象做了大量而集中的研究，提出了一些控制算法，从不同的角度对电弧炉的控制难点做了深入的剖析。如1972年，Billings和Nichilson提出了电弧炉电极调节的温度加权自适应控制算法，1979年，Billings等人又提出了电弧炉的建模与控制算法，Nichilson等人提出了电极阻抗在线控制方法[2]，Wheeler等人提出了电极动态功率控制方法，等。但多数方法都限于理论分析和仿真研究，在实际电弧炉炼钢过程中得到应用的几乎没有。

由于人工智能技术的出现，20世纪80年代末90年代初，国外一些学者借助于智能原理对电弧炉炼钢过程控制方法和技术进行了研究。具有代表性的应首推美国Standford大学的W. E. Stab等人，他们于1990年成功地将人工神经网络学习技术应用到电弧炉炼钢过程控制中来，开发了“智能电弧炉（IAF）”。该项专利已经在世界上几十座不同吨位的电弧炉上得到了实际应用，我国广州钢厂的40t 电弧炉就引进了这项技术。

国内对电弧炉炼钢过程控制理论方面的研究起步较晚。从 20 世纪 80 年代中期到 90 年代初，东北大学自控系的张殿华和毛志忠等人提出了电弧炉的自校正控制与辨识方法。进入 90 年代后，北京科技大学的王顺晃等人在电弧炉的智能控制方面取得了一定进展。他们主要针对电弧炉炼钢过程难以建立准确的数学模型这一实际情况，采用人工智能技术和模糊推理技术与常规 PID 控制相结合，以实际生产过程为对象进行研究，实践证明这些新方法、新技术是可行的。王顺晃等人开发的“电弧炉炼钢过程电极升降智能复合控制系统”是一种基于快速性和灵活性相结合的智能控制方案[3]。通过仿真和试验证明，电弧炉电极升降系统采用智能复合控制，吸取了 Bang-Bang 控制、模糊控制、PID 控制策略各自的长处，克服其不足，在同一条件下，提高了系统的控制精度和跟踪能力，同时我国利用的计算机集散控制技术开发的电弧炉控制系统，在应用中也取得了很好的效果。

电弧炉神经网络预估模型采用了 3 个 3 层 BP 网络实现，用以分别学习电弧炉三相电极的状态。在给电弧炉和神经网络输入信号的同时，加 N、$N-1$、$N-2$ 时刻的电弧炉状态参量（电压、电流）和调节器的输出量，由电弧炉的 $N+1$ 时刻的电参量作为指导信号，通过电弧炉实际输出和神经网络预估模型输出的偏差对模型的权值进行不断的修正，最终建立起初始的神经网络预估模型。但是，由于 BP 只用局部梯度信息，故 η 必须很小，以免跳到权值空间不希望的区域，这样导致搜索的速率很慢。为了加速搜索，最常用的方法是加入冲量，这一算法加快了搜索过程，但用于电弧炉的实时控制，速度还是太慢。在电弧炉运行过程中，由于运行条件经常发生变化，如补偿装料、线电压、电极长度和系统阻抗的改变等，这就对神经网络的在线学习算法提出了很高的要求。鉴于此，系统采用了改进的 DBD 算法。系统安装完毕，经冷调后，直接投入运行。工业计算机网运行可靠，神经网络经自学习后，炉子的控制性能良好，对各种配比炉料，点弧十分稳定，优于原来运行的 IAF 系统，系统经过一段时间的运行，调节性能良好，可靠性高，获得了较好的经济效益。

攀钢集团成都钢铁有限责任公司电炉炼钢厂现有在用 92t 超高功率电弧炉一座，是由德国 Demag 公司生产、从英国曼内斯曼钢铁公司进口的二手设备。该电炉属于国外 20 世纪 70 年代技术水平，于 2001 年进行了改造，新的调节器系统采用仪、电、计算机一体化并面向工艺的设计思想，充分考虑系统的完整性和配套的合理性，满足工艺要求，实现全过程控制，同时系统采用“人工神经网络调节器（预估+专家系统）”对电炉的电极升降进行智能控制，并保留原来的模拟调节器作为神经网络调节器的热备系统。改造后降低了冶炼电耗，提高了设备装备水平和技术含量，具有显著的节能效果和效益。

7.2.3.1 电极调节技术要求

在电炉炼钢生产过程中电炉主要是起熔化废钢调节温度和初步调整碳、硫、磷等成分的作用。其工艺过程包括穿井、熔化、升温和出钢四个阶段。

刚开始时电炉变压器送电，电极控制开关打到自动位。三个电极自动落下，第一根电极接触废钢料后停止，当第二根电极也接触料时产生电弧，电极调节器控制电弧电流达到设定值。电弧在废钢料中熔化出三个洞，称为穿井阶段。穿井过程中当电极接触到废钢中夹杂的大块木头、塑料、石块等不导电物及时停止并报警以防止折断电极。熔化阶段要求电极调节器具有接触导电物自动停止功能、接触非导电物检测处理功能或电极短状态检测。

穿井完成后，铁水已积聚在炉底形成熔池，变压器要换高档熔化废钢，同时吹氧帮助熔化。在熔化过程中废钢容易出现塌料砸断电极和埋住电极造成短路过流情况。熔化阶段要求电极调节器具有过流和短路后要迅速提升功能和变压器换档保护功能。废钢全部熔化后进入升温阶段，变压器换低电压档操作，主要完成低温除磷、高温除硫和氧化钢中的碳和合金成分，因此升温时间的控制比较重要。同时电极离钢水较近，容易出现电极动作过于频繁而颤动，电弧的稳定比较重要。此阶段还要多次完成测温取样操作。升温阶段要完成变压器换档保护功能和测温取样功能。

当磷、碳等成分达到合格标准，钢水温度达到出钢温度时，电极抬起，高压停电，出钢口打开，炉体倾动，完成出钢功能。此阶段需要完成高压停电保护功能。

因此在整个工艺过程中需要对以下各点进行控制：电极的阻抗控制、电炉的停送电、电炉接触到废钢料自动停止、电炉接触非导电物的处理、有载调压、电极短路、电极过电流、电极稳定性、测温取样。要求电极调节器具有相应功能。

7.2.3.2 电极调节控制策略

电极自动调节器的任务是使电弧功率保持一定数值。输送到电弧炉中的功率数值与电弧长度有关，当电炉变压器二次电压一定时，则与电弧等效电阻有关。电弧炉在工作中，特别是在炉料熔化期，放电间隙经常变化。电弧放电长度的变化，就必然导致输入功率的变化，从而破坏了工艺规范。因此，对电弧炉工作的根本要求是在最佳用电规范下保持规定的电弧长度。欲保持电弧长度不变，可借助于连续调节每一电极下的弧隙长度的方法来达到。调节电弧炉功率的最普遍方法是采取移动电极位置来改变电弧长度。

电弧炉炼钢简单说就是利用电弧产生的巨大热量去熔化废钢再加上各种合金原料，脱去杂质而达到所需要的钢种。而交流电弧炉由于负荷的巨大冲击性，尤其是在起弧和电弧长短发生变化时将导致电网的波动，电弧炉冶炼功率越高，电压波动也越剧烈；电弧长短的变化也会引起电流的波动，在低频段会引起闪变的发生，而在高频段则易引起谐波的大量产生。目前对于交流超大功率电弧炉来讲，这是一个较难解决的问题。所以选择合适的电极控制策略就成了一个关键的问题，目前最常用的电极调节方法有电流调节原则（又称恒电流法）和阻抗调节原则（恒阻抗法），以上是两种最常用方法，其他还有恒功率法。莱钢特钢厂的电弧炉采用的是恒电流控制方法。

（1）恒电流方法。恒电流调节策略不言而喻就是保持电弧电流为一恒定量，假定给定的电弧电流为 I_n，实际测得的电弧电流为 I_1，恒电流控制策略的实质就可以用以下的公式表示：

$$e = I_n - I_1$$

通过调节电流偏差，使 e 趋向零，满足恒电流控制的要求。

在某一温度下，电弧长度 L 等于某一值 L_0 时，电弧电流与设定值恰好相等，此时：$\varepsilon = 0$。如果由于某种原因，弧长偏离了设定值，$L - L_0 = \Delta L \neq 0$，则阻抗就要发生变化。因为弧阻抗是与电弧的长度密切相关的，此时如果电弧的电压不变，电弧电流就要随弧长的改变而改变，检测的偏差信号：$\varepsilon \neq 0$，为了恢复电弧电流的设定值，就必须调节弧长，使之恢复原长。实际上，当电弧的长度没有变化时，由于交流电压的变化，也会使电弧电流相应地改变，此时也要靠调节电弧的长度以维持恒电流。可见，恒电流原则的实质是调节电弧的弧长。

（2）电弧电流偏差与电极升降高度的关系。单相电极电路如图 7-6 所示。其中 R_1 为电路的等效电阻；X_i 为电路的等效阻抗；r_i 为电路的等效电弧电阻（$i = 1, 2, 3$），表示三相电路。电极纯电弧的弧压是很难测定的。在计算弧压时运用到 Billings 理论推导的弧压表达式是：

$$U = \alpha + \beta l$$

式中，α 为阴极和阳极区域的电压降，当电极材料、气体压力和周围的介质一定时，通常认为 α 为常数，V。β 为电弧增益，它是温度 T 的函数，在精炼期间通常认为 β 是常数 1.1，V/mm。l 为冶炼时电弧的弧长，mm。

α、β、l 对于三相电路，如图 7-7 所示，测量的每一相电压都是从电弧炉的变压器端到炉底。

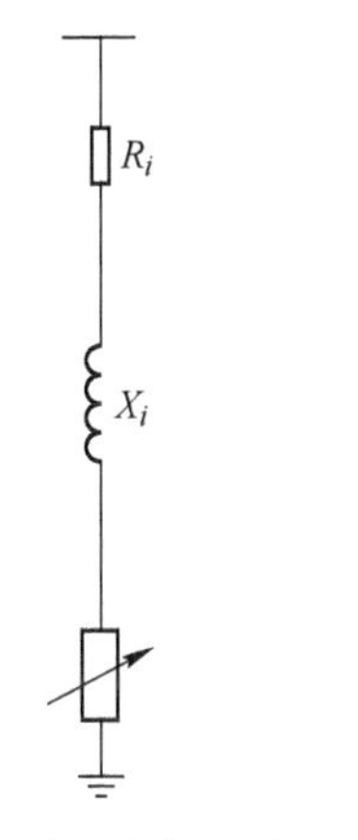

图 7-6 单相电极电路图

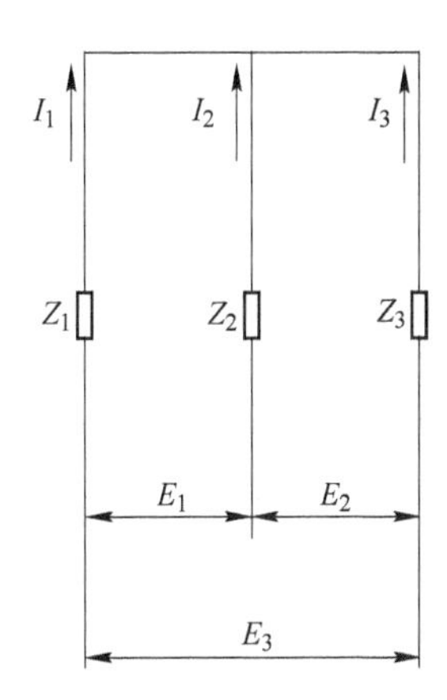

图 7-7 三相电极电路图

7.3 底吹工艺及技术

在电弧炉炼钢大量用氧后，钢液氧化性提高，金属收得率降低，导致脱氧剂用量增加，脱氧产物也增加。为促进电炉炼钢过程中碳的脱氧反应，抑制钢液氧化和促进氧化铁还原有必要开发熔池均匀搅拌技术[4]。此外，电弧的作用一方面使渣局部过热，耐火材料侵蚀严重；另一方面由于热分布不均匀导致熔化不均匀。为了促进熔池内还原金属和去除杂质的化学反应，要求增大反应界面积，而增大反应面积的有效措施就是开发熔池搅拌技术。

在传统的电弧炉冶炼方法的基础上，为了使钢水温度及成分均匀，瑞典ASEA公司曾开发了电磁搅拌技术，但这种搅拌的搅拌力不强、金属还原不好、电弧传热不均，因此以均匀高强度搅拌为目标的电炉底吹技术得到快速发展。

电弧炉底吹搅拌技术始于21世纪80年代。首先是由美国碳化物公司的林德分公司和德国蒂森钢铁公司在长寿命不堵塞底吹装置的基础上发展起来[5]。

近年来电弧炉底吹技术在世界范围内得到了越来越广泛的应用，但底吹寿命一直困扰该技术的推广。随着我国冶金行业技术水平的提高，我国的一些钢厂如天津钢管集团股份有限公司、西宁特殊钢股份有限公司、新余钢铁集团有限公司等均先后采用北京科技大学开发的电弧炉底吹搅拌技术，实现了底吹寿命与炉龄同步。

7.3.1 底吹机理及效果

7.3.1.1 底吹搅拌机理

电弧炉底吹气体搅拌改变了熔池内部和钢液间的传热、传质速率，从而影响到与此有关的炼钢反应。从转炉和炉外精炼的实践中可知，向熔池深处吹入气体可轻易地获得比机械法和电磁法要大得多的搅拌效果。在一定熔池深度下，熔池比搅拌能与底吹气量成正比，即：

$$E = 28.5\frac{QT}{W}\lg\left(1 + \frac{H}{1.48}\right)$$

式中，E 为比搅拌能，W/t；Q 为底吹气体流量，m^3/min；H 为熔池深度，m；T 为熔池温度，K；W 为钢液质量，t。

因此，通过调节底吹气体流量可很好地控制熔池搅拌强度。向电弧炉中以 $0.06m^3/(min \cdot t)$ 的供气强度底吹氩气时，其比搅拌能可达 375～400W/t。而向钢液中插管吹氧（深为 35cm），碳含量从 0.4%降到 0.1%时，其比搅拌能只有 70W/t，在其他不吹气体期间电弧的比搅拌能则仅有 1～3W/t。由此可见，电弧炉底吹气体后可大大改善炉内的搅拌状况。

熔池混合情况与熔池搅拌强弱有关。中西恭二等人较早地提出了熔池混匀时间（s）与比搅拌能的经验关系式：

$$\tau = 800\varepsilon - 0.4$$

由于该式对于熔池情况偏差较大。对此，日本寺田修等人从 50t 底吹电弧炉的实验结果中得出了电弧炉内熔池混匀时间 τ(s) 与比搅拌能 ε 的关系式：

$$\tau = 434\varepsilon - 0.35$$

该式为研究电弧炉内的熔池搅拌提供了基础。

实验表明钢水上凸高度 Δh(m) 与搅拌动力 W(W) 间的关系式为：

$$\Delta h = 9.364 \times 10^{-4}W - 0.66$$

搅拌动力 W 可用下式定为：

$$W = 6.18QT\ln(1 + 0.6868H)$$

可知当钢液面高度 H 一定时，气体流量 Q 越大，则钢水上升高度 Δh 也越大。

7.3.1.2　底吹效果

（1）碳氧反应接近平衡。图 7-8 是有底吹与无底吹条件下钢液中碳氧关系的比较结果。由图 7-8 可以看出，底吹气体搅拌的熔池中碳氧值更加降低，由原来的 0.0038 降低到 0.0030。

（2）提高脱磷能力。底吹气体强化了钢液混合，加快了钢液中磷向渣传递的速度，从而有利于脱磷，特别冶炼对磷要求高的钢种，底吹搅拌下脱磷效果十分显著。一般情况，[P] 可达 0.010%以下[6]。

（3）提高金属收得率。底吹降低了渣中 FeO 含量，降低了钢液中 Cr、Mn 的氧化，渣中损失铁、锰、铬较少，可分别使钢液中 Mn 和 Si 的收得率提高 8.8%和 2.9%，降低 FeSi 消耗 0.726kg/t 钢。冶炼不锈钢时可分别使 Cr 与 Ti 的综合收得率提高 4%，并且还可减少低碳铬铁消耗 80%以上，从而节省大量合金料[7]。同时，还原时间和电极高温时间缩短，防止了金属再度氧化。日本星崎制钢的底

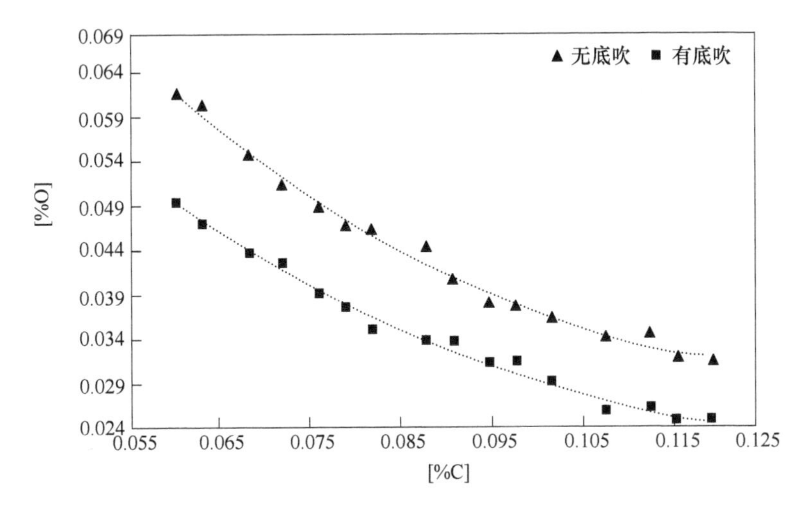

图 7-8 不同搅拌条件下电弧炉熔池中碳氧关系的比较

吹效果[8]，渣中铬损失减少 2.51kg/t，锰损失减少 1.5kg/t。

（4）代替含氮合金。底吹氮气对某些钢可起到增［N］作用，在电弧炉冶炼碳氮强化钢（$w[N] = 0.02\% \sim 0.04\%$）中，经 10~15 min 底吹 N_2，钢中氮含量由 0.009%~0.010%增到 0.023%~0.037%。正好达到规定成分。

（5）提高了废钢熔化速度。电弧炉底吹气体加强了熔池搅拌，提高了传热速度，加快废钢熔化。计算表明，对于长度大于 80cm 的成捆轻废钢如不用底吹气体搅拌，在 70min 内很难熔化，但经底吹搅拌 $0.06m^3/(min \cdot t)$，在 33min 内就熔化了。

（6）节能降耗、提高生产率。底吹使电弧炉熔池均匀搅拌，废钢均匀熔化，热辐射损失较少。钢液温度均匀，消除了冷点，因而也减少了能量消耗。混合较均匀的熔池可造成较好的动力学条件，提高了传热、传质的速度，促进了化学反应的进行以及合金元素的均匀分布，底吹使渣中 FeO 降低，可实现迅速出钢。因此在电弧炉中采用底吹工艺可大大降低电耗，提高生产率[9]。意大利 Beltrame 制钢[10] 140t EBT 电炉底吹的效果，电能降低了 27kW·h/t。

7.3.2 底吹工艺设备

电弧炉底吹炼钢技术的基本目的与作用就是将气体从炉底吹入熔池中搅拌钢液，提高电弧炉的冶炼能力。电弧炉底吹系统主要由炉底供气元件、底吹气源、气体输送管道、底吹气体控制装置等组成。

由于是在特殊的条件下工作，要求底吹设备具有较宽的气体流量调节范围。上限可以充分搅拌熔池，以均匀钢液的成分和温度，加快化学反应；下限可以维持最小供气量，使其压力大于钢液静压力，并应具有在意外情况下防止炉底穿漏的安全设施。

7.3.2.1　供气元件种类和结构

电弧炉底吹搅拌装置有喷嘴式（双层套管式、单管式）及透气塞式（DPP型、MHP型、VRS型和TLS型）。电弧炉底部供气元件的选择一般与底吹气体种类有关。电弧炉底吹氧气等氧化性气体时一般采用双层套管喷嘴，内管吹氧化性气体、外管吹保护气体（日本山阳特钢公司就采用此种喷嘴）。底吹惰性气体时大多采用细金属管多孔塞供气元件（意大利Beltrame厂、日本京滨厂等）。底吹天然气时采用单管式供气元件（墨西哥Deacero厂）。当然还可以选用其他结构喷嘴、供气砖，如环缝式、缝砖式、直孔型透气砖等。

目前国外普遍采用的电炉底吹，是转炉顶底复吹的定向多孔型底部供气元件（简称DPP元件）。图7-9所示为电弧炉所用的Redex DPP系统[11]。

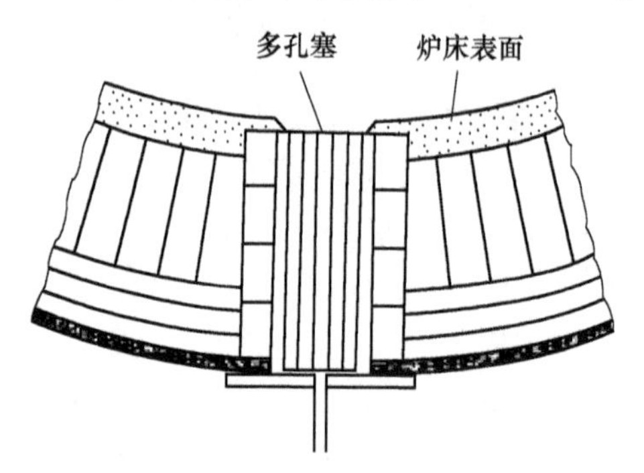

图7-9　电弧炉Redex DPP系统

图7-10所示为Redex定向多孔塞。该供气元件将多根$\phi1 \sim \phi2$mm的不锈钢管埋入MgO-C质耐火材料内。将DPP元件镶嵌在电炉底部，用底部座砖紧密压紧，在DPP元件与座砖之间用可塑料捣打填实。这种可塑料在高温侧由火焰牢固烧结，低温侧则保持原始颗粒状态，因此更换修理十分方便。

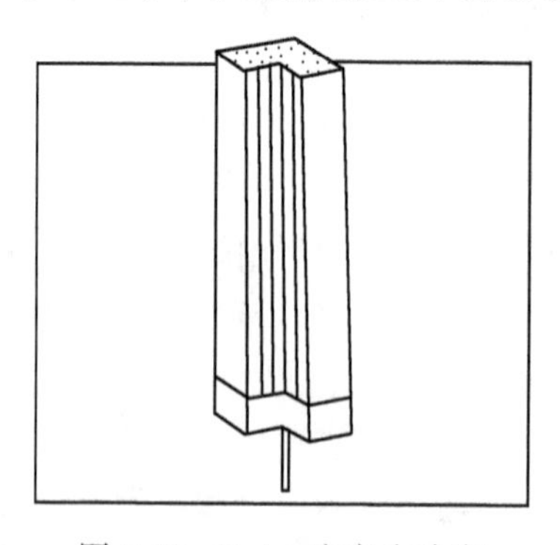

图7-10　Redex定向多孔塞

美国 Veitscher 公司开发的 MHP 型透气塞如图 7-11 和图 7-12 所示，其结构与 DPP 型近似。

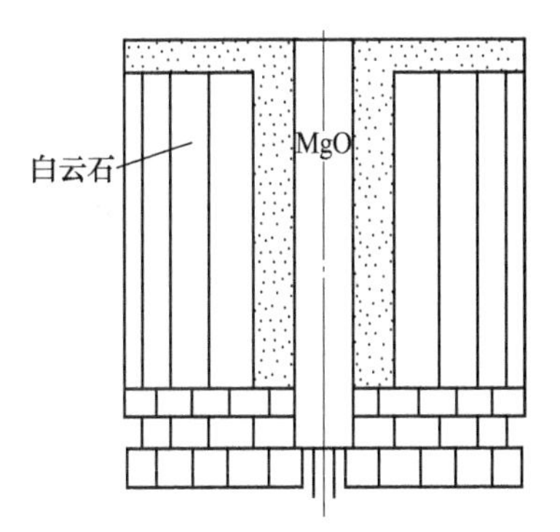

图 7-11 接触式 MHP 型透气塞

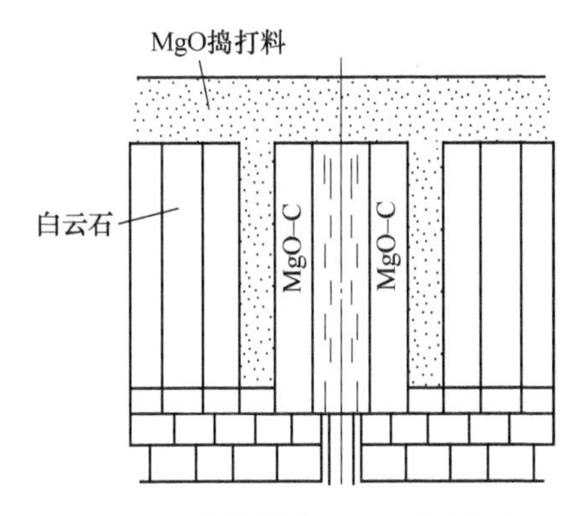

图 7-12 非接触式 MHP 型透气塞

图 7-13 为美国 Veitscher 公司研制的 VRS 型透气塞。图 7-14 为美国 Liquide 公司研制的 TLS 型透气塞。

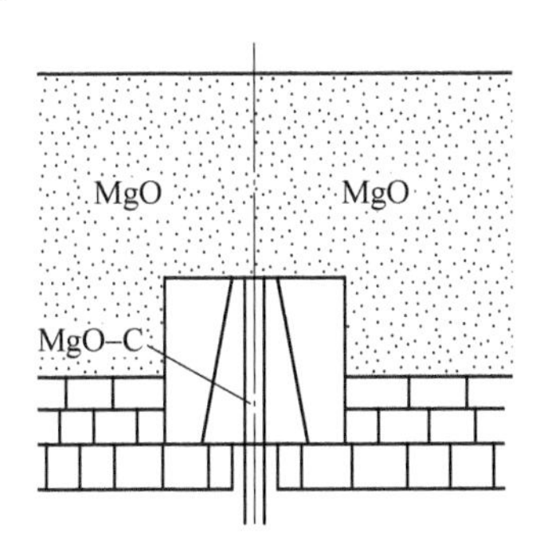

图 7-13 VRS 型透气塞

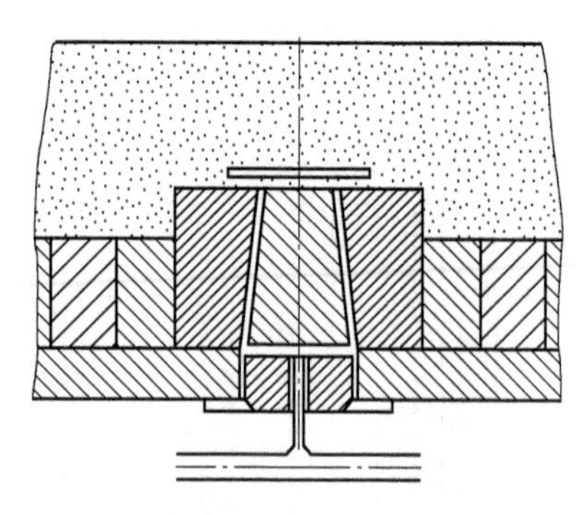

图 7-14　TLS 型透气塞

日本东京钢铁公司与川崎耐火材料公司联合开发的 EF-KOA 系统，结合了接触型搅拌系统搅拌能力强和非接触型搅拌系统使用寿命长的优点，如图 7-15 所示。

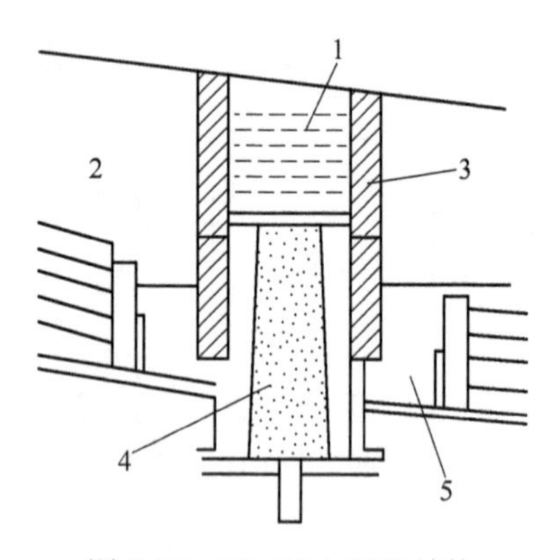

图 7-15　EF-KOA 系统结构

1—透气转捣打料；2— MgO 捣打料；3—砖套；4—MgO 塞；5—密封成型件

楯昌久对喷枪的研究结果表明，耐火砖内埋不锈钢管孔径为 $\phi 1.5$mm 比较适合底吹操作，其表观摩擦系数为 $\lambda = 0.027$，在常用气体压力为 3～6Pa 的范围内，其单管平均流量为：

$$Q(\mathrm{NL/min}) = 11.93p \times 0.725$$

式中，p 为气体入口压力，Pa。

不锈钢管通过压力箱与供气系统相连接。供气系统与砖体分开，两部分可独立工作。在气体入口端、中部位置及出口端分别设有热电偶，炉底设温度显示装置，以显示各部分温度、气体流动状态及供气系统破坏情况，适时更换底枪。

7.3.2.2　供气元件在炉底的布置

电弧炉类型和尺寸不同，其底吹装置和在炉底的布置也不同。意大利

Beltrame 厂是在三个低温区中的两个区各布置一个 DPP 装置，如图 7-16 所示。

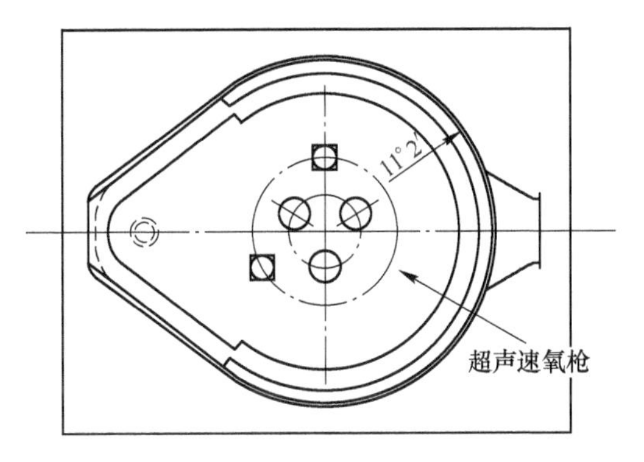

图 7-16 Beltrame 厂 140t EAF 中 DPP 安装位置

墨西哥 Deacero 厂在偏心底出钢电弧炉炉底中心和出钢口附近各装一个喷嘴。日本东京钢铁公司冈山厂在电极圆上的三个冷区各装一个喷嘴。美国阿姆科高级材料公司巴特勒厂在电极圆外侧、电极之间装了 3 个 DPP 装置。特别典型的是美国 Union Carbide 公司和 Slater 钢铁公司采用 3 个底吹元件，将它布置在电极间的炉膛直径 60%的圆周上，如图 7-17 所示。

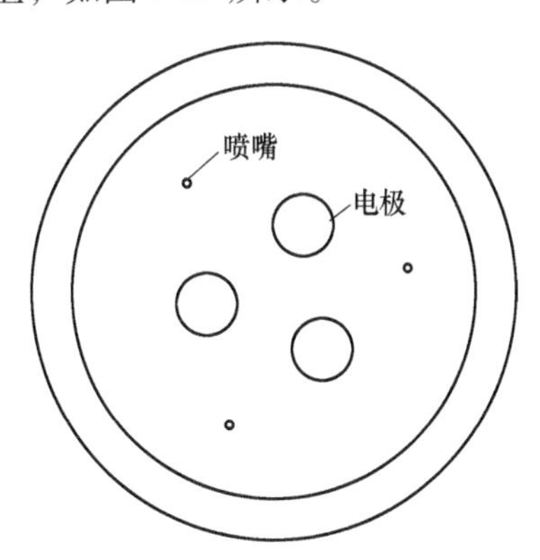

图 7-17 炉底烧嘴布置示意图

实验表明，这样布置具有加强低温区的钢液循环、大大提高废钢熔化速度、对电极操作和电弧干扰小等优点。图 7-18 所示为几种不同炉型电弧炉的炉底供气元件的布置方案。

对于底部供气系统的布置，X. D. Zhang[12] 等水模型实验表明，总气体流量不变的条件下，电弧炉底部三个喷嘴成正三角分布于电极圆上，比中央设置一个喷嘴具有较短的成分及温度均匀时间，得到较好的传热传质条件。

7.3.2.3 使用寿命

底吹装置的使用寿命取决于喷嘴的安装位置、透气砖类型以及不同炉子的操

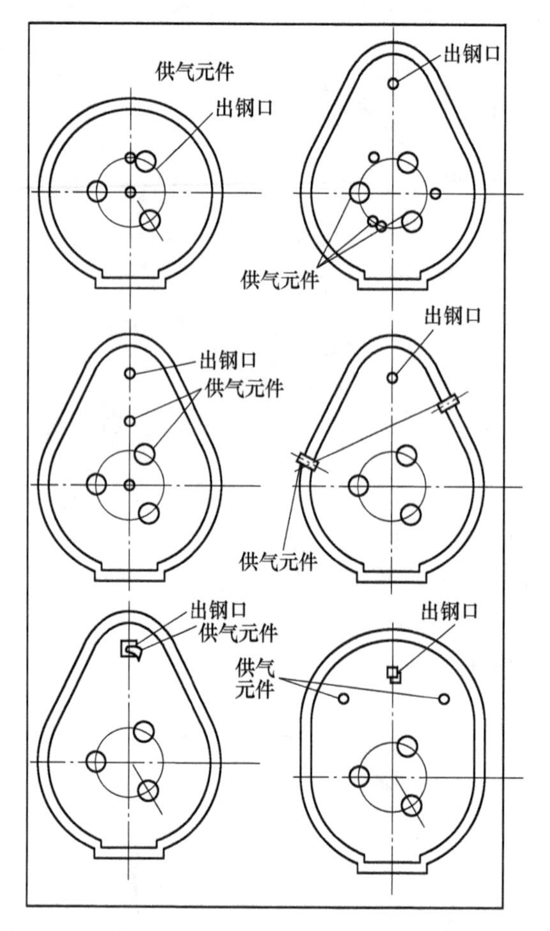

图 7-18　几种不同炉型电弧炉的炉底供气元件布置方案

作和控制情况。意大利 Beltrame 厂的电弧炉底吹使用 MgO-C 质细金属管多孔塞供气元件，寿命达 400 炉。墨西哥 Deacero 厂使用 MgO-C 质单管喷嘴，试用初期的侵蚀速度 0.5mm/炉，正常使用后已降到 0.2mm/炉，每星期用喷补料修补一次，每个炉段只更换一个喷嘴。日本东京钢公司冈山厂 140t 底吹电弧炉冶炼 1587 炉后，每个 EF-KOA 透气塞上方耐火材料的磨损量为 51~102mm，因此不需要专门修理，只要用天然镁砂进行常规的炉底热修补和冷修补或喷补就可以了。

7.3.2.4　底吹介质

电弧炉底部喷吹气体的种类可采用 Ar、N_2、天然气、CO_2、CO、O_2 和空气等。氩气是惰性气体，不与金属发生反应，搅拌能力强是理想的底吹气体，但成本较高。N_2成本低，搅拌效果好，但底吹N_2会引起钢液增［N］，可采用后期吹Ar等其他气体将其降低而获得合格产品。日本东京钢公司冈山厂在电炉冶炼中，采用连续吹氧操作，熔池中产生大量CO，故能有效地使钢液脱［N］，因而该厂采用底吹O_2。底吹O_2时，必须同时配备保护气体，防止供气元件严重烧损。底吹CO时，要注意管路与控制元件和设备的密封问题。经实验和生产证明，在电弧炉中底吹天然气时，钢液无增氢现象，同时对电极起到减少氧化的保护作用，是一种比较理想的气源。墨西哥Deacero厂45t偏心底出钢电弧炉采用底吹天然气，钢液无增氢现象，还为熔池提供了辅助能源。

7.4　炉气二次燃烧与余热利用技术

7.4.1　炉气二次燃烧技术

近年来，随着废钢价格的上涨，越来越多的电弧炉采用DRI、HBI、生铁块、铁水和碳化铁等高碳炉料代替部分废钢。另外，一些钢厂向炉内喷入碳粉以利用碳氧反应的化学热来降低电耗。这样，电弧炉内钢液碳含量较高，在冶炼过程中可产生CO含量较高的炉气。因此，为利用CO的化学潜热，电弧炉二次燃烧（简称PC）技术应运而生。

在电弧炉炼钢中，炉气能量的损失有两种形式[13]：（1）高温炉气带走的物理显热；（2）炉气可燃成分带走的化学能。电弧炉炼钢过程中，产生的大量含有较高CO（含量达到30%~40%，最高达60%）和一定量H_2及CH_4的炉气，其所携带的热量约为向电弧炉输入总能量的10%，有的高达20%，造成大量的能量浪费。废气中的物理显热很难被熔池吸收，一般作为废钢预热的热源或其他热源而利用。而可燃气体所携带的化学潜热若能使其在炉内通过化学反应释放出来就可以为熔池所吸收。实践表明，二次燃烧技术可显著提高生产率，缩短冶炼周期和节约电能。

二次燃烧技术就是通过控制氧枪向炉内喷吹氧气，使炉内CO气体进一步氧化生成CO_2气体并放出化学潜热，随后热量被废钢或熔池有效吸收。通常，此技术用于废钢熔化期，也可在泡沫渣中实现二次燃烧，泡沫渣会将吸收的热量传递给熔池。提高电弧炉内气体的二次燃烧率可促进燃烧产生的能量向炉料传递，起到降低电耗和缩短冶炼时间的效果。

电弧炉二次燃烧技术主要有两种：泡沫渣操作二次燃烧技术和自由空间二次燃烧技术。文献表明[14,15]：由于自由空间二次燃烧（炉气燃烧）技术是使氧与熔池上方的CO气体反应，二次燃烧产生的热量通过辐射和对流方式向渣层传递，然后由渣层向钢液传递，其传热效率为30% ~50%，故冶炼效果不很明显；而采用泡沫渣二次燃烧技术，由于二次燃烧产生的热量直接由炉渣向钢液中传递，其传热效率为炉气二次燃烧技术的2 ~3倍。对泡沫渣中的二次燃烧和自由空间的二次燃烧各方面进行比较，结果见表 7-3。

表 7-3　自由空间和泡沫渣二次燃烧的辐射与对流传热比较

项　目	自由空间二次燃烧	泡沫渣中二次燃烧
PC 氧气流量（标态）$/m^3 \cdot min^{-1}$	32.2	22.34
PC 产生净热能/MW	12.1	8.4
PC 传递到熔池热能/MW	3.4	5.9
对流热传递所占比例/%	1	85
辐射热传递所占比例/%	99	15
PC 热传递效率估计值/%	28.1	70.2
PC 热传递效率实测值/%	13.8	72
节能估计值（标态）$/kW \cdot h \cdot (m^3O_2)^{-1}$	1.75	4.4
节能实测值（标态）$/kW \cdot h \cdot (m^3O_2)^{-1}$	0.84	4.5
水冷炉壁、炉盖和尾气的热损失/MW	8.7	2.5
炉气温度升高值/℃	195	55

根据表 7-5 的数据可知，要提高炉气的二次燃烧率和得到较高的热效率，二次燃烧在泡沫渣中进行效果更好。Nucor 公司 60t 电弧炉应用美国 Praxair 公司二次燃烧技术取得了良好的效果[16]：喷吹 2.834m^3氧气，吨钢可节约电能 1.35kW · h，冶炼周期缩短 1~2min，吨钢总效益为 2.5 美元。

二次燃烧虽然是 20 世纪 90 年代的技术，但发展很快，美国、日本、德国、法国及意大利等国家均达到工业应用水平。德国 BCW 公司的大量试验得到，一般用于二次燃烧的氧量为 16.8m^3/t，该厂实际节电 62kW · h/t；若能将冶炼过程中来自吹氧和泡沫渣中产生的 CO 完全燃烧成 CO_2，可节电 80kW · h/t[17]。根据巴登钢厂 80t 交流电弧炉使用喷氧二次燃烧技术的经验，最多可降低电耗 30kW · h/t，氧-能转换系数比可达 3.5kW · h/m^3（标态），炉气中 CO 含量可减少 20%，可缩短供电时间 9%[18]。

国内二次燃烧技术也在迅速发展。例如，江苏淮钢与美国 Praxair 公司合作，引进电弧炉二次燃烧技术，其二次燃烧枪复合在电弧炉主氧枪（MORE 型）内与主氧枪同步进出，枪头区域的高浓度 CO 能及时、有效地与二次燃烧枪喷吹的氧气反应，提高了生产效率。

当前，二次燃烧技术的主要发展趋势为在不同冶炼时间控制空气和氧气的喷吹，首先尽可能喷射空气，然后仅在大量产生 CO 时喷入纯氧，以提高燃烧效率，促进熔化过程的安全、稳定。

7.4.2 余热回收利用技术

从电弧炉炉盖第4孔或第2孔排出的烟气温度高达1400~1600℃，烟气带走的热是相当可观的，占供给电炉总热能的15%~20%。为了节省电弧炉熔化废钢的电能，缩短电炉冶炼时间，提高产量，降低电极和耐火材料的消耗，如何高效回收烟气余热一直是电弧炉炼钢技术的研究热点。当前，主要有预热废钢和生产蒸汽等几种烟气余热回收利用方式。常见的废钢预热装置包括双炉壳电弧炉、竖式电弧炉和Consteel电弧炉等。

7.4.2.1 双炉壳型电弧炉

如图7-19所示，双炉壳型电弧炉是将一座正在工作中的电炉所排出的高温烟气直接引入另一座装有废钢的电炉，高温烟气和电炉二次燃烧装置对废钢进行预热，由于高温烟气在炉内与废钢直接接触，故节能显著，且冶炼时间紧凑。加热后的废钢平均温度约为600℃。

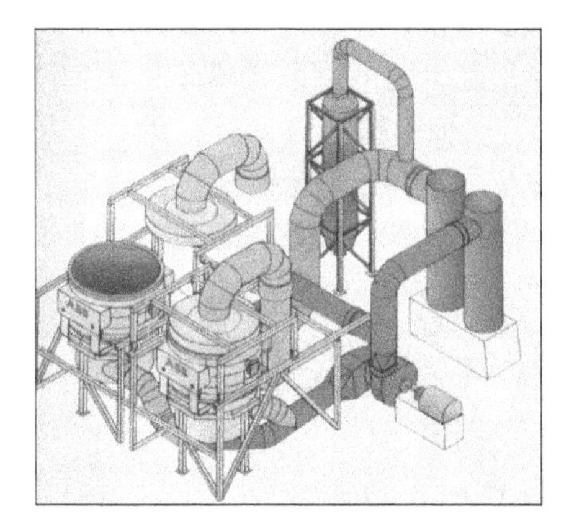

图7-19 双炉壳型电弧炉

双炉壳电弧炉的优点是可以在等待的炉壳中预热废钢。有两种方法可供使用：

（1）在一只炉壳通电熔炼的同时，能把其炽热的烟气通入第二只炉壳用来预热已装好的炉料。在这种情况下，每吨钢液可节省电能25~30kW·h，在不用任何燃烧器的情况下，每吨钢液的电耗将降至350~370kW·h/t。新日铁提供的双炉壳大都为这种形式。

（2）在炉壳上安装氧燃烧嘴或助燃氧枪来直接加热废钢。这种方法只在炉壳断电预热废钢时有效，当直流电弧炉送电时点燃烧嘴没有任何优势。当使用这种燃烧器时，与废钢组合在一起的各种原料所产生的挥发气体可完全烧掉，不会产生有害烟气。采用这种炉壳预热装置可缩小供电系统容量约 30%。双炉壳直流电弧炉预热废钢炉料如图 7-20 所示。

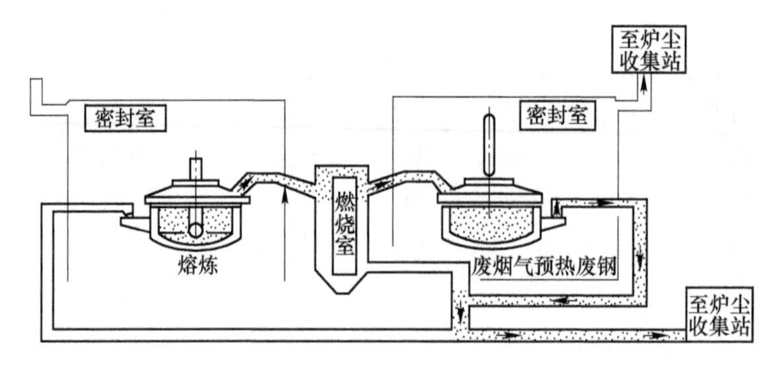

图 7-20　双炉壳直流电弧炉预热废钢炉料

7.4.2.2　竖式电弧炉

竖式电弧炉如图 7-21 所示。带有手指状的竖式炉将废钢托住，电炉冶炼时产生的高温烟气由竖式炉手指处的下部向上从废钢块缝隙穿过，同时竖炉配置了后燃烧烧嘴和鼓风机，使烟气中 CO 燃烧率保持最高，在电炉冶炼过程中，恒定高温烟气温度并保持废钢与废气的全过程接触，竖炉手指处的废钢温度可高达 1300～1400℃，加热后的废钢平均温度约达 800℃，使得电炉吨钢耗电量显著下降，节省电耗约 90kW · h/t。

图 7-21　竖式电弧炉

目前生产竖炉较多的是德国的福克斯公司（已与奥钢联合并）和卢森堡的保尔 · 沃特公司，其容量从 90t 到 170t。福克斯公司已有 18 套竖式电炉在世界各地运行。

竖式电弧炉的结构和应用场合多种多样：有用全部废钢为炉料的，也有用55%海绵铁的，也有用35%的热铁水的（如我国的安阳钢铁公司100t竖炉）；在竖炉结构上，有让废钢自然落下的，也有带托料机构的；在电炉结构上，有单炉壳的，也有双炉壳的；在炉体运动方式上，有竖炉旋开式，也有电炉炉体开出式；在供电方式上，有直流供电的，也有交流供电的。带水冷指篦的单炉壳竖式电弧炉如图7-22所示。

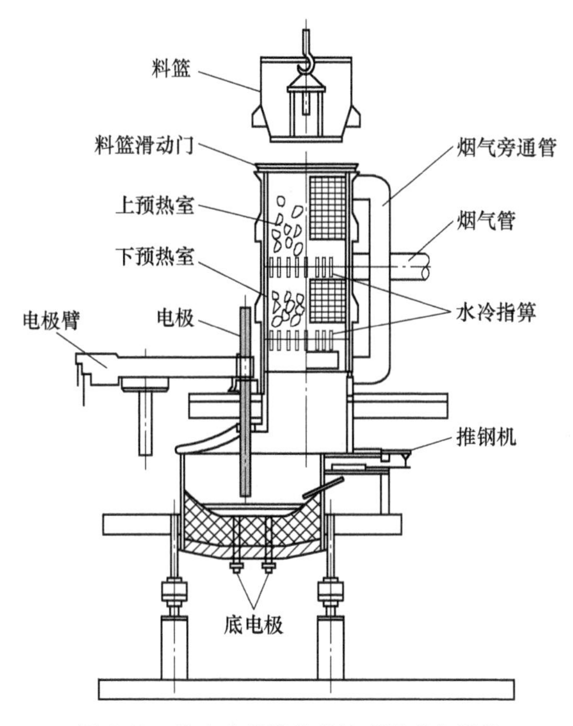

图7-22 带水冷指篦的单炉壳竖式电弧炉

竖炉结构的选择：由于采用废钢自然落下式竖炉结构，在精炼期，竖炉必须处于倒空状态，此阶段的热废气依然未能得到充分利用，而带托料机构的竖式电炉在整个冶炼周期废热均得以充分利用，就连向电炉内热装铁水时也能有效地进行预热。托料机构是水冷的。其工作过程是：在上一炉的精炼期加入下一炉的第一篮炉料之前托料机构必须处于关闭状态；当上一炉出钢操作完成之后，炉体开回至熔炼位置（或炉盖与安装在它上面的竖炉旋回到炉体上），打开托料机构，使预热的废钢落入炉膛，然后立即将第二篮废钢加入竖炉。采用这种办法可以使加料时间和能量损失减至最小。

竖炉除可以预热炉料外，还对电炉排出的气体有一定的过滤作用，与传统电炉相比粉尘量降低了25%，同时使金属收得率提高约2%。

但同时竖式电弧炉也存在一定的缺点：（1）它的高度比其他炉型高得多，

不可能在旧有的炼钢车间装设，一次性投资较大；（2）要考虑对环保造成的影响，竖炉中金属废料不可避免地带有油污等可燃性物质，这些可燃性物质与通过竖炉的热废气产生的不完全燃烧而生成的 CO 和 NO_x 等有害气体会污染环境。为了克服这一缺点，一是向电弧炉吹氧及可燃物质（碳粉、可燃气体或液体）以提高排入竖炉的废气温度。实践证明，当竖炉中的废料预热到 800℃以上，即可以使废钢中掺杂的非金属物质所产生的 CO 和 NO_x 等到排放量满足现行的环保要求；其次是设置符合要求的除尘净化设施，这就更增加了设备的一次性投资。

7.4.2.3　Consteel 电弧炉

Consteel 电弧炉如图 7-23 所示。Consteel 电弧炉主要是利用电炉排出的高温烟气和设在预热室上部的烧嘴（烧嘴只在第一炉废钢预热时采用），对堆放在运输振动槽上的废钢进行由上向下恒定的高温预热，预热后的废钢平均温度达 300~600℃，然后通过振动均匀地、连续不断地向电炉供给各种形状的废钢。

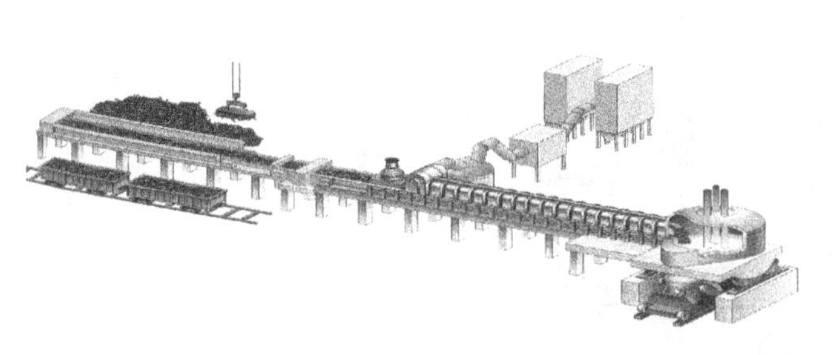

图 7-23　Consteel 电弧炉

电弧炉连续炼钢工艺的主要特征有：始终保持一定的留钢量（40%左右）用作熔化废钢的热启动；熔池温度保持在合适的范围内，以确保金属和熔渣间处于一恒定的平衡和持续的脱碳沸腾，使熔池内的温度和成分均匀；泡沫渣操作可连续、准确地控制，这对于操作过程的顺利进行非常重要；废钢传送机内废钢混合的密度、均匀性和均匀分布，对炉内熔池成分能否保持在规定的范围内及废气中可燃物质的均匀分布影响很大；炉内和预热段内废气量和压力的控制对废钢预热非常重要。

将废钢运输到炉子料场的加料区，由电磁吊把废钢吊到上大下小的梯形传送机上，通过预热段，进入一衔接小车（一可伸缩的输送设备，用于衔接预热段和炉子）并送入电弧炉内。预热装置的设计包括一用于控制排放 CO 的“炉后燃烧器”。设计的废钢预热温度为 600℃（国内实际使用预热温度在 300℃左右）。水平连续加料电弧炉系统废气出口温度为 900℃（无辅助烧嘴时），如为满足环保要求、须把废气温度提高到 1000~1100℃，也只需在预热段加设一小烧嘴即可。

废钢预热段的隔水密封装置的位置的安排特别重要。

水平连续加料电弧炉由于实现了废钢连续预热、连续加料、连续熔化，与传统的电弧炉比较，水平连续加料电弧炉连续炼钢工艺的主要优越性有：

(1) 节约投资和操作成本。该工艺降低了生产规模和投资比，车间布置更紧凑。与直流电弧炉相比，变压器容量可减少35%~40%，变压器利用率高达90%以上；而与双炉壳电弧炉相比，变压器容量可减少20%~30%。一般不需静止式动态补偿装置（SVC）。此外，不需设置串联电抗器和氧燃烧嘴。废气以低速逆向流过预热段，废气中大量的烟尘在预热段沉降，因此布袋除尘量仅为10kg/t，比传统电弧炉减少30%，且布袋的数量也可大大减少，布袋风机由3台减少到2台。对变电所、闪烁控制系统等要求均可大幅度降低。对于改造建设的情况，则用同样的变压器和除尘系统可大幅度提高生产率。

用连续预热了的废钢进行熔炼，电耗、电极消耗、耐火材料消耗等都可大大降低。电费至少降低10%~15%。

(2) 金属收得率提高。渣中FeO含量降低，使从废钢到钢水的金属收得率提高约2%。因为熔池始终处于脱碳沸腾的精炼阶段（废钢进入留在炉内的钢水时，熔池的温度为1580~1590℃），熔池搅拌强烈，使碳/氧的关系更接近平衡，所以渣中FeO含量低，一般为10%~15%。

在预热废钢的过程中，烟气流速很低，烟气中的大量粉尘沉降（过滤）下来，重新进入炉内进行冶炼，从而提高了1%~2%的废钢铁料回收率。

(3) 钢中气体含量低。因为原料进入熔池时，经预热段后其中的碳氢化合物已被完全燃烧，且一般不用氧燃烧嘴和天然气预热烧嘴，所以杜绝了氢的来源。而在整个熔炼中，熔池始终处于脱碳沸腾的精炼阶段，熔池搅拌强烈，且采用泡沫渣深埋电弧操作，减少了进入炉内的气体量及气体进入熔池的可能性。因此，可使钢中的[N]和[H]的含量保持在很低的水平。此外，钢水连续的脱碳沸腾，也保证了良好的脱硫和脱磷效果。

(4) 对原料的适应性强。水平连续加料系统可以使用废钢、生铁、冷态或热装直接还原铁矿（DRI）和热球团矿（HBI）、铁水和Corex海绵铁。其中，铁水加入量可达20%~60%，也是连续地加入炉内的。

(5) 废气的处理简便。因有一段较长的预热段，确保了废气在靠近电弧炉的2/3长度的预热段进行充分反应，可方便地实现对释放的废气中的CO、VOC和NO_x进行严格地自动控制。因环保要求需提高废气温度时，也只需在预热段加一小烧嘴以提高废气温度，不像其他电弧炉那样需特设一专用的庞大的炉后处理系统。

当前Consteel电弧炉主要存在以下问题：

(1) 废钢预热温度低。多年来，电炉钢的专家们致力于废钢预热装置的研究，于是就产生了预热废钢炉料的多种方式和方法。从回收能量的多少（即废钢预热温度高低）来排队，从差到优的顺序应该是：水平通道预热电炉（Consteel）、竖炉预热（Fuchs）及带燃烧器的竖炉废钢预热。水平通道连续加料电弧炉的高温烟气单纯地从废钢炉料的上方通过，没有采用其他辅助措施，主要靠辐射将热量传给废钢并将废钢预热，较其他烟气穿过废钢料柱直接进行热交换的废钢预热方式，如竖炉式电弧炉的废钢预热效果差得多。虽然其发明者认为水平连续加料工艺可将废钢预热至600℃左右，设备供应商也宣传可将废钢预热到400~600℃，而生产实践表明，经预热后的废钢温度上下不均（上高下低），距表面600~700mm处的废钢温度低于100℃，其节能效果仅为25%，基本与理论计算值相符。我国引进的多台Consteel电炉厂家普遍反映废钢预热效果不好，达不到供应商所宣传的指标，而一般只在200~300℃，特别是对配加生铁炉料的电弧炉，生铁被预热的温度会更低。

（2）预热通道漏风量大。Consteel电弧炉废钢预热装置的主要漏风点有：电炉与废钢预热通道的衔接处（此处是必不可少的）；预热通道水冷料槽与小车水冷料槽的叠加处；上料废钢运输机与预热通道之间的所谓动态密封装置处。动态密封装置设计思路是好的，但要准确控制则比较困难，较多单位的动态密封起不到应起的作用反而成为最大的野风进入点。对于出钢量65~70t的Consteel电炉，供应商给出的烟气量（标态）为（7.8~12）$\times10^4m^3/h$。按说10万烟气量是没问题的，但却有不少厂家反映除尘抽风量偏小，除尘效果不好。产生过多抽风量的主要原因是系统漏风量大造成的，这不仅造成除尘效果不好，而且经常堵塞烟道，烟气余热的再次回收也会遇到困难。如某钢厂65t Consteel电炉，原设计烟气量为$10\times10^4m^3/h$，再次用于余热回收的余热锅炉实际平均蒸发量为17t/h（设计蒸发量为30t/h），因动态密封装置长期没有起到应有的作用，漏风量非常大，烟道堵塞，除尘效果差，因此进行了改造，将抽风量定为（20~23）$\times10^4m^3/h$，风机电机也由800kW更换为1400kW。这样改造后，仅抽风电机一项年增加运行费用200多万元，余热锅炉的蒸发量也降到3t/h左右。

（3）平面占地面积大。众所周知，Consteel电弧炉的废钢预热通道加上废钢上料运输机的长度一般达到50~60m，它的高度虽不太高但其长度太长，占地面积大。在旧有的炼钢车间厂房内安装也非常困难，一次性投资较大，65~70t/h电炉及其附属设施投资近亿元人民币。

（4）料跨吊车作业率非常高。料跨吊车需至少二台的双吸盘电磁吊车给废钢运输机上料，吊车作业率相当高，这不但要求吊车司机要有熟练的操作技能，而且经常会因上料问题影响电炉生产。

电弧炉炼钢期间产生的高温烟气中含有大量的显能和化学能，随电弧炉用氧不断强化，产生大量高温烟气使热损失增加，吨钢废气带走热量超过150kW · h/t。

这是电弧炉冶炼过程中最大的一部分能量损失，充分回收这部分能量来预热废钢铁料可以大幅度地降低电能消耗。理论上废钢预热温度每增加 100℃，可节约电能 20kW · h/t。若考虑到能量的有效利用率，一般来讲，废钢预热温度每增加100℃可节约电能 15kW · h/t 左右。因此，利用烟气所携带的热量来预热废钢原料是电炉钢节能降耗的重要措施之一。

(5) 炉体连续加料槽的寿命与堵塞。连续加料和炉体连接小车送料槽虽然是水冷构件，但是寿命较短。要延长使用寿命，要从选材、结构和工艺上进行综合考虑。

水平连续加料，尽量不要采用在连续加料通道加入石灰等造渣炉料，而应采用在炉盖上单独开口进行加料，以防止因石灰结集在送料槽的头部，造成炉料在入口处的堆积，而不得不停炉处理。停炉处理炉料的堆积，需要打开与炉体衔接处的密封通道，是一件很困难的事情。

(6) 对环境的污染尚待解决。金属废料不可避免地带有油污等可燃性物质，这些可燃性物质与通过预热通道的热废气产生的不完全燃烧而生成的 CO 和 NO_x 等有害气体会污染环境。此外，预热废钢在 200~800℃时会产生二噁英，这也是需要解决的。

7.4.2.4　电弧炉炼钢余热回收生产蒸汽

中国钢铁企业面临更大的节能减排压力，如何利用电炉烟气余热成为电炉技术研究的热点。电弧炉炼钢产生的热烟气中至少可回收利用从 1250℃ 至 600℃ 这一区间的烟气余热。一座产钢量为 200t/h 的电弧炉（平均有功功率为 140MW），利用烟气余热转换的蒸汽量可达到 40t/h（相当于 31MWh 热能）。

如图 7-24 所示，电弧炉炼钢烟气余热回收系统主要由第四孔移动烟道、高温烟道、燃烧沉降室、余热换热系统、除尘器、风机、吹灰系统、软水站、电气系统、仪表及自动化系统等组成。烟气余热回收系统的主要目的是在保证电弧炉烟气除尘效果的同时，充分回收利用烟气余热，产生饱和蒸汽，供给真空精炼炉生产或作为热源外供使用和最大化的回收电弧炉余能。

其主要工艺流程为：通过第四孔将 1200℃左右高温烟气从电弧炉吸出，经烟道进入燃烧沉降室，CO 等可燃物进行二次燃烧，大颗粒沉降后，高温烟气进入余热系统，充分发挥锅炉降温作用，使除尘器入口温度控制在 150~180℃ 范围内，高于 180℃时，调节野风阀，烟气经过除尘器净化，由风机排入大气。经过换热，软水被加热到 200℃左右，产生饱和蒸汽，供炼钢 VD 炉生产用汽。

与一座 150t 的 BOF 产生蒸汽 12~14t/炉次（压力 25×10^5Pa）相比，一座150t 的 EAF 可产生蒸汽约 25t/炉次（压力 25×10^5Pa），且产生的蒸汽是饱和蒸汽。电弧炉炼钢烟气余热回收饱和蒸汽产生与贮存流程如图 7-25 所示。

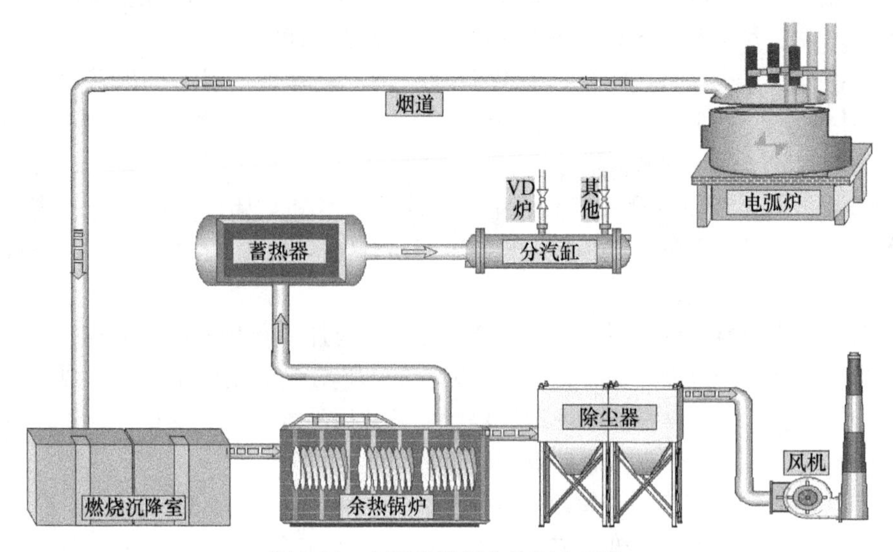

图 7-24　电弧炉炼钢余热回收系统

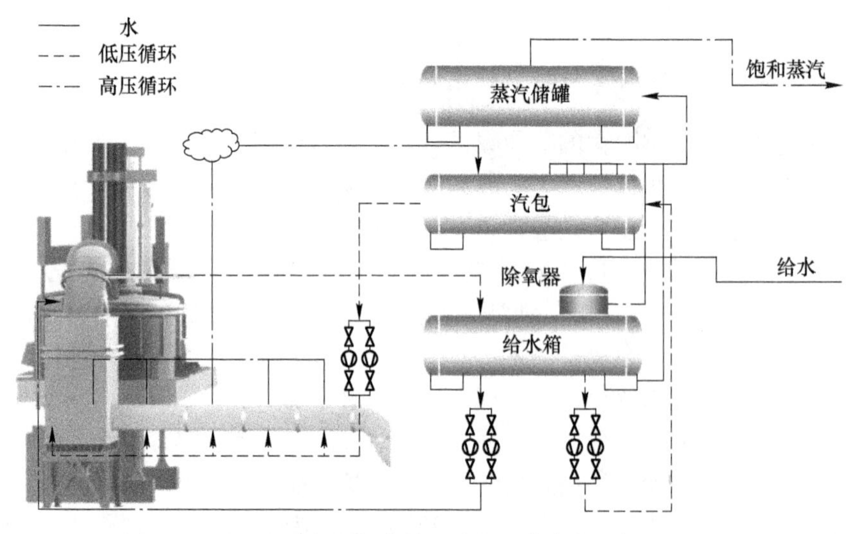

图 7-25　电弧炉炼钢烟气余热回收饱和蒸汽产生与贮存流程

目前电炉余热锅炉技术主要有热管式余热锅炉、汽化冷却余热锅炉、废热锅炉等。

（1）热管余热锅炉。热管是一种高效传热元件。单根热管由管壳、吸液芯和端盖组成。热管内部被抽成高真空状态，充入适当的液体，这种液体沸点低，容易蒸发。管壁有吸液芯，其由毛细多孔材料构成。热管一段为蒸发端，另外一段为冷凝端，当热管一段受热时，毛细管中的液体迅速蒸发，蒸汽在微小的压力差下流向另外一端，并且释放出热量，重新凝结成液体，液体再沿多孔材料靠毛细力的作用流回蒸发段，如此循环不止，热量由热管一端传至另外一端。热管余热锅炉对外界环境要求较高，还有诸多问题需要研究解决，如常用热管可利用烟气温度不超过800℃、产生蒸汽压力受到限制、长期工作的可靠性等。

（2）汽化冷却余热锅炉。电炉汽化冷却余热锅炉技术是在原水冷烟道冷却系统基础上把水冷却改为汽化冷却，类似转炉蒸汽回收技术，主要通过辐射换热回收余热，采用此冷却技术不会影响电炉正常冶炼操作。此项技术存在不能全部回收烟气余热，不能保证回收利用后排出烟气温度低于300℃。

（3）常规余热锅炉。电炉烟气余热回收采用常规余热锅炉技术主要通过对流换热回收余热，其将电炉高温烟气通过保温烟道直接送到余热锅炉产生蒸汽，在国内部分钢厂已有应用，效果良好。

电炉炼钢的主要成本来自能源消耗。由于炼钢生产过程中的能耗高且浪费大（热烟气等带走的热量约占总能量的32%），因此，回收炼钢过程中的烟气余热十分重要。

参考文献

[1] 高宪文，等．超高功率电弧炉炼钢过程自动化的现状与展望［J］．冶金自动化，1997，9（5）：1.

[2] Billings S A，Nicholson H. Temperature-weighting adaptive controllers for electric arc furnace［J］. Ironmaking and Steelmaking，1977，4（4）：216~221.

[3] 王顺晃，张俊杰．全国炼钢连铸自动化研讨会论文集［M］．北京：冶金工业出版社，1994：117~123.

[4] 姜茂发，李连福．电弧炉底吹搅拌技术开发的现状［J］．钢铁研究，1994，9（5）：46.

[5] 赵小浚．国外电弧炉底吹技术的发展［J］．钢管，1995（5）：12.

[6] 徐建华．底吹炼钢技术在竖式电弧炉上的运用［J］．江苏冶金，1999（3）：25.

[7] 李士琦，等．现代电弧炉炼钢［M］．北京：原子能出版社，1995：173.

[8] 徐成章．日本特殊钢主要三钢种技术动向［J］．国际冶金动态，1991（9）：17.

[9] 曾新光. 电弧炉底吹氩气搅拌工艺［J］．特殊钢，2000（3）：50~52.

[10] 寺田修，等．NKK技报，1990，130：24.

[11] 李连福，姜茂发．电弧炉底吹搅拌新技术［J］．炼钢，1994，6（3）：55.

[12] Zhang X D，Fruehan R J. Electric Furnace Conference Proceedings，1991：383

[13] 程常桂. 二次燃烧技术在电弧炉中的应用［J］．炼钢，1996（3）：58~62.

[14] 孙彦辉，朱荣，等，电炉二次燃烧的工业试验，［C］// 第十届全国炼钢学术会议论文集，1998.

[15] Sarma B，Mathur P C，Selines R J. Heat Transfer Rates and Mechanisms in EAF Post-Combus-

tion, 1997: 41~49.

[16] G D, M P. Recent Developments in Post-Combustion Technology at Nucor Plymouth [J]. Iron and Steelmaker, 1995: 29~32.

[17] Jeremy A. Post-combustion——A Practical & Technical Evaluation, in Electric Furnace Conference Proceedings. 1995: 199.

[18] 周祖德. 德国巴登公司的电炉用氧技术 [J]. 甘肃冶金, 1997, 68 (2): 13~19.

8 电弧炉炼钢供氧与供电优化及智能控制

本章重点介绍了电弧炉炼钢供氧与供电的关系及智能控制方法，结合能量输入分段及模块化控制技术建立电弧炉终点控制模型及在线成本控制模型。

8.1 电弧炉炼钢过程的热化学计量模型

本章旨在根据系统分析理论，在质量守恒、能量守恒和电弧炉炼钢工艺的基础上，建立现代电弧炉炼钢的热化学计量模型。

8.1.1 建模依据与系统分析

8.1.1.1 建模依据

A 质量守恒

质量守恒定理是自然科学中重要的定理之一，这是电弧炉炼钢物料衡算的基础。把电弧炉看成一个系统，在冶炼过程中，物质的质量是不变的，输入的物质量等于输出的物质量。在物料衡算中，以铁元素为例，它以废钢或者生铁的形式输入，输出中以钢水中的铁含量和炉渣、炉尘中的铁烧损量表现出来，二者是必然相等的。

B 能量守恒

能量守恒定理是自然科学中关于物质运动的普遍定理之一。其可表述为：物质的任何一种运动形式，如机械、热、光、电、磁、化学等，在一定条件下，都能够而且必然地以直接或间接的方式转化为其他的任何运动形式，在转化前后，作为物质运动度量的能量恒保持不变。在电弧炉炼钢过程中，能量守恒的表现形式就是热平衡计算，热平衡的过程研究往往简化为能量收入等于能量支出这样的简化形式。

8.1.1.2 电弧炉炼钢过程分析

电弧炉炼钢的主要原料是废钢、生铁（铁水）、直接还原铁以及各种合金材料，装入炉内原料的性质及其数量应根据熔炼钢种及其化学成分而定。

传统电弧炉内的整个炼钢过程一般分为三个时期，即固体炉料熔化期、氧化期和还原期。为了提高生产效率，现代电弧炉炼钢开始朝着“单元化操作”方向发展，即将原来由单个电弧炉完成的冶炼任务，分为若干个功能单元、由几个冶炼炉分别来完成。现代电弧炉炼钢已经从过去包括熔化、氧化、还原精炼、温度和成分控制以及质量控制的炼钢设备，变成仅保留熔化、升温和必要的精炼功能（脱碳、脱磷）的熔化器，而把那些只需要较低电弧功率的工艺操作转移到钢包精炼炉内进行。

熔化期的任务就是将固体炉料熔成钢液，在此期间内，还进行铁、碳、硅、锰、磷等的氧化和钢液吸收氢和氮气，多数元素经氧化后形成炉渣。电弧燃着并稳定燃烧之后，电极底下的金属即开始熔化，熔化的金属流入炉底形成钢液，然后往炉内加入石灰，进行造渣，炉渣能去掉钢中的杂质，并能防止钢液冷却、钢液被气体所饱和和被电极增碳。熔化期的长短，很大程度上取决于输入炉内的电功率、炉料质量及其在炉膛内的装料情况。氧化期的任务是从钢液中除去溶于其中的大量气体和非金属夹杂物，使钢液的温度和成分均匀，将磷除至规定的限度下等，这些任务的完成，主要是通过脱碳反应所造成的钢液沸腾。生成的一氧化碳气泡由钢液中逸出，当气泡经过钢液层时，它吸收溶于钢液中的其他气体，并将它们自钢液中除去。钢液中的磷通过炉渣去除。

电弧炉炼钢过程是高温、多相的冶金过程，在建立描述过程的工艺模型时，首先要确定系统模型中应包含的变量。运用系统工程的思想，将系统从环境中分离出来，看作“黑箱”（指系统的输入和输出都是可以观测的，但系统的内部结构不知道或不可知）来研究其外部特性。其影响的因素包括输入参数、输出参数、设备参数和工艺参数四大类。冶炼生产计划、指标一定时，对一个具体的电弧炉炼钢，其设备参数是相对稳定的，在这里暂不研究。从另一个角度看，电弧炉炼钢生产过程变量又可以分为两大类：一是物料指标变量，二是能量指标变量。这两大类变量决定了最终输出变量。若要获得优质的钢水，满意的钢水温度、高的生产率就需要对电弧炉炼钢冶炼过程中这两大类变量进行控制和优化。

8.1.1.3　模型的结构

电弧炉炼钢过程是高温、多相、快速的冶金过程，建立合理的模型是实现计算机操作的基础。另外，使用模型来分析运行和指导操作也可以减少企业生产的盲目性。

A　冶金模型

冶金模型本质上是电弧炉炼钢过程的物料平衡计算，是建立在物质守恒的基础上的。其主要目的是比较整个冶炼过程中物料的收入项和支出项，以改进操作工艺制度、确定合理的设计参数和提高炼钢技术经济指标提供某些定量依据。应当指出，由于炼钢是复杂的高温物理化学过程，加上测试手段有限，目前还难以做到精确取值和计算。尽管如此，它对指导炼钢生产仍有重要的意义。

基于模型通用性的考虑，本冶金模型与以往的电弧炉炼钢物料平衡不同，没有将各物料作为一个整体考虑进行物料平衡计算，而是采用对每一种物料进行单独的衡算，并得出相应的计算结果。这样，模型输出为各单项物料的平衡值，当电弧炉炼钢工艺条件发生变化时，只要调整相应的比例系数就可计算出电弧炉炼钢过程的物料平衡。

B 热模型

热力学第一定律——能量守恒与转化定律，即向系统输入的能量等于从系统输出的能量加上系统中存贮起来的能量，它是计算热模型，即电弧炉炼钢能量平衡的基础。对于电弧炉炼钢过程而言，一般把从高压开关、变压器、短网直到整个炉子看作一个系统。能量平衡的过程研究往往简化为能量收入等于能量支出这样的热力学第一定律的简化形式。其中，能量收入为一切进入系统的物理热、电能与氧化反应放热等；能量支出为渣钢的物理热、热损失与电损失等。要正确地进行能量平衡计算，首先要做好物料平衡计算，物料计算是能量计算的基础。

电弧炉炼钢工艺过程所涉及的变量非常多，为了建立工艺模型首先需进行系统分析，本节中研究的变量和参数分为三类：工艺变量、输入变量或参数（分为物料输入变量和能量输入参数）和输出变量或参数（分为物料输出变量和能量输出参数）。

将电弧炉炼钢生产过程的各物料变量分为三大类，即输入变量、输出变量和工艺变量。其冶金模型的系统分析如图 8-1 所示，该模型共有 80 个变量。

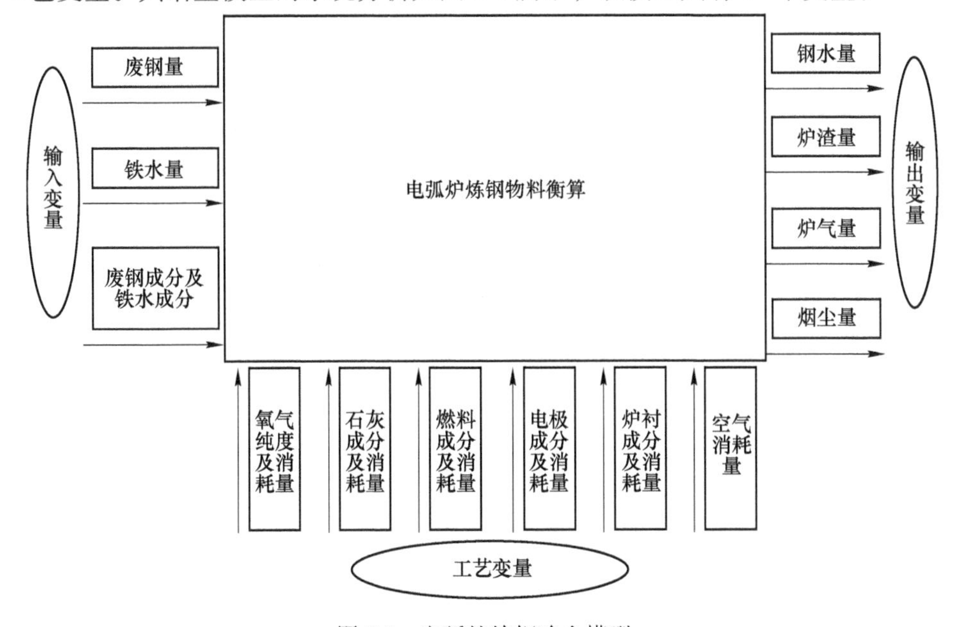

图 8-1 电弧炉炼钢冶金模型

将电弧炉炼钢生产过程的各能量参数分为三大类，即输入参数、输出参数和工艺参数。其热模型的系统分析如图 8-2 所示，该模型共有 49 个变量。

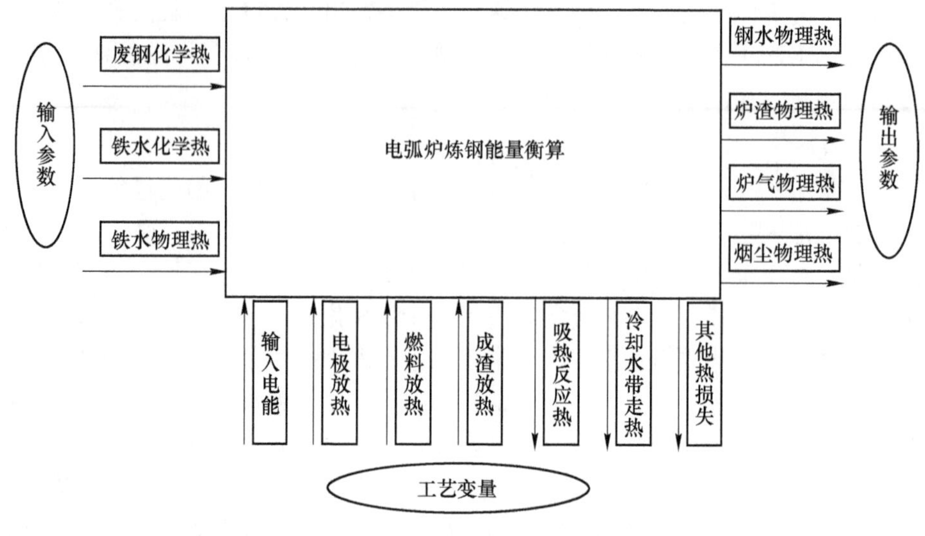

图 8-2　电弧炉炼钢热模型

8.1.2　热化学计量模型

根据系统分析理论，建立描述现代电弧炉炼钢过程物料衡算和能量衡算的热化学计量模型，模型的计算过程如下。该模型中，共有变量 129 个，代数式近 500 个。其中表 8-1 ~ 表 8-7 为热化学计量模型的参数表。在此基础上，使用 Excel 电子数据表建立电弧炉炼钢热化学计量模型。

表 8-1　物料表

序　　号	符　　号	含　　义
1	A	废钢
2	B	铁水
3	D	石灰
4	E	电极
5	F	碳粉
6	H	炉顶
7	I	炉衬
8	ST	钢水

表 8-2 物料输入变量表

序 号	符 号	含 义
1	Rat_i	i 种含铁原料的配比
2	a_{iA}	废钢中 i 元素的百分含量
3	GT_i	i 种含铁原料的总量，kg
4	G_{SC}	生成每吨钢水所需要的废钢量，kg
5	G_{IR}	生成每吨钢水所需要的铁水量，kg

表 8-3 物料输出变量表

序 号	符 号	含 义
1	L_{iA}	钢水中剩余的铁元素量，kg
2	$[i]_{STA}$	由废钢生成的钢液中 i 元素的百分含量
3	G_{STA}	由废钢所生成的钢水量，kg
4	G_{jA}	由废钢中的元素氧化生成的 j 物质的量，kg
5	G_{CaSA}	由废钢中的硫和 CaO 反应生成的 CaS 量，kg
6	G_{CaOGA}	由废钢中的硫和 CaO 反应消耗的 CaO 量，kg
7	G_{FeOA}	由废钢中的铁氧化生成 FeO 进入渣中的量，kg
8	$G_{Fe_2O_3A}$	由废钢中的铁氧化生成 Fe_2O_3 进入渣中的量，kg
9	GO_{FeA}	废钢中烧损的铁量，kg
10	O_{iA}	由废钢生成的钢液中 i 元素的氧化量，kg
11	O_{SA}	由废钢生成的钢液中硫的脱除量，kg
12	OE_{tolA}	由废钢生成的钢液中总共去除的元素量，kg
13	G_{stA}	由废钢生成的钢水量，kg
14	$G_{g\,jA}$	废钢生成钢水炉气中 j 物质的量，kg
15	G_{gtolA}	废钢生成钢水炉气的总量，kg
16	$G_{SL\,jA}$	废钢生成钢水渣中 j 物质的含量，kg
17	G_{SLtolA}	废钢生成钢水总共产生的渣量，kg

续表 8-3

序　号	符　号	含　义
18	$G_{gFe_2O_3A}$	废钢生成钢水产生的烟尘量，kg
19	G_{jF}	炉气中的 j 物质生成量，kg
20	G_{H_2OF}	碳粉带入的水量，kg
21	G_{VOLF}	碳粉带入的挥发分量，kg
22	G_{jF}	碳粉带入的 j 物质的量，kg
23	$G_{SL\,jF}$	因加入碳粉而生成的炉渣中 j 物质的量，kg
24	G_{SLtolF}	因加入碳粉而生成的总炉渣量，kg
25	G_{LjF}	因碳粉而加入的石灰中带入的 j 物质的量，kg
26	G_{LO_2F}	因碳粉而加入的石灰中生成的氧气量，kg
27	G_{N_2F}	因碳粉而带入的 N_2 量，kg
28	G_{gjF}	因加入碳粉而生成的炉气中 j 物质的量，kg
29	G_{gVOLF}	因加入碳粉而生成的炉气中挥发分量，kg
30	G_{gtolF}	因加入碳粉而生成的总炉气量，kg
31	G_{jI}	炉衬带入的 j 物质量，kg
32	$G_{SL\,jI}$	因炉衬消耗而形成的渣中 j 物质量，kg
33	G_{SLtolI}	因炉衬消耗而形成的炉渣总量，kg
34	G_{gtolI}	因炉衬消耗而形成的炉气总量，kg
35	G_{ST}	生成的钢水量，kg
36	G_g	每吨含铁原料生成钢水产生的炉气总量，kg
37	$G_{gFe_2O_3}$	每吨含铁原料生成钢水产生的烟尘总量，kg
38	G_g	每吨含铁原料生成钢水产生的炉气总量，kg
39	G_{SL}	每吨含铁原料生成钢水产生的炉渣总量，kg
40	G_{STg}	生成每吨钢水产生的炉气总量，kg
41	$G_{STgFe_2O_3}$	生成每吨钢水产生的烟尘总量，kg
42	G_{STSL}	生成每吨钢水产生的炉渣总量，kg

表 8-4 工艺变量表

序 号	符 号	含 义
1	Irb	铁的烧损率,%
2	BUC	碳的二次燃烧率
3	$(O)_{\mathrm{C1A}}$	碳氧化生成 CO 耗氧量, kg
4	$(O)_{\mathrm{C2A}}$	碳氧化生成 CO_2耗氧量, kg
5	$(O)_{i\mathrm{A}}$	i元素氧化耗氧量, kg
6	$(O)_{\mathrm{FeOA}}$	铁进入渣中生成 FeO 耗氧量, kg
7	$(O)_{\mathrm{Fe_2SlA}}$	铁进入渣中生成 Fe_2O_3耗氧量, kg
8	$(O)_{\mathrm{Fe_2gA}}$	铁被氧化成 Fe_2O_3生成烟尘耗氧量, kg
9	$(O)_{\mathrm{tolA}}$	总耗氧量, kg
10	$(O)_{\mathrm{SA}}$	废钢中 S 还原 CaO 供氧, kg
11	$(O)_{\mathrm{SD}}$	石灰中 S 还原 CaO 供氧, kg
12	L_{wA}	由废钢冶炼成钢水所需加入的石灰量, kg
13	$(\%SD)$	石灰中 S 的百分含量
14	G_{limeA}	由废钢生成钢水需要加入的石灰量, kg
15	G_{LkA}	由废钢生成钢水需加入的石灰中 k 物质量, kg
16	G_{LCaOGA}	废钢生成钢水加入的石灰与 S 反应消耗的 CaO 量, kg
17	R_{puo}	氧气的纯度,%
18	R_{oxg}	所需氧量中由氧气提供的百分率,%
19	G_{oxA}	废钢生成钢水需要的氧中由氧气提供的氧量, kg
20	G_{airA}	废钢生成钢水需要的氧中由空气提供的氧量, kg
21	$GO_{j\mathrm{F}}$	生成j物质消耗的碳粉, kg
22	$(O)_{j\mathrm{F}}$	碳粉生成j物质消耗的氧气量, kg
23	G_{limeF}	因加入碳粉需要调整碱度而加入的石灰量, kg
24	G_{oxtolF}	因加入碳粉而需要的总氧气量, kg
25	G_{limeI}	因炉衬消耗调整碱度需加入的石灰量, kg

续表 8-4

序　号	符　号	含　义
26	G_{OX}	每吨含铁原料消耗的氧气总量，kg
27	G_{air}	每吨含铁原料卷吸的空气总量，kg
28	G_{lime}	每吨含铁原料生成钢水需加入的石灰总量，kg
29	G_{STOX}	生成每吨钢水消耗的氧气总量，kg
30	G_{STair}	生成每吨钢水卷吸的空气总量，kg
31	G_{STlime}	生成每吨钢水需要加入的石灰总量，kg
32	G_{RE}	每吨含铁原料冶炼成钢水需消耗的电极量，kg
33	G_{RF}	每吨含铁原料冶炼成钢水需消耗的碳粉量，kg

表 8-5　能量输入参数表

序　号	符　号	含　义
1	Q_{COA}	每吨废钢中碳元素氧化生成 CO 放出热量，kW · h
2	Q_{CO_2A}	每吨废钢中碳元素氧化生成 CO_2放出热量，kW · h
3	Q_{SiO_2A}	每吨废钢中硅元素氧化生成 SiO_2放出热量，kW · h
4	Q_{MnOA}	每吨废钢中锰元素氧化生成 MnO 放出热量，kW · h
5	$Q_{P_2O_5A}$	每吨废钢中磷元素氧化生成 P_2O_5放出热量，kW · h
6	Q_{FeOA}	每吨废钢中铁元素氧化生成 FeO 放出热量，kW · h
7	$Q_{Fe_2O_3A}$	每吨废钢中铁元素氧化生成 Fe_2O_3放出热量，kW · h
8	Q_A	每吨废钢中元素氧化后放出的总热量，kW · h
9	Q_{PHB}	每吨铁水带入的物理热，kW · h
10	T_{meltB}	铁水的熔点，℃
11	C_{SB}	生铁块的比热容，kJ/(kg · ℃)
12	C_{LB}	铁水的比热容，kJ/(kg · ℃)
13	T_{IR}	铁水的温度，℃
14	Q_B	每吨铁水氧化后放出的总热量，kW · h
15	Q_{In1}	生成 1t 钢水物料放出的物理热及化学热，kW · h

续表 8-5

序号	符号	含义
16	Q_{In21}	生成 1t 钢水产生的 SiO_2 成渣后放出的热量，kW · h
17	Q_{In22}	生成 1t 钢水产生的 P_2O_5 成渣后放出的热量，kW · h
18	E_{el}	生成 1t 钢水需要输入的电能，kW · h

表 8-6 能量工艺参数表

序号	符号	含义
1	Q_{COF}	每吨碳粉中碳元素氧化生成 CO 放出热量，kW · h
2	Q_{CO_2F}	每吨碳粉中碳元素氧化生成 CO_2 放出热量，kW · h
3	Q_F	每吨碳粉氧化放出的总热量，kW · h
4	Q_{COE}	每吨电极中碳元素氧化生成 CO 放出热量，kW · h
5	Q_{CO_2E}	每吨电极中碳元素氧化生成 CO_2 放出热量，kW · h
6	Q_E	每吨电极氧化放出的总热量，kW · h
7	Q_{W1}	炉壁冷却水带走热量，kW · h
8	Q_{W2}	炉盖冷却水带走热量，kW · h
9	t	冷却水工作时间，min
10	V_{W1}	炉壁冷却水流量，m^3/h
11	V_{W2}	炉盖冷却水流量，m^3/h
12	C_{WAT}	水的比热容，kJ/(kg · ℃)
13	T_{OutW}	冷却水出水温度,℃
14	T_{InW}	冷却水进水温度,℃
15	Q_{Out13}	生成 1t 钢水石灰烧碱吸收的热量，kW · h
16	Q_{Out14}	生成 1t 钢水水分挥发吸收的热量，kW · h

表 8-7　能量输出参数表

序　号	符　号	含　义
1	$Q_{Out\,11}$	生成 1t 钢水金属脱碳消耗的热量，kW · h
2	$Q_{Out\,12}$	生成 1t 钢水金属脱硫消耗的热量，kW · h
3	C_g	生成的炉气比热容，kJ/(kg · ℃)
4	$C_{gFe_2O_3}$	生成的烟尘比热容，kJ/(kg · ℃)
5	Q_{PHST}	1t 钢水带走的物理热，kW · h
6	Q_g	生成 1t 钢水炉气带走的物理热，kW · h
7	$Q_{gFe_2O_3}$	生成 1t 钢水烟尘带走的热量，kW · h
8	T_{meltST}	钢水的熔点，℃
9	C_{SST}	固态钢的比热容，kJ/(kg · ℃)
10	H_{mST}	钢的凝固潜热，kJ/kg
11	C_{LST}	液态钢水的比热容，kJ/(kg · ℃)
12	C_{SL}	生成的炉渣比热容，kJ/(kg · ℃)
13	H_{SL}	炉渣的凝固潜热，kJ/kg
14	T_g	产生的炉气温度，℃
15	T_{SL}	产生的炉渣温度，℃
16	$T_{gFe_2O_3}$	产生的烟尘温度，℃
17	$Q_{gFe_2O_3}$	烟尘带走的物理热，kW · h

8.1.2.1　冶金模型

计算过程中，每种含铁原料和辅助原料都以 1000kg 为标准，含铁原料的计算以废钢为例。

A　废钢的模拟

a　废钢中各元素氧化量计算

铁的烧损量（kg）为：$GO_{FeA} = 1000 \times \alpha_{FeA}/100 \times Irb$

钢水中剩余的铁元素量为：$L_{FeA} = 1000 \times \alpha_{FeA}/100 - GO_{FeA}$

钢水中剩余的碳量为：$L_{CA}=\frac{[C]_{stA}}{[Fe]_{stA}}\times L_{FeA}$

钢水中剩余的硅量为：$L_{SiA}=\frac{[Si]_{stA}}{[Fe]_{stA}}\times L_{FeA}$

钢水中剩余的锰量为：$L_{MnA}=\frac{[Mn]_{stA}}{[Fe]_{stA}}\times L_{FeA}$

钢水中剩余的磷量为：$L_{PA}=\frac{[P]_{stA}}{[Fe]_{stA}}\times L_{FeA}$

钢水中剩余的硫量为：$L_{SA}=\frac{[S]_{stA}}{[Fe]_{stA}}\times L_{FeA}$

钢液中碳的氧化量为：$O_{CA}=1000\times\alpha_{CA}/100-L_{CA}$

同理，钢液中硅的氧化量为：$O_{SiA}=1000\times\alpha_{SiA}/100-L_{SiA}$

钢液中锰的氧化量为：$O_{MnA}=1000\times\alpha_{MnA}/100-L_{MnA}$

钢液中磷的氧化量为：$O_{PA}=1000\times\alpha_{PA}/100-L_{PA}$

钢液中硫的脱除量为：$O_{SA}=1000\times\alpha_{SA}/100-L_{SA}$

总共去除的元素量为：$OE_{tolA}=O_{CA}+O_{SiA}+O_{MnA}+O_{PA}+O_{SA}+GO_{FeA}$

b 生成的钢水量

废钢所生成的钢水量为 $G_{STA}=1000-OE_{tolA}$

c 净耗氧量计算

碳氧化生成 CO 耗氧量：$(O)_{C1A}=O_{CA}\times(1-BUC)\times16/12$

碳氧化生成 CO_2 耗氧量：$(O)_{C2A}=O_{CA}\times BUC\times32/12$

硅氧化耗氧量：$(O)_{SiA}=O_{SiA}\times32/28$

锰氧化耗氧量：$(O)_{MnA}=O_{MnA}\times16/55$

磷氧化耗氧量：$(O)_{PA}=O_{PA}\times80/62$

铁进入渣中生成 FeO 耗氧量：

$(O)_{FeOA}=1000\times\alpha_{FeA}/100\times(IRb-IRb\times0.8)\times0.75\times16/56$

铁进入渣中生成 Fe_2O_3 耗氧量：

$(O)_{Fe2SiA}=1000\times\alpha_{FeA}/100\times(IRb-IRb\times0.8)\times0.25\times48/112$

铁被氧化成 Fe_2O_3 生成烟尘耗氧量：

$(O)_{Fe2gA}=(GO_{FeA}-1000\times\alpha_{FeA}/100\times(IRb-IRb\times0.8))\times48/112$

总耗氧量为：

$$(O)_{tolA}=(O)_{C1A}+(O)_{C2A}+(O)_{SiA}+(O)_{MnA}+(O)_{PA}+(O)_{FeOA}+(O)_{Fe2SiA}+(O)_{Fe2gA}$$

废钢中 S 还原 CaO 耗氧（实际上是供氧）$(O)_{SA}$：$-O_{SA}\times16/32$

石灰中 S 还原 CaO 供氧 G_{OD}：$-L_{WA}\times(\%SD)/100\times16/32$

d 生成的炉气量

碳氧化生成的 CO 量：$G_{COA}=O_{CA}\times(1-BUC)\times28/12$

碳氧化生成的 CO_2量：$G_{CO_2A}=O_{CA}\times BUC\times44/12$

e 生成的渣量

硅氧化生成的 SiO_2量为：$G_{SiO_2A}=O_{SiA}\times72/56$

锰氧化生成的 MnO 量为：$G_{MnOA}=O_{MnA}\times71/55$

磷氧化生成的 P_2O_5量为：$G_{P_2O_5A}=O_{PA}\times142/62$

金属中硫和 CaO 反应生成 CaS 量为：$G_{CaSA}=O_{SA}\times72/32$

金属中硫和 CaO 反应消耗的 CaO 量为：$G_{CaOA}=-O_{SA}\times56/32$

铁氧化生成 FeO 进入渣中的量为：

$G_{FeOA}=1000\times\alpha_{FeA}/100\times(IRb-IRb\times0.8)\times0.75\times72/56$

铁氧化生成 Fe_2O_3进入渣中的量为：

$G_{Fe_2O_3A}=(GO_{FeA}-1000\times\alpha_{FeA}/100\times(IRb-IRb\times0.8))\times160/112$

f 所需加入的石灰量

碱度的计算公式为：$R=\dfrac{G_{limeA}\times(\%LCaO)+G_{CaOA}}{G_{SiO_{2A}}+G_{limeA}\times\%SiO_2}$

则所需要加入的石灰量为：$G_{limeA}=\dfrac{R\times G_{SiO_2A}-G_{CaOA}}{(\%LCaO)-R\times(\%LSiO_2)}$

g 石灰带入的各物质计算

石灰中 CaO 带入量：$G_{LCaOA}=G_{limeA}\times(\%LCaO)/100$

石灰中 SiO_2带入量：$G_{LSiO_2A}=G_{limeA}\times(\%LSiO_2)/100$

石灰中 MgO 带入量：$G_{LMgOA}=G_{limeA}\times(\%LMgO)/100$

石灰中 Al_2O_3带入量：$G_{LAl_2O_3A}=G_{limeA}\times(\%LAl_2O_3)/100$

石灰中 Fe_2O_3带入量：$G_{LFe_2O_3A}=G_{limeA}\times(\%LFe_2O_3)/100$

石灰中 P_2O_5带入量：$G_{LP_2O_5A}=G_{limeA}\times(\%LP_2O_5)/100$

石灰中 CaS 生成量：$G_{LCaSA}=G_{limeA}\times(\%LS)\times72/32/100$

石灰中 CaO 消耗量：$G_{LCaOGA}=-G_{limeA}\times(\%LS)\times56/32/100$

h 供氧量计算

由氧气提供的氧量：$G_{oxA}=R_{oxg}\times(O)_{tol}/R_{puo}$

其余的氧由空气提供，这部分空气量为：

$G_{airA}=((1-R_{oxg})\times(O)_{tol}-OS_A\times16/32-L_{WA}\times(\%LS)/100\times16/32)/0.23$

i 生成的钢水量

生成的钢水量为：$G_{stA}=1000-OE_{tolA}$

j 炉气量计算

炉气中 CO 的含量为：$G_{gCOA} = G_{COA}$

炉气中 CO_2的含量为：$G_{gCO_2A} = G_{CO_2A} + L_{WA} \times (\%LCO_2)/100$

炉气中 H_2O 的含量为：$G_{gH_2OA} = L_{WA} \times (\%LH_2O)/100$

炉气中氮气的含量为：$G_{gN_2A} = G_{oxA} \times (1 - R_{puo}) + G_{airA} \times 0.77$

炉气的总重量为：$G_{gtolA} = G_{gCOA} + G_{gCO_2A} + G_{gH_2OA} + G_{gN_2A}$

k 炉渣量计算

渣中 CaO 含量为：$G_{SLCaOA} = G_{LCaOA} + G_{CaOA} + G_{LCaOGA}$

渣中 SiO_2含量为：$G_{SLSiO_2A} = G_{LSiO_2A} + G_{SiO_2A}$

渣中 MnO 含量为：$G_{SLMnOA} = G_{MnOA}$

渣中 P_2O_5含量为：$G_{SLP_2O_5A} = G_{LP_2O_5A} + G_{P_2O_5A}$

渣中 CaS 含量为：$G_{SLCaSA} = G_{LCaSA} + G_{CaSA}$

渣中 FeO 含量为：$G_{SLFeOA} = G_{FeOA}$

渣中 Fe_2O_3含量为：$G_{SLFe_2O_3A} = G_{LFe_2O_3A} + G_{Fe_2O_3A}$

渣中 MgO 含量（石灰带入）为：$G_{SLMgOA} = G_{LMgOA}$

渣中 Al_2O_3含量为：$G_{SLAl_2O_3A} = G_{LAl_2O_3A}$

总炉渣量为：

$$G_{SLtolA} = G_{SLCaOA} + G_{SLSiO_2A} + G_{SLMnOA} + G_{SLP_2O_5A} + G_{SLCaSA} + G_{SLFeOA} + G_{SLFe_2O_3A} + G_{SLMgOA} + G_{SLAl_2O_3A}$$

l 烟尘量计算

生成的烟尘是 Fe_2O_3，由假定条件，其占被氧化铁量的80%，烟尘量为：$G_{gFe_2O_3A} = GO_{FeA} \times 0.8 \times 160/120$。

B 辅助燃料（碳粉）的物料模拟

a 1000kg 碳粉的元素氧化量、耗氧量及生成炉气量

生成 CO 消耗的碳粉：$GO_{COF} = 1000 \times (\%CF) \times (1 - BUC)$

碳粉生成 CO 消耗的氧气量：$(O)_{COF} = GO_{COF} \times 16/12$

生成的 CO 炉气量：$G_{COF} = GO_{COF} \times 28/12$

生成 CO_2消耗的碳粉：$GO_{CO_2F} = 1000 \times (\%\mathrm{CF}) \times BUC$

碳粉生成 CO_2消耗的氧气量：$(O)_{CO_2F} = GO_{CO_2F} \times 32/12$

生成的 CO_2炉气量：$G_{CO_2F} = GO_{CO_2F} \times 44/12$

碳粉带入的 H_2O 量为：$G_{H_2OF} = 1000 \times (\%H_2OF)/100$

碳粉带入的挥发分为：$G_{VOLF} = 1000 \times (\%VOLF)/100$

b 1000kg 碳粉带入的渣量

带入的 CaO 量：$G_{CaOF} = 1000 \times (\%AshF) \times (\%ACaOF)/100/100$

带入的 SiO_2量：$G_{SiO_2F} = 1000 \times (\%AshF) \times (\%ASiO_2F)/100/100$

带入的 MgO 量：$G_{MgOF} = 1000 \times (\%AshF) \times (\%AMgOF)/100/100$

带入的 Al_2O_3量：$G_{Al_2O_3F} = 1000 \times (\%AshF) \times (\%AAl_2O_3F)/100/100$

带入的 Fe_2O_3量：$G_{Fe_2O_3F} = 1000 \times (\%AshF) \times (\%AFe_2O_3F)/100/100$

所需要的石灰量：$G_{limeF} = (R \times G_{SiO_2F} - G_{CaOF})/(\%LCaO - R \times \%LSiO_2)$

c　加入石灰后的炉渣量及成分

炉渣中 CaO 的量：

$G_{SLCaOF} = G_{CaOF} + G_{limeF} \times ((\%LCaO)/100 - (\%LS)/100 \times 56/32)$

炉渣中 SiO_2的量：$G_{SLSiO_2F} = G_{SiO_2F} + G_{limeF} \times (\%LSiO_2)/100$

炉渣中 MgO 的量：$G_{SLMgOF} = G_{MgOF} + G_{limeF} \times (\%LMgO)/100$

炉渣中 Al_2O_3的量：$G_{SLAl_2O_3F} = G_{Al_2O_3F} + G_{limeF} \times (\%LAl_2O_3)/100$

炉渣中 Fe_2O_3的量：$G_{SLFe_2O_3F} = G_{Fe_2O_3F} + G_{limeF} \times (\%LFe_2O_3)/100$

炉渣中 P_2O_5的量：$G_{SLP_2O_5F} = G_{limeF} \times (\%LP_2O_5)/100$

炉渣中 CaS 的量：$G_{SLCaSF} = G_{limeF} \times (\%LS) \times 72/100/32$

炉渣总质量为：

$G_{SltolF} = G_{SLSiO_2F} + G_{SLCaOF} + G_{SLMgOF} + G_{SLAl_2O_3F} + G_{SLFe_2O_3F} + G_{SLP_2O_5F} + G_{SLCaSF}$

d　由石灰带入的炉气量计算

石灰带入的 CO_2量：$G_{LCO_2F} = G_{limeF} \times (\%LCO_2)/100$

石灰带入的 H_2O 量：$G_{LH_2OF} = G_{limeF} \times (\%LH_2O)/100$

石灰中 S 反应生成的 O_2量：$G_{LO_2F} = G_{limeF} \times (\%LS) \times 16/32/100$

需要氧气量：$G_{oxtolF} = ((O)_{COF} + (O)_{CO_2F} - G_{gLO_2F})/R_{puo}$

带入的 N_2量：$G_{N_2F} = G_{oxtolF} \times (1 - R_{puo})$

e　由于加入煤粉带入的炉气量计算

炉气中 CO_2量：$G_{gCO_2F} = G_{gCO_2F} + G_{gLCO_2F}$

炉气中 CO 量：$G_{gCOF} = G_{COF}$

炉气中 H_2O 量：$G_{gH_2OF} = G_{H_2OF} + G_{LH_2OF}$

炉气中 N_2量：$G_{gN_2F} = G_{N_2F}$

炉气中挥发分：$Gg_{VOLF} = G_{VOLF}$

炉气量为：$G_{gtolF} = G_{gCO_2F} + G_{gCOF} + G_{gH_2OF} + G_{gN_2F} + G_{gVOLF}$

C　电极的物料模拟

a　1000kg 电极的元素氧化量、耗氧量及生成炉气量

电极中氧化生成 CO 的碳为：$GO_{COE} = 1000 \times (\%CE)/100 \times (1 - BUC)$

电极中氧化生成 CO 需要的氧气为：$(O)_{COE} = GO_{COE} \times 16/12$

电极氧化生成 CO 的炉气量为：$G_{COE} = GO_{COE} \times 28/12$

电极中氧化生成 CO_2 的碳为：$GO_{CO_2E} = 1000 \times (\%CE)/100 \times BUC$

电极中氧化生成 CO_2 需要的氧气为：$(O)_{CO_2E} = GO_{CO_2E} \times 32/12$

电极氧化生成 CO_2 的炉气量为：$G_{CO_2E} = GO_{CO_2E} \times 44/12$

b 1000kg 电极带入的渣量

带入的 CaO 量：$G_{CaOE} = 1000 \times (\%AshE) \times (\%ACaOE)/100/100$

带入的 SiO_2 量：$G_{SiO_2E} = 1000 \times (\%AshE) \times (\%ASiO_2E)/100/100$

带入的 MgO 量：$G_{MgOE} = 1000 \times (\%AshE) \times (\%AMgOE)/100/100$

带入的 Al_2O_3 量：$G_{Al_2O_3E} = 1000 \times (\%AshE) \times (\%AAl_2O_3E)/100/100$

所需要的石灰量：$G_{limeE} = (R \times G_{SiO_2E} - G_{CaOE})/(\%LCaO - R \times \%LSiO_2)$

c 加入石灰后的炉渣量及成分

炉渣中的 CaO 量：$G_{SLCaOE} = G_{CaOE} + G_{limeE} \times ((\%LCaO)/100 - (\%LS)/100 \times 56/32)$

炉渣中的 SiO_2 量：$G_{SLSiO_2E} = G_{SiO_2E} + G_{limeE} \times (\%LSiO_2)/100$

炉渣中的 MgO 量：$G_{SLMgOE} = G_{MgOE} + G_{limeE} \times (\%LMgO)/100$

炉渣中的 Al_2O_3 量：$G_{SLAl_2O_3E} = G_{Al_2O_3E} + G_{limeE} \times (\%LAl_2O_3)/100$

炉渣中的 Fe_2O_3 量：$G_{SLFe_2O_3E} = G_{limeE} \times (\%LFe_2O_3)/100$

炉渣中的 P_2O_5 量：$G_{SLP_2O_5E} = G_{limeE} \times (\%LP_2O_5)/100$

炉渣中的 CaS 量：$G_{SLCaSE} = G_{limeE} \times (\%LS) \times 72/100/32$

炉渣总质量为：

$$G_{SltolF} = G_{SLSiO_2E} + G_{SLCaOE} + G_{SLMgOE} + G_{SLAl_2O_3E} + G_{SLFe_2O_3E} + G_{SLP_2O_5E} + G_{SLCaSE}$$

d 由石灰带入的炉气量计算

石灰带入的 CO_2 量：$G_{LCO_2E} = G_{limeE} \times (\%LCO_2)/100$

石灰带入的 H_2O 量：$G_{LH_2OE} = G_{limeE} \times (\%LH_2O)/100$

石灰中 S 反应生成的 O_2 量：$G_{LO_2E} = G_{limeE} \times (\%LS) \times 16/32/100$

需要氧气量：$G_{oxtolE} = ((O)_{COE} + (O)_{CO_2E} - G_{gLO_2E})/R_{puo}$

带入的 N_2 量：$G_{N_2E} = G_{oxE} \times (1 - R_{puo})$

e 由于电极消耗带入的炉气量计算

炉气中 CO_2 量：$G_{gCO_2E} = G_{CO_2E} + G_{LCO_2E}$

炉气中 CO 量：$G_{gCOE} = G_{COE}$

炉气中 H_2O 量：$G_{gH_2OE} = G_{LH_2OE}$

炉气中 N_2 量：$G_{gN_2E} = G_{N_2E}$

炉气量为：$G_{gtolE} = G_{gCO_2E} + G_{gCOE} + G_{gH_2OE} + G_{gN_2E}$

D 炉盖耐火材料的物料模拟

a 炉顶带入的渣量

炉顶带入的 CaO 量为：$G_{CaOH} = 1000 \times (\%CaOH)/100$

炉顶带入的 SiO_2量为：$G_{SiO_2H} = 1000 \times (\%SiO_2H)/100$

炉顶带入的 MgO 量为：$G_{MgOH} = 1000 \times (\%MgOH)/100$

炉顶带入的 Al_2O_3量为：$G_{Al_2O_3H} = 1000 \times (\%Al_2O_3H)/100$

炉顶带入的 Fe_2O_3量为：$G_{Fe_2O_3H} = 1000 \times (\%Fe_2O_3H)/100$

b 为了达到要求的碱度需要加入的石灰量

加入的石灰量为：$G_{limeH} = (R \times G_{SiO_2H} - G_{CaOE})/(\%LCaO - R \times \%LSiO_2)$

c 加入石灰后的渣成分

炉渣中 CaO 的量：$G_{SLCaOH} = G_{CaOH} + G_{limeH} \times ((\%LCaO)/100 - (\%LS)/100 \times 56/32)$

炉渣中 SiO_2的量：$G_{SLSiO_2H} = G_{SiO_2H} + G_{limeH} \times (\%LSiO_2)/100$

炉渣中 MgO 的量：$G_{SLMgOH} = G_{MgOH} + G_{limeH} \times (\%LMgO)/100$

炉渣中 Al_2O_3的量：$G_{SLAl_2O_3H} = G_{Al_2O_3H} + G_{limeH} \times (\%LAl_2O_3)/100$

炉渣中 Fe_2O_3的量：$G_{SLFe_2O_3H} = G_{limeH} \times (\%LFe_2O_3)/100$

炉渣中 P_2O_5的量：$G_{SLP_2O_5H} = G_{limeH} \times (\%LP_2O_5)/100$

炉渣中 CaS 的量：$G_{SLCaSH} = G_{limeH} \times (\%LS) \times 72/100/32$

炉渣总质量为：

$$G_{SltolH} = G_{SLSiO_2H} + G_{SLCaOH} + G_{SLMgOH} + G_{SLAl_2O_3H} + G_{SLFe_2O_3H} + G_{SLP_2O_5H} + G_{SLCaSH}$$

d 由石灰带入的炉气量计算

石灰带入的 CO_2量：$G_{LCO_2H} = G_{limeH} \times (\%LCO_2)/100$

石灰带入的 H_2O 量：$G_{LH_2OH} = G_{limeH} \times (\%LH_2O)/100$

石灰中 S 反应生成的 O_2量：$G_{LO_2H} = G_{limeH} \times (\%SD) \times 16/32/100$

e 由于炉顶消耗而产生的炉气量计算

炉气中 CO_2量：$G_{gCO_2H} = G_{LCO_2H}$

炉气中 H_2O 量：$G_{gH_2OH} = G_{LH_2OH}$

炉气中 O_2量：$G_{gO_2H} = G_{LO_2H}$

炉气量为：$G_{gtolH} = G_{gCO_2H} + G_{gH_2OH} + G_{gO_2H}$

E 炉衬的物料模拟

a 炉衬带入的渣量

炉衬带入的 CaO 量为：$G_{CaOI} = 1000 \times (\%CaOI)/100$

炉衬带入的 SiO_2 量为：$G_{SiO_2I} = 1000 \times (\%SiO_2I)/100$

炉衬带入的 MgO 量为：$G_{MgOI} = 1000 \times (\%MgOI)/100$

炉衬带入的 Al_2O_3 量为：$G_{Al_2O_3I} = 1000 \times (\%Al_2O_3I)/100$

炉衬带入的 Fe_2O_3 量为：$G_{Fe_2O_3I} = 1000 \times (\%Fe_2O_3I)/100$

b 为了达到要求的碱度需要加入的石灰量

加入的石灰量为：$G_{limeI} = (R \times G_{SiO_2I} - G_{CaOI})/(\%LCaO - R \times \%LSiO_2)$

c 加入石灰后的渣成分

炉渣中 CaO 的量：$G_{SLCaOI} = G_{CaOI} + G_{limeI} \times ((\%LCaO)/100 - (\%LS)/100 \times 56/32)$

炉渣中 SiO_2 的量：$G_{SLSiO_2I} = G_{SiO_2I} + G_{limeI} \times (\%LSiO_2)/100$

炉渣中 MgO 的量：$G_{SLMgOI} = G_{MgOI} + G_{limeI} \times (\%LMgO)/100$

炉渣中 Al_2O_3 的量：$G_{SLAl_2O_3I} = G_{Al_2O_3I} + G_{limeI} \times (\%LAl_2O_3)/100$

炉渣中 Fe_2O_3 的量：$G_{SLFe_2O_3I} = G_{limeI} \times (\%LFe_2O_3)/100$

炉渣中 P_2O_5 的量：$G_{SLP_2O_5I} = G_{limeI} \times (\%LP_2O_5)/100$

炉渣中 CaS 的量：$G_{SLCaSI} = G_{limeI} \times (\%LS) \times 72/100/32$

炉渣总质量为：

$$G_{SltolI} = G_{SLSiO_2I} + G_{SLCaOI} + G_{SLMgOI} + G_{SLAl_2O_3I} + G_{SLFe_2O_3I} + G_{SLP_2O_5I} + G_{SLCaSI}$$

d 由石灰带入的炉气量计算

石灰带入的 CO_2 量：$G_{LCO_2I} = G_{limeI} \times (\%LCO_2)/100$

石灰带入的 H_2O 量：$G_{LH_2OI} = G_{limeI} \times (\%LH_2O)/100$

石灰中 S 反应生成的 O_2 量：$G_{LO_2I} = G_{limeI} \times (\%LS) \times 16/32/100$

e 由于炉衬消耗而产生的炉气量计算

炉气中 CO_2 量：$G_{gCO_2I} = G_{LCO_2I}$

炉气中 H_2O 量：$G_{gH_2OI} = G_{LH_2OI}$

炉气中 O_2 量：$G_{gO_2I} = G_{LO_2I}$

炉气量为：$G_{gtolI} = G_{gCO_2I} + G_{gH_2OI} + G_{gO_2I}$

F 按工艺计算的计量模型

a 生成钢水量

$$G_{ST} = Rat_A \times GT_A + Rat_B \times GT_B$$

b 消耗的氧气总量计算

$$G_{OX} = Rat_A \times G_{OXA} + Rat_B \times G_{OXB} + G_{RF} \times G_{OXtolF} + G_{RE} \times G_{OXtolE} - G_{RH} \times G_{gO_2H} - G_{RI} \times G_{gO_2I}$$

c 卷吸的空气总量计算

$$G_{air} = Rat_A \times G_{airA} + Rat_B \times G_{airB}$$

d　所需要加入的石灰总量

$$G_{lime} = G_{limeA} + G_{limeB} + G_{limeF} + G_{limeE} + G_{limeH} + G_{limeI}$$

e　生成的炉气总量计算

炉气中的 CO 总量为：

$$G_{gCO} = Rat_A \times G_{gCOA} + Rat_B \times G_{gCOB} + G_{RF} \times G_{gCOF} + G_{RE} \times G_{gCOE}$$

炉气中的 CO_2 总量为：

$$G_{gCO2} = Rat_A \times G_{gCO_2A} + Rat_B \times G_{gCO_2B} + G_{RF} \times G_{gCO_2F} + G_{RE} \times G_{gCO_2E} + G_{RH} \times G_{gCO_2H} + G_{RI} \times G_{gCO_2I}$$

炉气中的 H_2O 总量为：

$$G_{gH_2O} = Rat_A \times G_{gH_2OA} + Rat_B \times G_{gH_2OB} + G_{RF} \times G_{gH_2OF} + G_{RE} \times G_{gH_2OE} + G_{RH} \times G_{gH_2OH} + G_{RI} \times G_{gH_2OI}$$

炉气中的 N_2 总量为：

$$G_{gN_2} = Rat_A \times G_{gN_2A} + Rat_B \times G_{gN_2B} + G_{RF} \times G_{gN_2F} + G_{RE} \times G_{gN_2E}$$

炉气中的挥发分总量为：

$$G_{gVOL} = G_{RF} \times G_{gVOLF}$$

由此，炉气的总质量为：

$$G_g = G_{gCO} + G_{gCO_2} + G_{gH_2O} + G_{gN_2} + G_{gVOL}$$

f　生成的烟尘总量计算

$$G_{gFe_2O_3} = Rat_A \times G_{gFe_2O_3A} + Rat_B \times G_{gFe_2O_3B}$$

g　生成的炉渣总量计算

生成的 CaO 总量为：

$$G_{SLCaO} = Rat_A \times G_{SLCaOA} + Rat_B \times G_{SLCaOB} + G_{RF} \times G_{gCaOF} + G_{RE} \times G_{gCaOE} + G_{RH} \times G_{gCaOH} + G_{RI} \times G_{gCaOI}$$

生成的 SiO_2 总量为：

$$G_{SLSiO_2} = Rat_A \times G_{SLSiO_2A} + Rat_B \times G_{SLSiO_2B} + G_{RF} \times G_{SLSiO_2F} + G_{RE} \times G_{SLSiO_2E} + G_{RH} \times G_{SLSiO_2H} + G_{RI} \times G_{SLSiO_2I}$$

生成的 MnO 总量为：

$$G_{SLMnO} = Rat_A \times G_{SLMnOA} + Rat_B \times G_{SLMnOB}$$

生成的 P_2O_5 总量为：

$$G_{SLP_2O_5} = Rat_A \times G_{SLP_2O_5A} + Rat_B \times G_{SLP_2O_5B} + G_{RF} \times G_{SLP_2O_5F} + G_{RE} \times G_{SLP_2O_5E} + G_{RH} \times G_{SLP_2O_5H} + G_{RI} \times G_{SLP_2O_5I}$$

生成的 CaS 总量为：

$$G_{SLCaS} = Rat_A \times G_{SLCaSA} + Rat_B \times G_{SLCaSB} + G_{RF} \times G_{SLCaSF} + G_{RE} \times G_{SLCaSE} +$$

$G_{RH} \times G_{SLCaSH} + G_{RI} \times G_{SLCaSI}$

生成的 FeO 总量为：

$G_{SLFeO} = Rat_A \times G_{SLFeOA} + Rat_B \times G_{SLFeOB}$

生成的 Fe_2O_3 总量为：

$$G_{SLFe_2O_3} = Rat_A \times G_{SLFe_2O_3A} + Rat_B \times G_{SLFe_2O_3B} + G_{RF} \times G_{SLFe_2O_3F} + G_{RE} \times G_{SLFe_2O_3E} + G_{RH} \times G_{SLFe_2O_3H} + G_{RI} \times G_{SLFe_2O_3I}$$

生成的 MgO 总量为：

$$G_{SLMgO} = Rat_A \times G_{SLMgOA} + Rat_B \times G_{SLMgOB} + G_{RF} \times G_{SLMgOF} + G_{RE} \times G_{SLMgOE} + G_{RH} \times G_{SLMgOH} + G_{RI} \times G_{SLMgOI}$$

生成的 Al_2O_3 总量为：

$$G_{SLAl_2O_3} = Rat_A \times G_{SLAl_2O_3A} + Rat_B \times G_{SLAl_2O_3B} + G_{RF} \times G_{SLAl_2O_3F} + G_{RE} \times G_{SLAl_2O_3E} + G_{RH} \times G_{SLAl_2O_3H} + G_{RI} \times G_{SLAl_2O_3I}$$

生成的总渣量为：

$$G_{SL} = G_{SLCaO} + G_{SLSiO_2} + G_{SLMnO} + G_{SLP_2O_5} + G_{SLCaS} + G_{SLFeO} + G_{SLFe_2O_3} + G_{SLMgO} + G_{SLAl_2O_3}$$

G 以生产 1t 钢水进行折算

a 需要的废钢量和铁水量

需要的废钢量为：$G_{SC} = Rat_A \times 1000/G_{ST}$

需要的铁水量为：$G_{IR} = Rat_A \times 1000/G_{ST}$

b 消耗的氧气总量

$$G_{STOX} = G_{OX} \times 1000/G_{ST}$$

c 卷吸的空气总量

$$G_{STair} = G_{air} \times 1000/G_{ST}$$

d 所需要加入的石灰总量

$$G_{STlime} = G_{lime} \times 1000/G_{ST}$$

e 生成的炉气总量

炉气中的 CO 总量为：$G_{STgCO} = G_{gCO} \times 1000/G_{ST}$

炉气中的 CO_2 总量为：$G_{StgCO_2} = G_{gCO_2} \times 1000/G_{ST}$

炉气中的 H_2O 总量为：$G_{STgH_2O} = G_{gH_2O} \times 1000/G_{ST}$

炉气中的 N_2 总量为：$G_{STgN_2} = G_{gN_2} \times 1000/G_{ST}$

炉气中的挥发分总量为：$G_{STgVOL} = G_{gVOL} \times 1000/G_{ST}$

由此，炉气的总质量为：$G_{STg} = G_{STgCO} + G_{STgCO_2} + G_{STgH_2O} + G_{STgN_2} + G_{STgVOL}$

f 生成的烟尘总量计算

$$G_{STgFe_2O_3} = G_{gFe_2O_3} \times 1000/G_{ST}$$

g　生成的炉渣总量计算

生成的 CaO 总量为：$G_{STSLCaO} = G_{SLCaO} \times 1000/G_{ST}$

生成的 SiO_2 总量为：$G_{STSLSiO_2} = G_{SLSiO_2} \times 1000/G_{ST}$

生成的 MnO 总量为：$G_{STSLMnO} = G_{SLMnO} \times 1000/G_{ST}$

生成的 P_2O_5 总量为：$G_{STSLP_2O_5} = G_{SLP_2O_5} \times 1000/G_{ST}$

生成的 CaS 总量为：$G_{STSLCaS} = G_{SLCaS} \times 1000/G_{ST}$

生成的 FeO 总量为：$G_{STSLFeO} = G_{SLFeO} \times 1000/G_{ST}$

生成的 Fe_2O_3 总量为：$G_{STSLFe_2O_3} = G_{SLFe_2O_3} \times 1000/G_{ST}$

生成的 MgO 总量为：$G_{STSLMgO} = G_{SLMgO} \times 1000/G_{ST}$

生成的 Al_2O_3 总量为：$G_{STSLAl_2O_3} = G_{SLAl_2O_3} \times 1000/G_{ST}$

生成的总渣量为：

$$G_{STSL} = G_{STSLCaO} + G_{STSLSiO_2} + G_{STSLMnO} + G_{STSLP_2O_5} + G_{STSLCaS} + G_{STSLFeO} + G_{STSLFe_2O_3} + G_{STSLMgO} + G_{STSLAl_2O_3}$$

8.1.2.2　热模型

A　物料含有的化学热及铁水的物理热

a　1000kg 废钢中元素氧化产生热量

碳元素氧化生成 CO 放热为：$Q_{COA} = O_{CA} \times (1 - BUC) \times 11639 \times 2.773 \times 0.0001$

碳元素氧化生成 CO_2 放热为：$Q_{CO_2A} = O_{CA} \times BUC \times 34834 \times 2.773 \times 0.0001$

硅氧化生成 SiO_2 放热为：$Q_{SiO_2A} = O_{SiA} \times 29202 \times 2.773 \times 0.0001$

锰氧化生成 MnO 放热为：$Q_{MnOA} = O_{MnA} \times 6594 \times 2.773 \times 0.0001$

磷氧化生成 P_2O_5 放热为：$Q_{P_2O_5A} = O_{PA} \times 18980 \times 2.773 \times 0.0001$

铁氧化生成 FeO 放热为：$Q_{FeOA} = GO_{FeA} \times 0.2 \times 0.75 \times 4250 \times 2.773 \times 0.0001$

铁氧化生成 Fe_2O_3 放热为：

$$Q_{Fe_2O_3A} = (GO_{FeA} \times 0.8 + GO_{FeA} \times 0.2 \times 0.25) \times 3230 \times 2.773 \times 0.0001$$

废钢氧化后放出的总热量为：

$$Q_A = Q_{COA} + Q_{CO_2A} + Q_{SiO_2A} + Q_{MnOA} + Q_{P_2O_5A} + Q_{FeOA} + Q_{Fe_2O_3A}$$

b　1000kg 碳粉氧化放出热量

碳粉中碳氧化生成 CO 放热：$Q_{COF} = GO_{COF} \times 11639 \times 2.773 \times 0.0001$

碳粉中碳氧化生成 CO_2 放热：$Q_{CO_2F} = GO_{CO_2F} \times 34834 \times 2.773 \times 0.0001$

碳粉氧化放出的总热量为：$Q_F = Q_{COF} + Q_{CO_2F}$

c　1000kg 电极氧化放出热量

电极中碳氧化生成 CO 放热：$Q_{COE} = GO_{COE} \times 11639 \times 2.773 \times 0.0001$

电极中碳氧化生成 CO_2 放热：$Q_{CO_2E} = GO_{CO_2E} \times 34834 \times 2.773 \times 0.0001$

电极氧化放出的总热量为：$Q_E = Q_{COE} + Q_{CO_2E}$

d　1000kg 铁水带入的物理热

铁水熔点为：$T_{meltB} = 1536 - (\alpha_{CB} \times 100 + \alpha_{SiB} \times 8 + \alpha_{MnB} \times 5 + \alpha_{PB} \times 30 + \alpha_{SB} \times 25) - 6$

铁水带入的物理热为：

$$Q_{PHB} = 1000 \times (C_{SB} \times (T_{meltB} - 25) + 218 + C_{LB} \times (T_{IR} - T_{meltB}))$$

B　物料的热收入及热支出

a　物料的热收入

（1）物料的物理热及化学热。

$$Q_{In1} = 1000 \times (Rat_A \times Q_A + Rat_B \times (Q_B + Q_{PHB}) + G_{RF} \times Q_F + G_{RE} \times Q_E)/G_{ST}$$

（2）物料的成渣热计算。

SiO_2 的成渣热：$Q_{In21} = G_{STSLSiO_2} \times 1620 \times 2.773 \times 0.0001$

P_2O_5 的成渣热：$Q_{In22} = G_{STSLP_2O_5} \times 4880 \times 2.773 \times 0.0001$

（3）输入的电能 E_{el}。

b　物料的热支出

（1）吸热反应耗热。

金属脱碳消耗的热量为：

$$Q_{Out11} = ((1000 \times Rat_A \times \alpha_{CA}/100 + 1000 \times Rat_B \times \alpha_{CB}/100) \times 1000/G_{ST} - 1000 \times [C]_{ST}/100) \times 6244 \times 2.773 \times 0.0001$$

金属脱硫消耗的热量为：

$$Q_{Out12} = ((1000 \times Rat_A \times \alpha_{SA}/100 + 1000 \times Rat_B \times \alpha_{SB}/100) \times 1000/G_{ST} - 1000 \times [S]_{ST}/100) \times 2143 \times 2.773 \times 0.0001$$

石灰烧碱吸收的热量为：$Q_{Out_13} = G_{lime} \times \alpha_{CO_2D} \times 1000/G_{ST} \times 4177 \times 2.773 \times 0.0001$

水分挥发吸收的热量为：$Q_{Out14} = G_{STgH_2O} \times 1227 \times 2.773 \times 0.0001$

（2）钢水物理热。设钢水的熔点为 1450℃，则钢水的物理热为：

$$Q_{PHST} = 1000 \times (C_{SST} \times (T_{meltST} - 25) + H_{mST} + C_{LST} \times (T_{ST} - T_{meltST})) \times 0.0002773$$

（3）炉渣物理热。

$$Q_{SL} = G_{STSL} \times (C_{SL} \times (T_{SL} - 25) + H_{SL}) \times 2.773 \times 0.0001$$

（4）炉气物理热。

$$Q_g = G_{STg} \times C_g \times (T_g - 25) \times 2.773 \times 0.0001$$

（5）冷却水带走热量。

炉壁冷却水带走热量为：

$$Q_{W1} = V_{W1} \times t/60 \times 1000 \times C_{wat} \times (T_{outW} - T_{inW}) \times 2.773 \times 0.0001/G_{ST}$$

炉盖冷却水带走热量为：

$$Q_{W2} = V_{W2} \times t/60 \times 1000 \times C_{wat} \times (T_{outW} - T_{inW}) \times 2.773 \times 0.0001/G_{ST}$$

（6）烟尘物理热。

$$Q_{gFe_2O_3} = G_{STgFe_2O_3} \times (T_{gFe_2O_3} - 25) \times 2.773 \times 0.0001$$

（7）其他热损失。其他热损失 η_{heat} 包括炉体表面散热损失、开启炉盖热损失、供电线路热损失等，这部分热占总热收入的6%~9%。

c　所需供电量计算

根据能量平衡，热收入等于热支出，这样可以计算需供给的电能。

$$E_{el} = (Q_{out11} + Q_{out12} + Q_{out13} + Q_{out14} + Q_{PHS} + Q_{sl} + Q_{g} + Q_{w1} + Q_{w2} + Q_{gFe_2O_3})/(1 - \eta_{heat}) - (Q_{In1} + Q_{In21} + Q_{In22})$$

电弧炉炼钢过程的热化学计量模型小结：

（1）电弧炉炼钢的冶金模型和热模型的理论基础是物质守恒定律、能量守恒定律以及电弧炉炼钢的工艺状况。

（2）通过系统分析，将电弧炉炼钢系统所涉及的变量和参数分为三类：工艺变量、输入变量或参数（分为物料输入变量和能量输入参数）和输出变量或参数（分为物料输出变量和能量输出参数）。

（3）热模型是在冶金模型的基础上建立起来的，冶金模型共有80个变量，热模型有49个变量。

8.2　电弧炉供氧及控制

8.2.1　电弧炉供氧模块化控制技术

用氧模块喷吹主要是在电能之外再提供化学能。热能由化学反应获得，是根据钢种的出钢要求让喷吹的氧碳充分燃烧而获得热能。热能在熔化期有效地传给废钢，而后传给钢水。因为释放的能量在整个炉内使用，利用这种能够控制的能量可优化电炉的整个冶炼过程，使电弧变得更稳定、高效。模块化技术减轻了冶金过程的混乱，不需要熔池的局部过氧化，保持钢水成分均匀，尤其适用于大型电炉。

专用的阀门分别调控喷吹的氧气和天然气。模块技术的操作与监控系统完全自动化，电炉操作人员仅需监控工艺。根据废钢的组成结构编制工作指令，优化整个熔炼、精炼过程，平衡废钢中固有的碳量。

电弧炉用氧分时段控制技术是根据电弧炉不同的炉料情况和冶炼特点，将其整个冶炼过程分为几个时段，在不同时段实施不同的流量控制。

时段划分通常根据电弧炉的冶炼特点和具体供氧模块的功能来确定。对于不同的供氧模块，由于其在电弧炉内作用不同，具体时段划分也不同，应该以提高氧气的利用率为目标。根据电弧炉的冶炼特点，一般将时段点划分为一次加料、停电、兑铁水、停电、二次加料、熔清、出钢，然后再根据各供氧模块的作用，分别设定各模块上的流体流量。

8.2.1.1 电弧炉用氧模块化控制系统设计原理

电弧炉用氧模块化控制系统是以每炉钢的实际入炉原料结构为依据数据，根据物料平衡计算出应供氧量，再结合实际电弧炉耗氧量确定出合理供氧量。然后根据电弧炉冶炼特点，分解不同时段各供氧模块的供氧流量。由工控机将这些量传送给调节阀来达到控制各氧枪流量的目的。

8.2.1.2 电弧炉用氧模块化控制技术

电弧炉用氧模块化控制技术是根据电弧炉吹氧的特点，将电弧炉炼钢过程中作用相同并能进行统一控制的吹氧（助熔）方式合并在一起，将供氧方式模块化，进行统一控制。控制系统由总氧模块、氧燃助熔模块、炉门吹氧模块、EBT吹氧模块、二次燃烧模块、集束氧枪模块和碳粉喷吹模块等几部分组成。在莱钢特钢厂50t电炉实际喷吹情况下，控制软件中应用了总氧控制模块、炉门吹氧模块、氧燃助熔模块、EBT吹氧模块和碳粉喷吹模块。为方便管理，将碳粉喷吹从炉门碳氧枪中分离出来，单独成立一个模块——碳粉喷吹模块。

各控制模块内容：体现在软件设计中的各模块控制窗口，模块控制窗口控制模块喷吹系统的流量、压力，可以是氧气的流量、压力，也可以是柴油的流量、压力和碳粉的流量、压力。当喷吹系统中氧气（柴油或碳粉）的实际流量（压力）与设定流量（压力）出现很大差距时，模块控制窗口会自动出现报警图标，并将报警数据存储备用。

8.2.1.3 电弧炉供氧及控制实例

现阶段国内主要的钢厂都实现了供氧系统的自动化，下面是国内具有代表性的电弧炉供氧控制系统。

A 西宁特钢65t Consteel电弧炉供氧系统

西宁特钢65t Consteel（连续加料熔炼）电弧炉是从意大利得兴公司引进的。Consteel电弧炉炼钢工艺采用了连续加料、废钢预热、连续熔炼、水冷炉壁和炉盖、电极喷淋、导电横臂、炉门碳氧枪、供电曲线自动控制、FT3T偏心底出钢等当代先进的电弧炉冶炼技术。该电弧炉供氧系统由德国巴登钢铁公司提供，其电弧炉供氧操作系统主界面如图8-3所示。

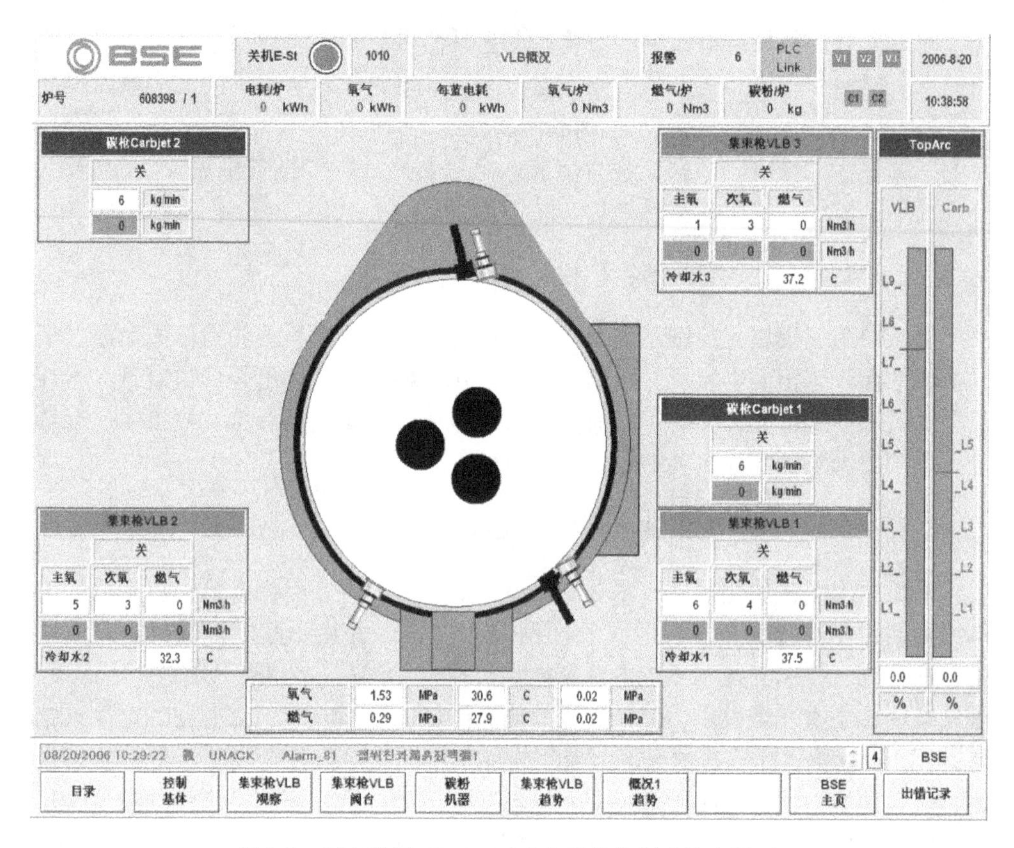

图 8-3　西宁特钢 65t Consteel 电弧炉控制系统主界面

对供氧状况的直接控制是通过 PLC 对气体阀组的控制实现的，气体阀组控制界面显示每个气体阀所处的状态，如图 8-4 所示。

为了实现自动化控制，需要对电弧炉供氧过程进行分析和总结，分段气体流量设置界面将电弧炉炼钢过程的供氧分为不同时间段，并对每一段内的喷吹量进行设置，如图 8-5 所示。

实际生产中，数据记录非常重要，气体喷吹记录界面为以后的生产总结提供依据，如图 8-6 所示。

B　衡阳钢管集团 90t 电弧炉供氧系统

衡阳钢管集团 90t 电弧炉采用莫尔公司控制系统。莫尔系统是一个集成的电弧炉控制系统，主界面如图 8-7 所示。

参数界面列出莫尔系统设备的主要参数，并可以对参数进行修改，如图 8-8 所示。

阀站界面是为了检查所有系统和检测器信号，保证供氧系统的正常工作，如图 8-9 所示。

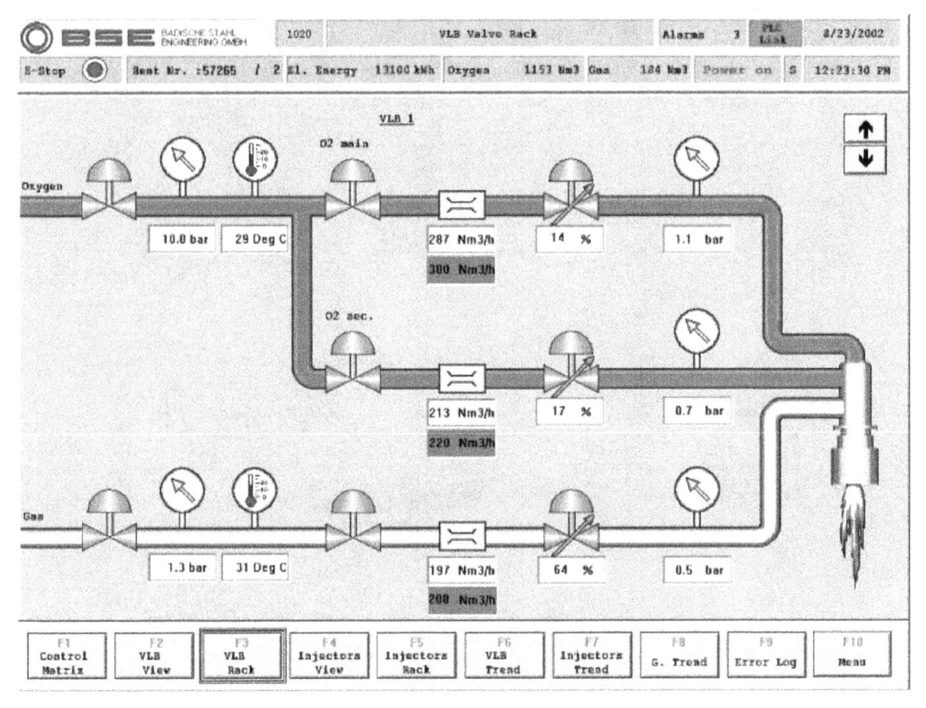

图 8-4 气体阀组控制界面

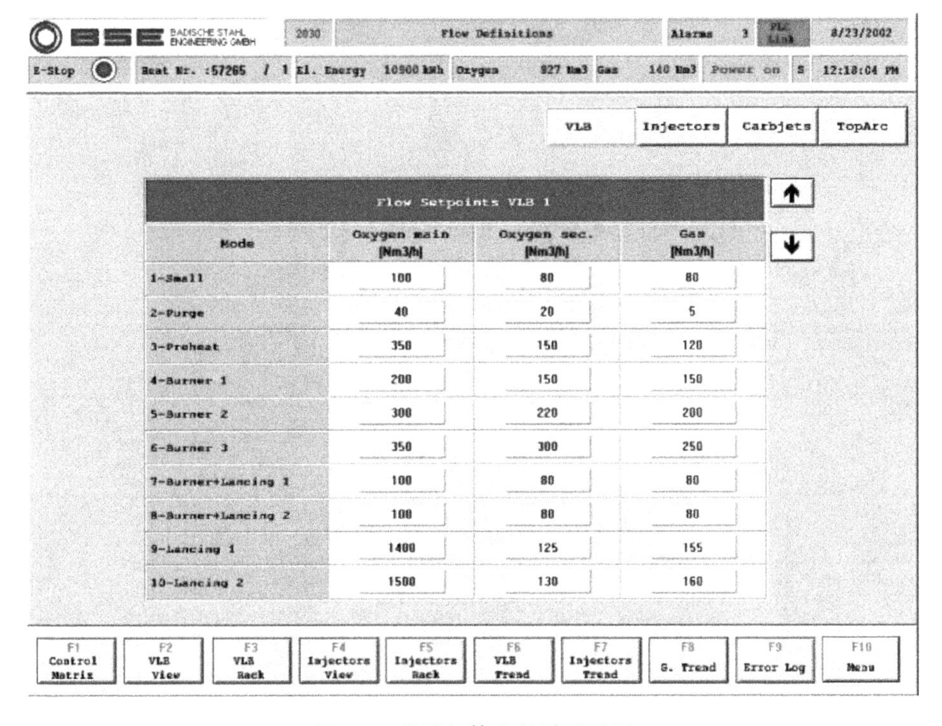

Mode	Oxygen main [Nm3/h]	Oxygen sec. [Nm3/h]	Gas [Nm3/h]
1-Small	100	80	80
2-Purge	40	20	5
3-Preheat	350	150	120
4-Burner 1	200	150	150
5-Burner 2	300	220	200
6-Burner 3	350	300	250
7-Burner+Lancing 1	100	80	80
8-Burner+Lancing 2	100	80	80
9-Lancing 1	1400	125	155
10-Lancing 2	1500	130	160

图 8-5 分段气体流量设置界面

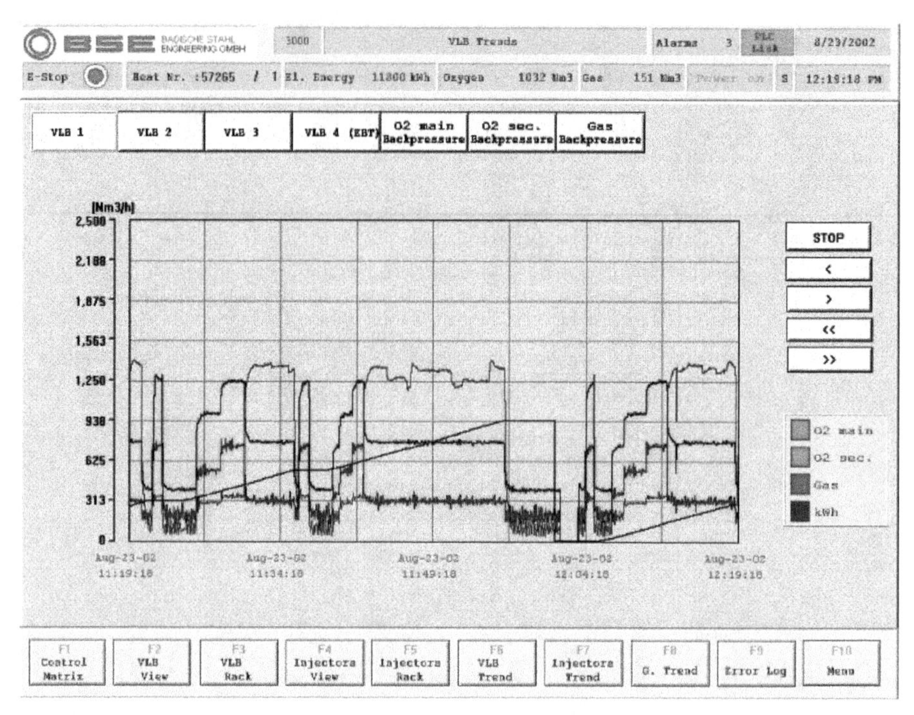

图 8-6　气体喷吹记录界面

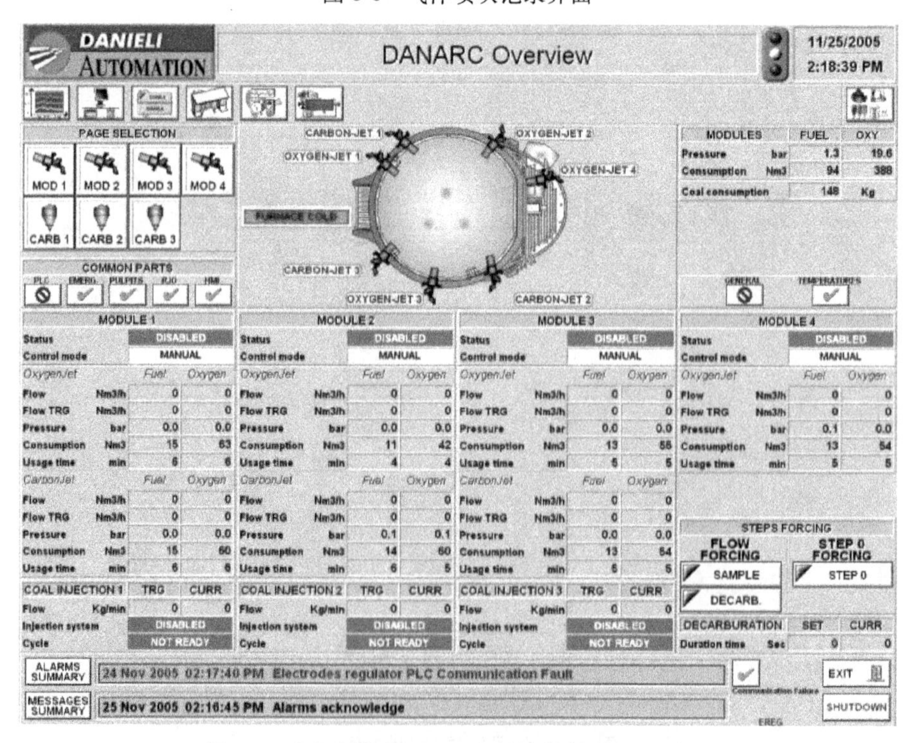

图 8-7　衡阳钢管集团 90t 电弧炉控制系统主界面

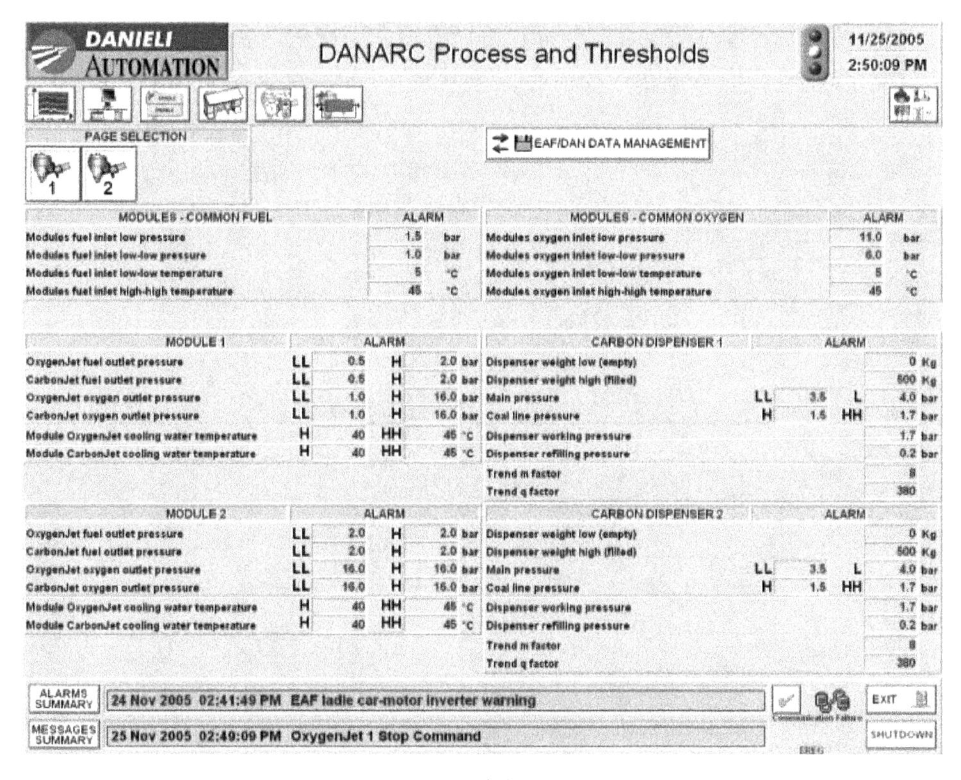

图 8-8　参数界面

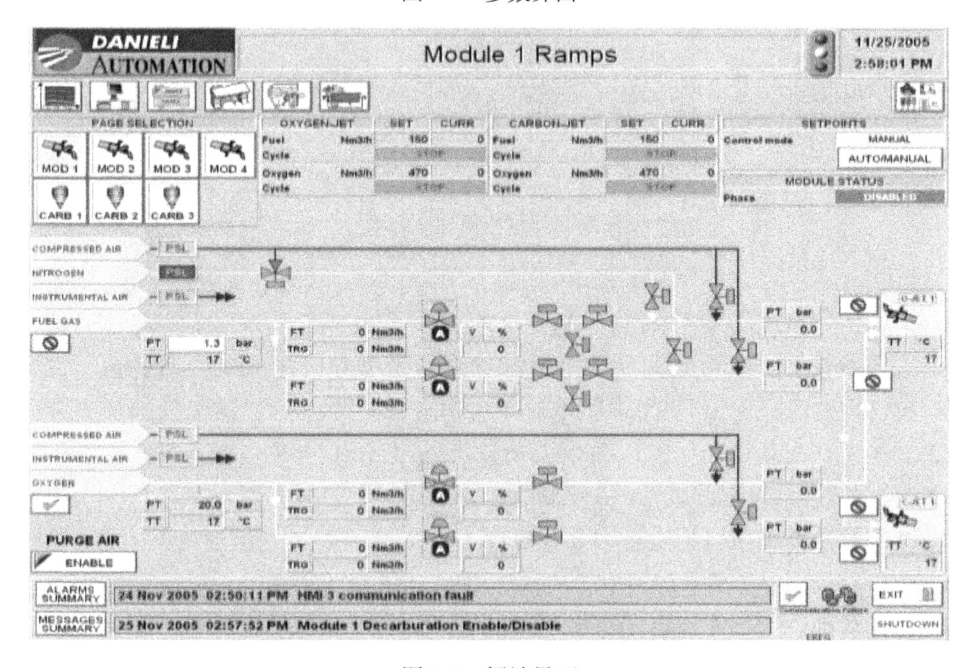

图 8-9　阀站界面

操作者可以通过过程值控制界面检查所有莫尔系统的过程值，管理者可以对其进行修改，如图 8-10 所示。

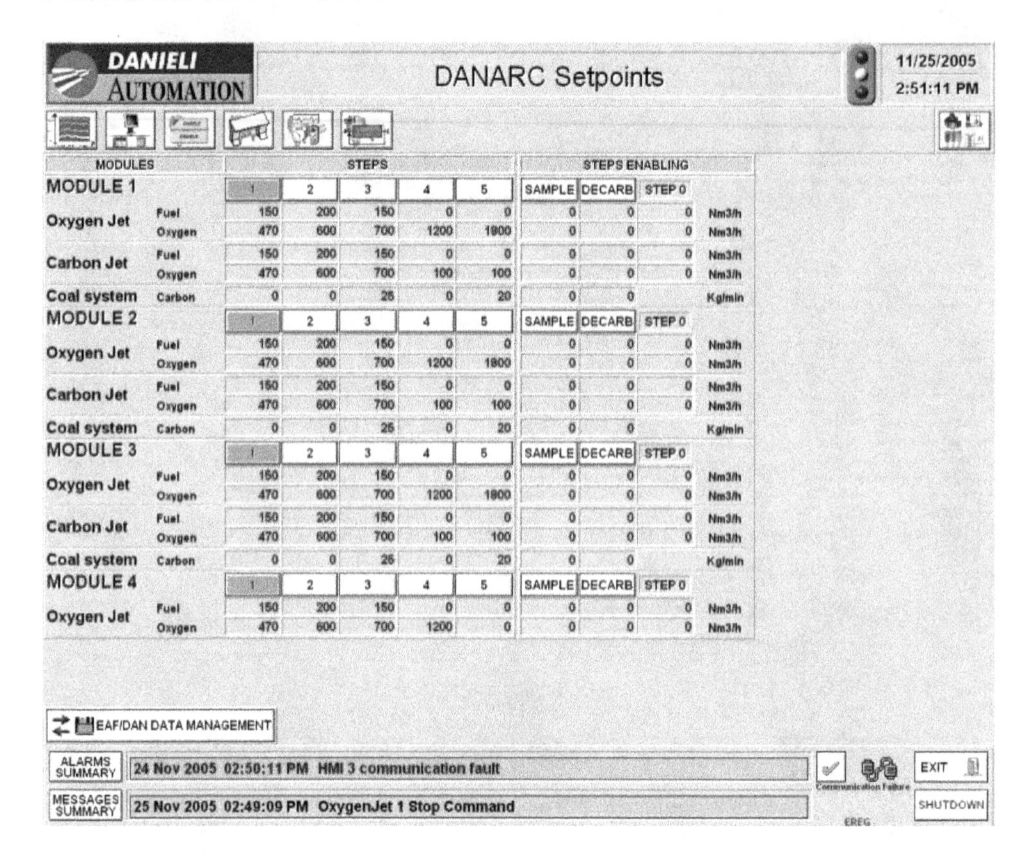

图 8-10　过程值控制界面

C　天津钢管集团 150t 超高功率电弧炉供氧系统

天津钢管集团 150t 超高功率电弧炉的全套设备和技术由曼内斯曼德马克公司引进。现阶段天津钢管集团 150t 超高功率电弧炉采用热装铁水及配加直接还原铁工艺保证产品质量，其电弧炉自动化控制系统由 SMS 公司引进，能对整个电弧炉运行状况进行监控，主界面如图 8-11 所示。

其电弧炉采用四只炉壁集束射流氧枪和自耗式炉门枪，炉壁枪由 KT 公司提供，炉门枪为巴登公司出品。

为了实现电弧炉冶炼自动化控制，供氧系统对电弧炉供氧进行优化，将供氧状态分段进行控制，系统能按照设置自动控制喷吹。

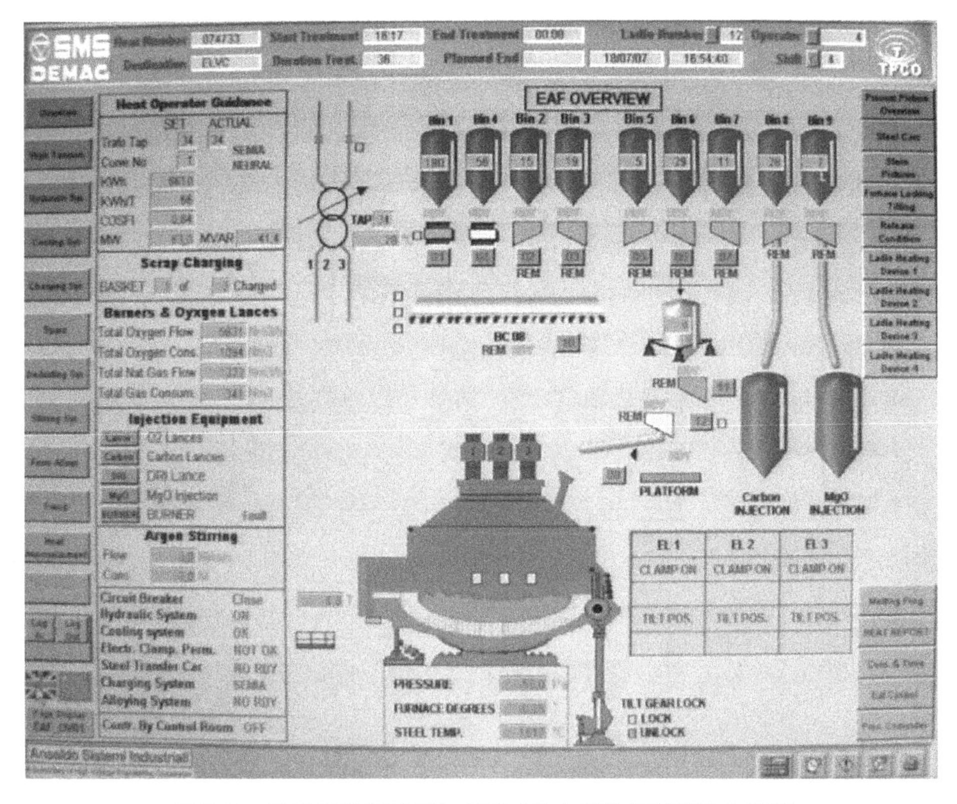

图 8-11 天津钢管集团 150t 超高功率电弧炉控制系统主界面

8.2.2 电弧炉能量输入分段控制技术

电弧炉能量分段输入控制技术是为了实现低能耗及低成本冶炼，该技术通过基于 PLC 的控制系统，按金属料的不同配料方式，首先进行电弧炉炼钢冶炼过程的能量分段，以物料衡算与能量衡算模块为基础，定量计算不同能量分段中电能及化学能的输入量；并按照模块的计算结果，将所需要的电、氧气、燃料、碳粉等输入到电弧炉冶炼各能量分段内，实现电能及化学能优化输入。

电弧炉能量输入分段控制系统包括：电弧炉冶炼能量分段模块；电弧炉炼钢动态物料衡算预测模块；电弧炉炼钢动态能量衡算模块；电弧炉能量输入控制模块；电弧炉供电模块；电弧炉化学能输入模块。

依据 PLC 系统提供的数据，经分析实现冶炼过程的能量分段；电弧炉炼钢动态物料衡算预测模块与电弧炉炼钢动态能量衡算模块根据炉内原料结构组成，分别分析计算各分段内能量供需分配状况；电弧炉能量输入控制模块将衡算结果转换成电弧炉冶炼中电能、化学能等输入系统的工作参数，由电能及化学能输入模块分别完成冶炼任务，如图 8-12 所示。

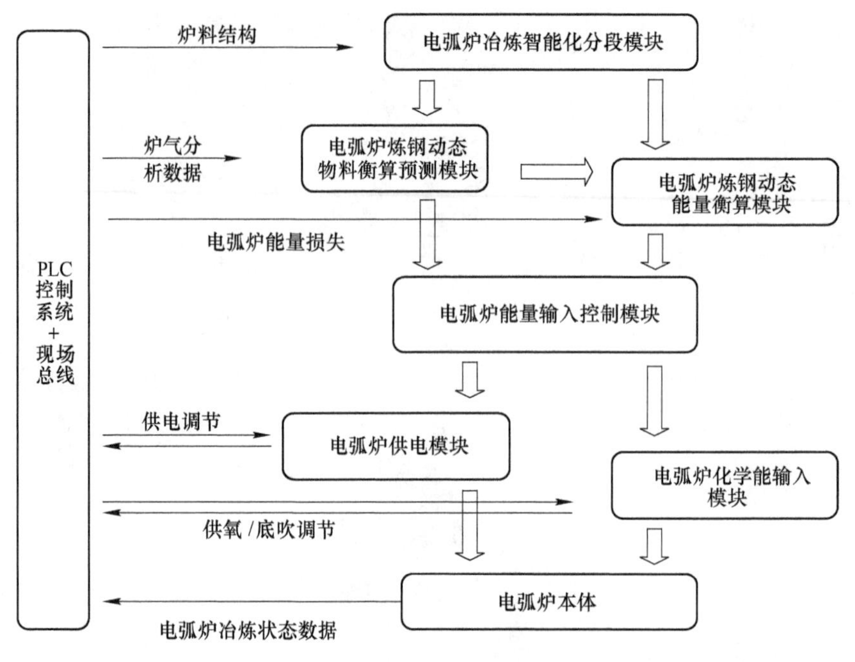

图 8-12　电弧炉能量输入分段控制过程示意图

电弧炉冶炼能量分段模块通过 PLC 系统监视电弧炉的输入情况，按照不同炉料的加入情况将冶炼过程分为 3～20 个分段，并确定每个分段所需能量输入量。每种原料的加入，都会使冶炼过程各分段的物料及能耗发生变化，成为一个新的冶炼分段。监控数据为炉料加入信号、电能输入信号、化学能输入信号，分别循环检测，信号采集循环周期为 0.1。循环 1：检测是否有新炉料加入。如果有，则结束本冶炼分段；如果没有，则计算炉料的加入总量，与预设值比较，如果超过预设值，则结束本冶炼分段。循环 2：采集电能输入信号，计算电能输入量，与预设值比较，如果大于预设值，则结束本冶炼分段。循环 3。采集化学能输入信号，计算电能输入量，与预设值比较，如果大于预设值，则结束本冶炼分段。运行过程如图 8-13 所示。

电弧炉炼钢动态物料衡算预测模块根据各个分段过程中原料的变化，结合所要达到的冶炼效果，定量计算熔池成分变化、温度变化、炉渣成分变化、炉气成分变化等，为电弧炉炼钢动态能量衡算预测模块提供数据。电弧炉炼钢动态能量平衡预测计算模块根据动态物料衡算预测模块的计算结果，分析本冶炼分段的能量收支情况，计算能量的需求量，如图 8-14 所示。

根据动态物料衡算和动态能量衡算预测结果，确定电能和化学能输入系统的任务。电弧炉能量输入控制模块结合已知设备操控能力（操控能力为设备的基本参数，程序内为预设值）。工作任务与操控能力相除，得出完成工作的最基本时

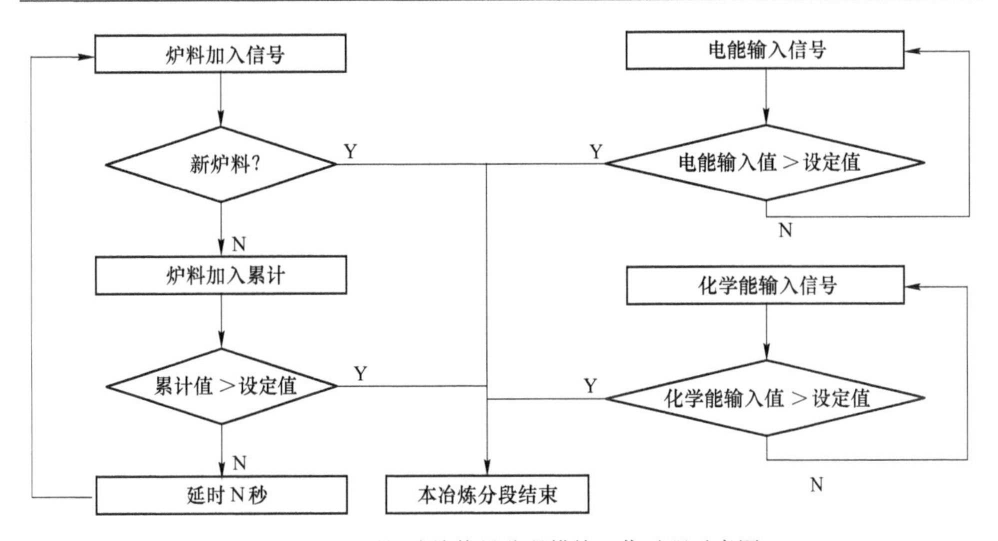

图 8-13 电弧炉冶炼能量分段模块工作过程示意图

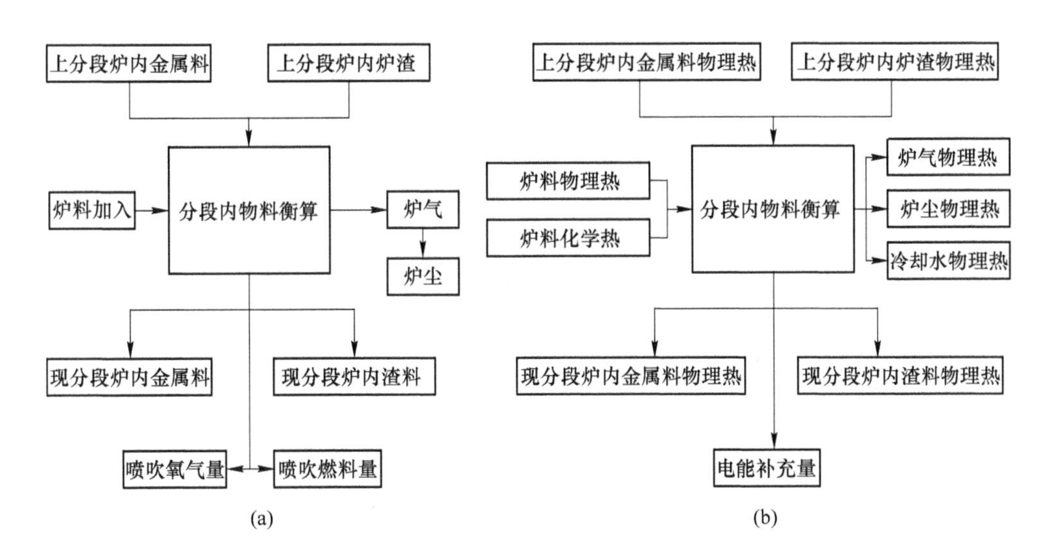

图 8-14 电弧炉炼钢动态物料衡算预测模块（a）与动态能量衡算模块（b）

间。将供电任务最少与化学能任务最少时间比较，需要时间较长的任务为本分段冶炼任务的限制性环节，此时间为本冶炼分段持续时间，应该按照该时间安排生产。将电能输入任务与化学能输入任务分别除以本冶炼分段持续时间，确定具体的电能化学能输入量，交电弧炉供电和电弧炉化学能输入模块完成，运行过程如图 8-15 所示。

电弧炉供电模块是完成电能输入任务的执行者，它将上述计算结果转换成合理的供电参数，调节变压器档位，完成供电任务。供电模块电压调节级别为

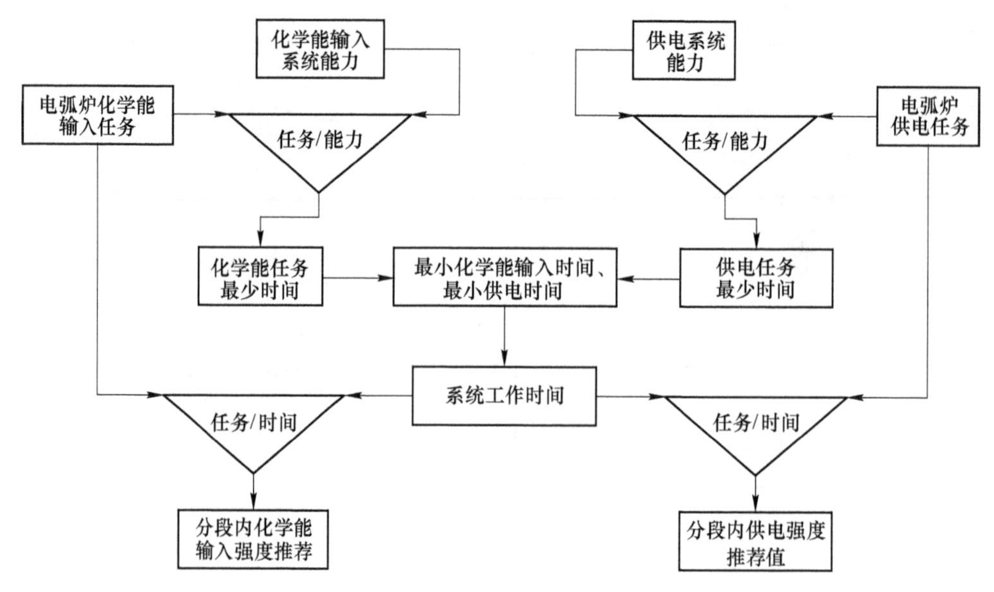

图 8-15　电弧炉能量输入控制模块工作过程示意图

220~892V，电流调节范围为 15~83.7kA。电弧炉供电视在功率确定方法，如式：

$$S = E_{a}G/(t\eta_{1}\eta_{2})$$

式中，S 为视在功率；E_a 为吨钢电耗；G 为钢水质量；t 为通电时间；η_1 为电效率；η_2 为热效率。

电弧炉化学能输入模块是完成氧气、燃料喷吹任务的控制系统，包括氧气阀组站、燃料阀组站、碳粉喷吹系统等，氧气喷吹强度控制在 500~30000m^3/h（标态），燃料喷吹强度控制在 50~300m^3/h（标态），碳粉的流量调节在 5~200kg/min。它按照计算结果合理调节电弧炉各支喷枪的喷吹流量，达到氧气、碳粉和燃料的高效利用，完成本分段的冶炼任务。

在不同冶炼分段的供电、供氧强度调节数据，通过现场总线和 PLC 控制变压器和阀组，控制电能输入强度、氧气及其他燃料的实际流量。生产过程中，控制系统根据各种测量仪器反馈回来的数据不断修改各控制参数，最终达到最优控制，可提高金属收得率 1~5%，降低电极消耗 0.3~1.5kg/t，降低冶炼电耗 5~60kW · h/t，节约氧气 3~15m^3/t（标态）。

在某钢厂 100tUHP 电弧炉应用。该厂有一座 100tUHP-EAF-EBT-AC 电炉，电炉变压器为 90MV · A，炉壳直径为 5800mm，电极直径为 700mm，平均出钢量为 100t，冶炼周期为 55min。

根据能量输入分段原理，将冶炼过程分成起弧、穿井、熔化、脱碳升温四个过程，根据程序计算，分别划分成若干个分段，其中起弧 2 个分段、穿井 3 个分段、熔化 3~5 个分段、脱碳升温 2~4 个分段。根据以上各分段工作状况，电弧炉炼钢动态物料衡算预测模型与电弧炉炼钢动态能量衡算模型分别计算冶炼过程能量需求，电弧炉能量输入控制模型根据计算结果确定电弧炉各种能量输入参数，包括供电、炉壁枪氧气、炉壁碳粉、烧嘴燃料、炉门枪氧气、炉门枪碳粉 6 个控制量，能量分段输入参数曲线如图 8-16 所示。

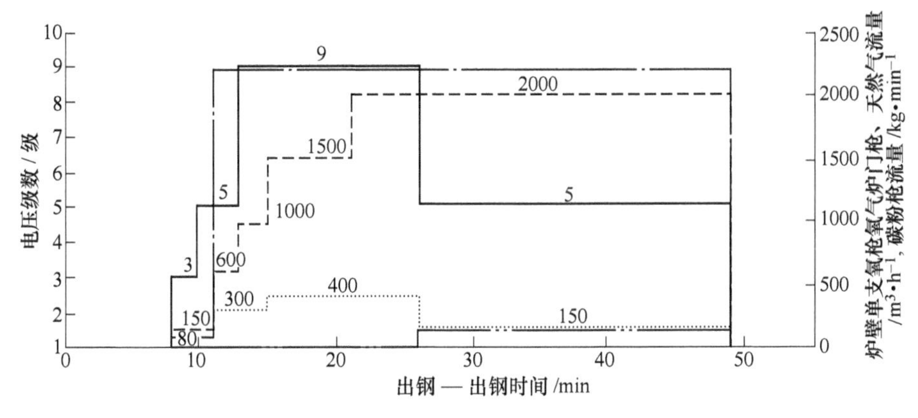

图 8-16 能量分段输入参数曲线

图 8-16 中实线为供电曲线；长虚线为炉壁供氧曲线；短虚线为炉壁天然气曲线；点划线为炉门枪供氧曲线；双点划线为喷吹碳粉曲线。

实际生产结果证明，可提高金属收得率 1%~2%，降低电极消耗 0.1~0.3kg/t，降低冶炼电耗 5~20kW · h/t，节约氧气 3~5m^3/t。

8.3 电弧炉冶炼终点控制

电弧炉冶炼常用的检测设备有：钢水成分和温度检测仪表；监视钢水和炉渣仪表；电弧炉等冷却仪表；喷吹系统仪表；排烟和除尘系统仪表；电极升降速度测量仪表；其他（计量设备、原副料投入设备等）。

电弧炉冶炼终点控制是将检测得出的数据作为输入，建立不同的模型，对电弧炉炼钢终点进行预测与控制。

8.3.1 电弧炉炼钢终点静态模型控制

8.3.1.1 钢水熔清成分模型

钢水熔清成分模型是根据物料平衡理论建立的，钢水熔清时第 i 种元素的预报值为：

$$[\%Dc_i] = \frac{(W_i) - (AW_i) - (RW_i)}{(MS)} \times 100\%$$

式中，W_i 为入炉料中第 i 种元素的总量，kg；AW_i 为钢中第 i 种元素参与化学反应的消耗量，kg；RW_i 为入炉料中第 i 种元素的熔清损失量，kg；MS 为钢水质量，kg。

8.3.1.2 碳含量预报模型

在现代电弧炉冶炼终点，钢液中硅、锰等易氧化元素不是控制目标，控制成分主要是控制钢液中的碳含量。

在吹炼初期阶段，熔池中碳含量相对较高，则90%氧气用于熔池脱碳，而在后期碳含量极低，则供氧量主要用于生成 FeO，造成金属收得率明显下降，易造成耐火材料侵蚀。在不同氧气流量下，脱碳速率与熔池碳含量有密切关系。

熔池中碳含量较高时，脱碳反应主要受供氧量控制，几乎所有供氧量均用于脱碳，则脱碳速率表现为：

$$-\frac{\mathrm{d}[\%C]}{\mathrm{d}O_2/MS} = P_{\mathrm{oc}}$$

钢液中碳含量预报模型为：

$$[\%C]_{\mathrm{ES}} = [\%C]_{\mathrm{O}} - \frac{(OS)\times(Y_{\mathrm{oc}})}{(P_{\mathrm{oc}})\times(MS)}\times 100\%$$

式中，$[\%C]_0$和 $[\%C]_{\mathrm{ES}}$分别是钢液中初始碳含量和计算预报碳含量；OS 和 Y_{oc} 分别是供氧的体积和氧气用于脱碳的利用率；P_{oc}是氧化单位质量的碳所需的氧量。

当碳含量较低时，脱碳反应速率主要取决于熔池的碳浓度，脱碳速率表现为：

$$-\frac{\mathrm{d}[\%C]}{\mathrm{d}O_2/MS} = k[\%C]$$

钢液中碳含量预报模型为：

$$[\%C]_{\mathrm{ES}} = [\%C]_0 e^{\left[-\frac{k}{MS}\times(OS)\times(Y_{\mathrm{oc}})\right]}$$

8.3.1.3 钢水温度预报模型

钢液温度预报模型为：

$$(T)_{\mathrm{es}} = (T)_{\mathrm{A}} - \frac{(Q_\nu)-(Q_{\mathrm{in}})_{\mathrm{es}}}{(MS)\times(C_{\mathrm{MS}})+(SLW)\times(C_{\mathrm{sl}})}\times\eta$$

式中，T_{A}和 T_{es}分别为钢液的目标温度和预报温度；SLW 为炉渣的质量；C_{MS}、C_{sl} 分别为钢液和炉渣的比热容；η 为热效率。

8.3.1.4 电弧炉静态控制模型的实现

模型的实现采用 WinCC 里的 ANSI-C 代码编写程序，如图 8-17 所示的电弧炉

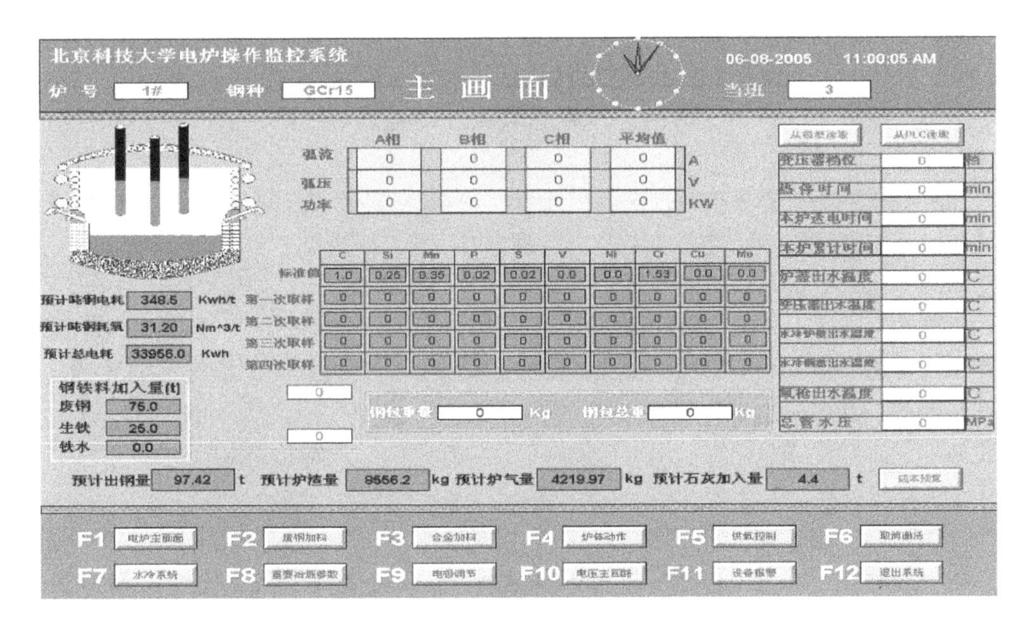

图 8-17 电弧炉静态控制模型画面

静态控制模型画面。在画面中实现了基本的物料平衡和热平衡计算，只要输入相应的数据，程序后台就可以根据预定算法进行物料平衡和热平衡的计算。在界面需要输入的数据有钢种、废钢加入量、生铁加入量、铁水加入量，我们就可以知道预计的出钢量、炉渣量、炉气量、石灰加入量、吨钢电耗、吨钢氧耗、总电耗。

在冶炼过程中，可以通过从模型读取按钮显示出钢液中碳含量的预报和钢水温度的预报，通过点击 PLC 读取按钮显示出取样的钢水成分和温度。当然，模型的预计值跟实际值是有一定误差的，因为模型是根据电炉静态模型来计算的，分为熔化期和氧化期两部分，里面的一些参数设置很多都是理想化的，而实际情况不可能跟模型一模一样，实际过程当中的一些不确定因素都将导致误差，所以还要进行修正。

8.3.2 电弧炉炼钢终点动态模型控制

8.3.2.1 电弧炉炉气量计算模型

电弧炉冶炼过程中，熔池中的碳元素不断被氧化，根据物理化学计算，脱碳反应产物为 CO，反应式为：

$$[C] + [O] = CO$$

熔池中的 [O] 来源主要有三部分：留钢留渣操作中钢水炉渣中的氧、电弧炉供氧系统供氧、卷吸空气供氧。

在电弧炉冶炼过程中，留钢留渣稳定，每炉由留钢留渣中获得的氧元素在本炉操作中还给了下一炉，对冶炼过程总氧元素消耗没有影响。炉气量计算模型中，不予考虑。

由供氧系统、卷吸空气带来的氧元素在熔池脱碳的同时还以两种形式存在，

（1）与脱碳反应产物 CO 反应，生成 CO_2，即二次燃烧；

（2）以氧气的形式存在于炉气中。

在反应过程中，氧元素的存在形式多样，导致炉气体积变化，但是炉气中的所有氧元素都是来源于氧气、空气，同时在化学反应的过程中由氧气、空气带入的 N_2 不参与化学反应，完全进入炉气中（在冶炼过程中进入熔池炉渣的 O、N 元素忽略不计）。在某一时刻，炉气总的 O、N 的比例与参与冶炼的氧气、空气体积比例是相关的。

氧气中，N_2 的体积分数为 1%左右，则氧气中 O/N 原子数量比为 99，空气中 O_2 体积含量为 21%、N_2 体积含量为 79%，则空气中 O/N 原子数量比为 0.2658。

$$B_{N\ 氧气}^{O} = (2 \times 99) \div (2 \times 1) = 99$$

$$B_{N\ 空气}^{O} = (2 \times 21) \div (2 \times 79) = 0.2658$$

实际现场的空气成分需要单独测量。

红外气体分析仪可以实时测量炉气中 CO、CO_2、O_2 的体积分数，同时假设，炉气中的其他成分为 N_2，则炉气总的 O/N 质量比是可以计算的，如下式：

$$B_{N}^{O} = (1 \times V_{CO} + 2 \times V_{CO_2} + 2 \times V_{O_2}) \div (2 \times V_{N_2})$$

根据 O、N 元素全部进入炉气假设，可得：

$$B_{N}^{O} = (L_{氧气} \times 99 \times 2 + L_{空气} \times 21 \times 2) \div (L_{氧气} \times 1 \times 2 + L_{空气} \times 79 \times 2)$$

$$\frac{L_{空气}}{L_{氧气}} = \frac{B_{N\ 氧气}^{O} - B_{N}^{O}}{B_{N}^{O} - B_{N\ 空气}^{O}} \times \frac{1}{79}$$

同理，在氧气、空气和废气流量也符合同样的关系式。根据供氧流量计算出卷入空气的流量，进而计算出炉气流量。

空气卷吸流量计算，如下：

$$Q_{空气} = \frac{L_{空气}}{L_{氧气}} \times Q_{氧气}$$

炉气流量为：

$$Q_{炉气} = (Q_{空气} \times 0.79 + Q_{氧气} \times 0.01)/(1 - V_{CO} - V_{CO_2} - V_{O_2})$$

8.3.2.2　炉气温度计算模型

电弧炉熔池内发生脱碳反应、生产 CO，而在熔池上部的空间内，CO 与自由氧反应生成 CO_2，即为二次燃烧。二次燃烧能提高电弧炉内化学能的利用率，在

一定程度上对熔池有加热作用，但是燃烧产生的热量绝大多数还是加热炉气，提高炉气温度，二次燃烧的状况决定了炉气的温度。在此提出按照二次燃烧程度计算炉气温度的思路，在一定程度上能解决电弧炉能量测量过程中炉气温度盲区的问题。

炉气温度计算模型提出以下假设：

（1）电弧炉冶炼过程中进入熔池内的所有氧气只参与脱碳反应，生成 CO 气体，未参与反应的气体存在与熔池上部自由空间内，准备二次燃烧，不与熔池发生传热，温度为常温。

（2）由熔池脱碳产生的 CO 气体与熔池温度相同，假设为 1600℃。

（3）二次燃烧产生的热量全部用于加热炉气。

（4）在相同时间进入炉体内的气体在相同时间转变为炉气，经第四孔排出。

根据假设内容，单位体积炉气的二次燃烧前的组成为：

CO 气体体积为：$V_{CO}+V_{CO_2}$，温度为 1873K

O_2气体体积为：$V_{O_2}+0.5\times V_{CO_2}$，温度为 298K

N_2气体体积为：V_{N_2}，温度为 298K

物理热为：$1873K\times(V_{CO}+V_{CO_2})\times c_{CO}+298K\times(V_{O_2}+0.5\times V_{CO_2})\times c_{O_2}+298K\times V_{N_2}\times c_{N_2}$

经过二次燃烧，炉气成分变为：

CO_2气体体积为：V_{CO_2}

CO 气体体积为：V_{CO}

O_2气体体积为：V_{O_2}

N_2气体体积为：V_{N_2}

温度同为炉气温度，即最终计算值 T_{lq}

（1）二次燃烧后炉气的物理热为：

$$T_{lq}\times(V_{CO_2}\times c_{CO_2}+V_{CO}\times c_{CO}+V_{O_2}\times c_{O_2}+V_{N_2}\times c_{N_2})$$

（2）二次燃烧过程中化学热为：$V_{CO_2}\times\Delta H_{CO\rightarrow CO_2}$

根据能量平衡原则，可得：

$$T_{lq}\times(V_{CO_2}\times c_{CO_2}+V_{CO}\times c_{CO}+V_{O_2}\times c_{O_2}+V_{N_2}\times c_{N_2})=V_{CO_2}\times\Delta H_{CO\rightarrow CO_2}+1873K\times(V_{CO}+V_{CO_2})\times c_{CO}+298K\times(V_{O_2}+0.5\times V_{CO_2})\times c_{O_2}+298K\times V_{N_2}\times c_{N_2}$$

根据测量的炉气成分，经过计算可得出炉气温度 T_{lq}。此计算方法只需要测量出电弧炉炉气成分，与气体的流量无关。电弧炉炼钢过程中炉气温度变化情况如图 8-18 所示。

8.3.2.3 炉气散热量模型

在电弧炉能量平衡中，由炉气带走的热量占能量损失的相当大部分，但是因

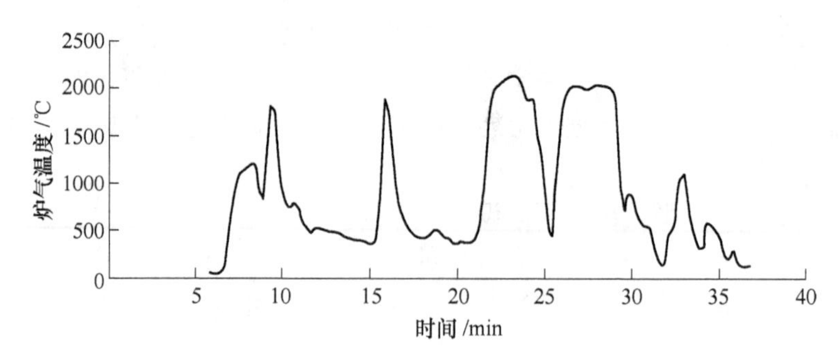

图 8-18　电弧炉炉气温度变化情况

为炉气温度高、变化幅度大，长期以来并没有对炉气的散热进行详细的计算。

电弧炉炉气成分测定为炉气散热量的计算带来了可行的途径，经过上部分对炉气量和炉气温度的计算，可以直接对电弧炉炉气热量进行计算。

在传统的能量平衡中，假设炉气的热容为一确定值，但是实际热容与炉气的成分有关。在电弧炉炉气温度计算模型中，同样使用了炉气热容来计算炉气温度，因此再次使用炉气温度与热容反推炉气物理热已经没有意义。

根据炉气温度计算方法，炉气中的物理热有两部分来源：CO 的物理热，二次燃烧的化学热。因此单位体积内炉气的物理热量与炉气成分有关。

炉气热损失强度与炉气热损失累积如图 8-19 和图 8-20 所示。

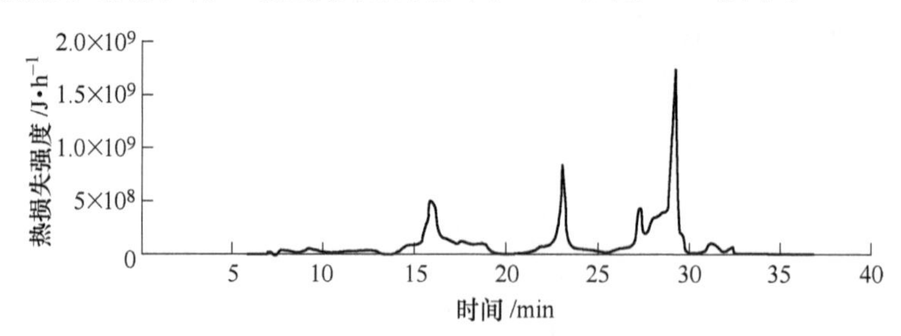

图 8-19　电弧炉炉气热损失强度随时间变化情况

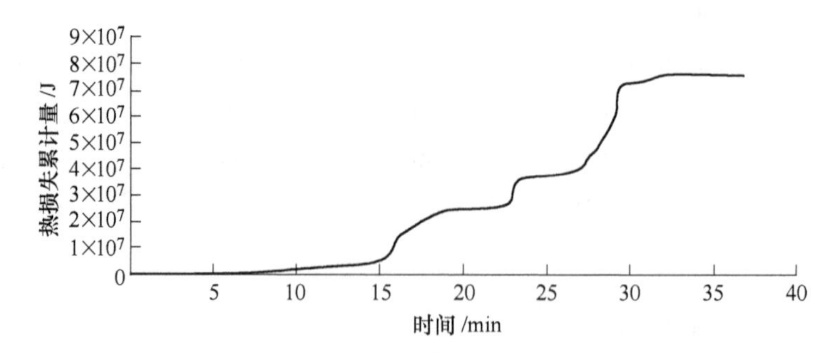

图 8-20　电弧炉炉气热损失累计量随时间变化情况

8.3.2.4 炉气脱碳增量模型

电弧炉的钢水脱碳都是由氧元素完成，反应式如下：

$$[C]+[O]=CO$$

所有的脱碳产物都由炉气带走，因此炉气中的碳元素质量与钢水中脱碳质量是相同的。

单位炉气中的碳质量为：

$$L_C=(V_{CO}\div\frac{22.3}{1000}\times12+V_{CO_2}\div\frac{22.3}{1000}\times12)\div1000$$

炉气成分测量周期为10s，在这段时间内，认为炉气流量和成分不变，在这段时间内的脱碳量为：

$$L_{炉气}\times(V_{CO}\div\frac{22.3}{1000}\times12+V_{CO_2}\div\frac{22.3}{1000}\times12)\div1000\times\frac{10}{3600}$$

随着冶炼的进行，电弧炉脱碳累计量为：

$$\sum(L_{炉气}\times(V_{CO}\div\frac{22.3}{1000}\times12+V_{CO_2}\div\frac{22.3}{1000}\times12)\div1000\times\frac{10}{3600})$$

以上建立的数学模型即为脱碳增量模型，该模型脱碳量累计情况如图8-21所示。

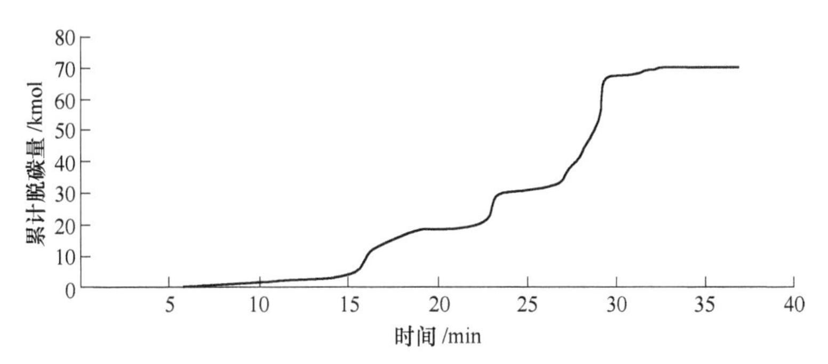

图8-21 电弧炉脱碳量累计

8.3.2.5 电弧炉炼钢脱碳速度模型

电弧炉脱碳速度可由炉气中的碳含量计算，决定脱碳速度的因素仍然为熔池中的碳氧反应。在转炉冶炼生产中，对熔池脱碳速度的研究比较深入，很多原理结论在电弧炉中是相通的。在钢水中，碳氧反应迅速，[C] 与 [O] 的乘积是一定值，如图8-22所示。

根据这一原理，部分企业也使用了钢水定氧设备测定钢水中 [O] 含量来间接测量 [C] 作为快速出钢的依据。吹炼末期，熔池温度在1600℃左右，界面上

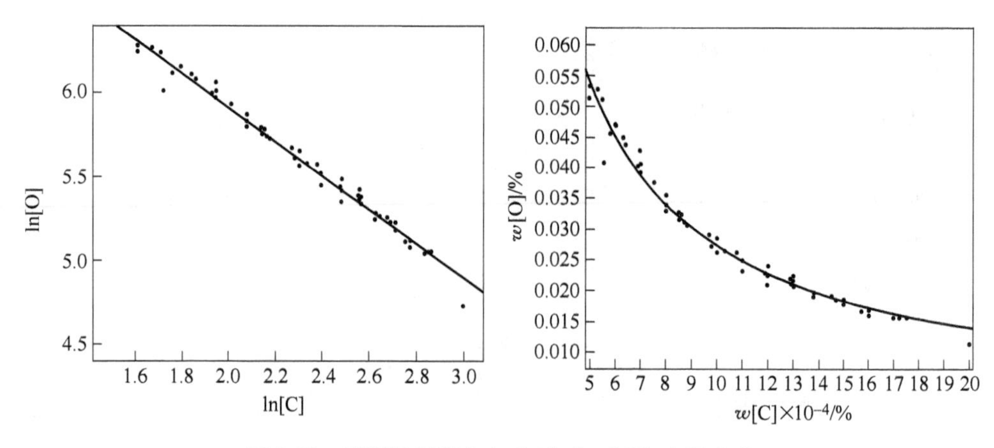

图 8-22　炼钢过程钢水中［C］与［O］含量变化

的化学反应速率远大于［C］在钢液中的传质速率，因此［C］在钢液中的传质是整个反应过程的限制环节。传质在整个反应过程中的主导作用越大，脱碳速率与碳含量的关系就越紧密。

分别用指数模型、反比例模型、二次方模型和三次方模型来拟合碳含量和脱碳速率的关系，通过大量的计算和对比发现，拟合效果最好的是三次方模型，碳的质量分数与脱碳速率的关系为：

$$w[\mathrm{C}] = 0.03071 + 0.00069L_{\mathrm{C}} - 2.603 \times 10^{-6}L_{\mathrm{C}}^2 + 8.0164 \times 10^{-9}L_{\mathrm{C}}^3$$

终点碳含量通过气体分析完全可以计算出来，电弧炉内的脱碳动力学条件与转炉有很大的不同，须通过数据分析寻找适合电弧炉使用的参数。

8.4　电弧炉冶炼成本模型

8.4.1　电弧炉静态成本模型

电弧炉冶炼成本模型是依靠 winCC 实现的。成本预算界面如图 8-23 所示。在成本预算画面中，需要手工输入的参数有废钢价格、生铁价格、石灰价格和电价格等。填好参数后，点击开始计算，计算出预计总成本的大小和预计吨钢成本的大小。同时，电炉炼钢中各个投入要素成本占总成本的百分比也一目了然地显示在界面上。该界面有一个“点击进入实现最低吨钢成本的配料计算”按钮，点击后进入最优配料计算画面。图 8-24 所示为最低吨钢成本时废钢和生铁的配料。

8.4.2　电弧炉在线成本控制模型

电弧炉在线成本控制模型以电弧炉的 PLC 数据网络为基础，实时动态采集冶炼过程中的各项冶炼数据，实现全程冶炼监控和完整数据存储；以成本消耗为

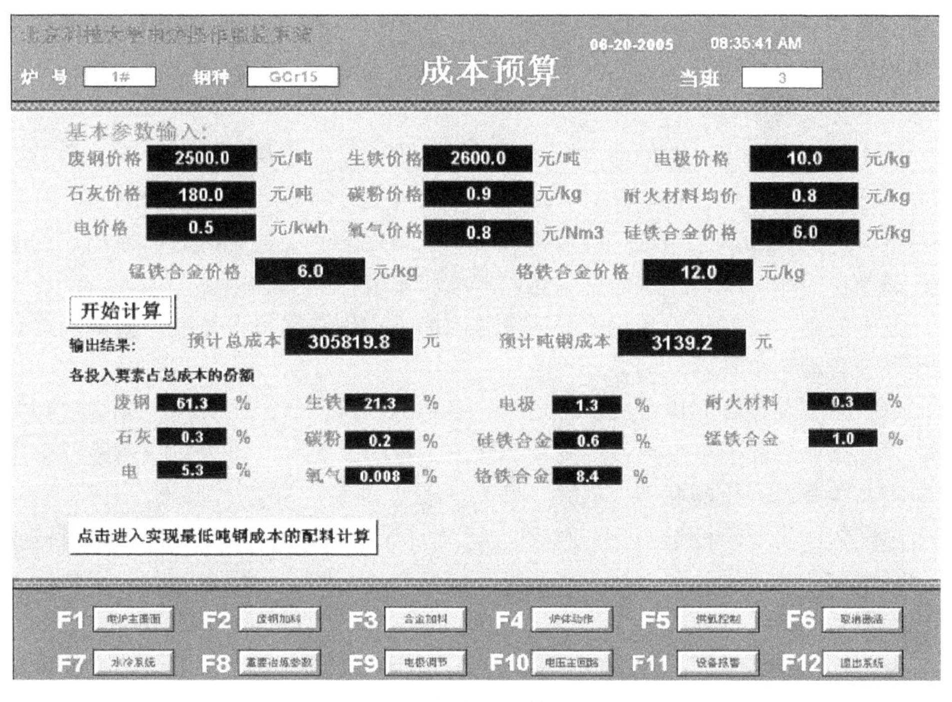

图 8-23　成本预算界面

图 8-24　最优配料计算

关键，精确计算冶炼各项的成本消耗，并与历史最佳冶炼炉次、理论冶炼消耗数据相比较，提高炉前操作人员的成本控制意识，提供了成本控制依据，能为降低冶炼成本提供帮助。

成本控制模型在控制冶炼成本的同时，并不放松对质量的关注，模型实时监控冶炼样品成分变化，自动比对样品元素含量与钢种要求，对于成分出格的样品及时报警，并在成本监控比对的过程中自动忽略冶炼不合格炉次，使模型成为基于产品质量控制的成本控制模型，达到产品质量合格下的成本最优。

成本控制模型还集成了化验数据发送网络、冶炼数据报表系统，提高了冶炼操作办公自动化水平。

电弧炉自动化计算机可进行多功能、多组态的过程监视及智能优化的过程控制，并在操作界面中下有下拉式菜单和弹出式报警画面等，可全方位监控整个生产流程及各重要部位的状态。对水、气的温度、流量、弧压、弧流、电弧功率、钢水温度等重要变量的趋势图、棒图进行及时显示，并可根据 PLC 通讯网传来当前钢水成分、质量、合金等一些参量。在所有过程中，均可进行人工干预或及时转为手动控制。

电弧炉在线成本控制模型成功应用于马来西亚安裕钢铁、衡阳钢管、新余新良特钢、天津钢管、台湾易昇钢铁等企业如图 8-25～图 8-30 所示。

衡钢 90t 电弧炉“大管坯成本与质量监控系统”是充分吸收和借鉴国内外钢铁企业现有成本监控系统的基础上，结合衡钢大管坯生产线的自身特点和要求，构建一套包括电弧炉和 LF 炉工序，集成本监控、过程优化指导、质量监控于一体的先进成本监控系统。主要内容包括：

（1）建立电弧炉成本监控系统，对电弧炉单炉成本进行预测与实时计算，并提供不同炉料结构的供电、供氧优化指导曲线及合金加入模型。

（2）建立 LF 炉成本监控系统，对 LF 炉单炉成本进行预测与实时计算，并提供优化的合金与渣料组合。

（3）实时记录电弧炉和 LF 炉冶炼过程中能量的输入、燃料、炉料、合金和辅料的加入情况，并提供成本与消耗班报、日报、月报等。

（4）建立质量控制主要要素计算机监控系统，实现多方式查询全过程质量控制情况，为质量追溯提供依据和便利，提高现场质量管理水平。

新良特钢电弧炉成本控制模型是用于指导新良特钢电弧炉生产流程的一套集电弧炉、精炼、连铸工序为一体的成本控制模型。

模型利用现有电炉冶炼实时数据，进行分析对比，寻找单炉冶炼最低成本，同时根据车间对冶炼节奏的需要使车间生产成本达到优化。模型采集现有电炉数据，以理论物料平衡与热平衡为基础，参考历史冶炼数据，得出理想状态下的最佳冶炼消耗和配料模式。根据数学计算，得出不同加入铁水量的供电、供氧工艺

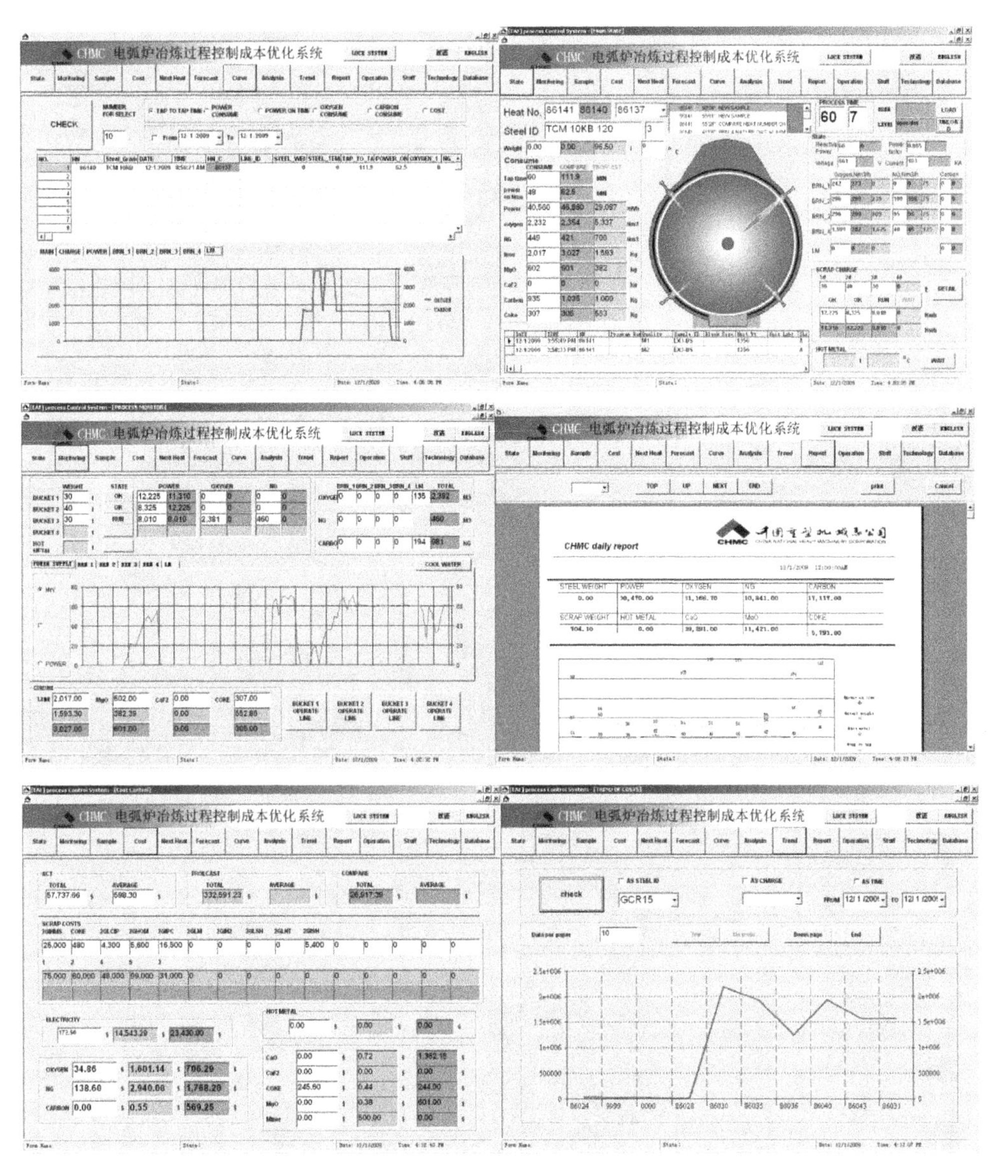

图 8-25 马来西亚安裕钢铁电弧炉在线成本模型

曲线和加料模式，调整现有的操作工艺。

对于特殊钢冶炼来讲，无论是电弧炉还是 LF 炉，在冶炼过程中都需要添加多种合金料来调整钢液的成分达到钢种的技术标准要求。合金料成本是炼钢生产成本的重要组成部分，优化合金料的添加组合和质量，可以有效地降低吨钢生产成本，并能将钢液成分控制在一个较窄的范围内，使产品性能保持在比较稳定的水平。

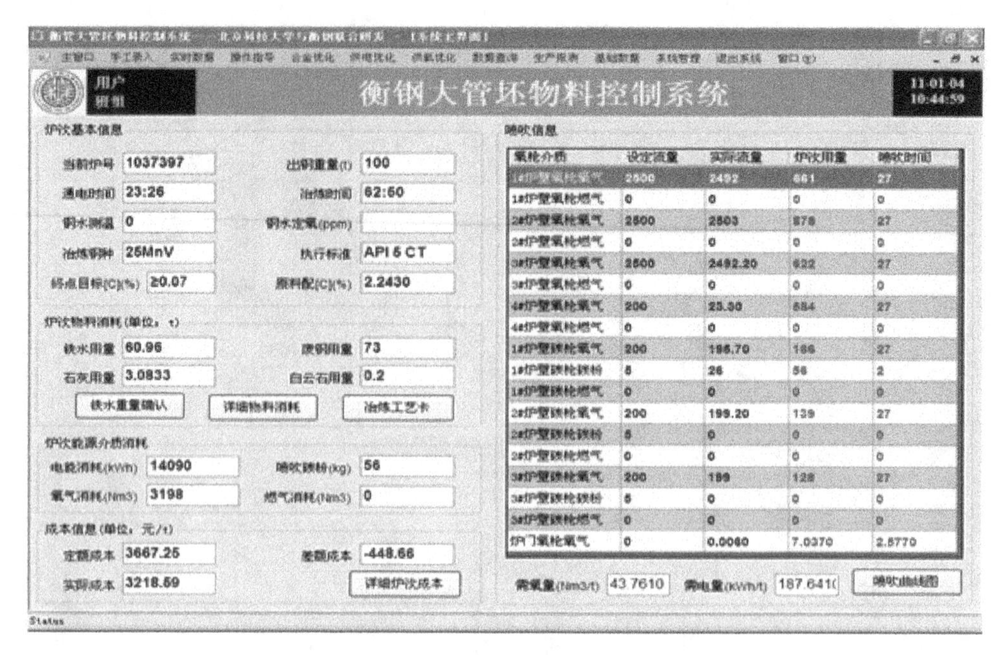

图 8-26　衡阳钢管 90t 电弧炉成本与质量监控系统

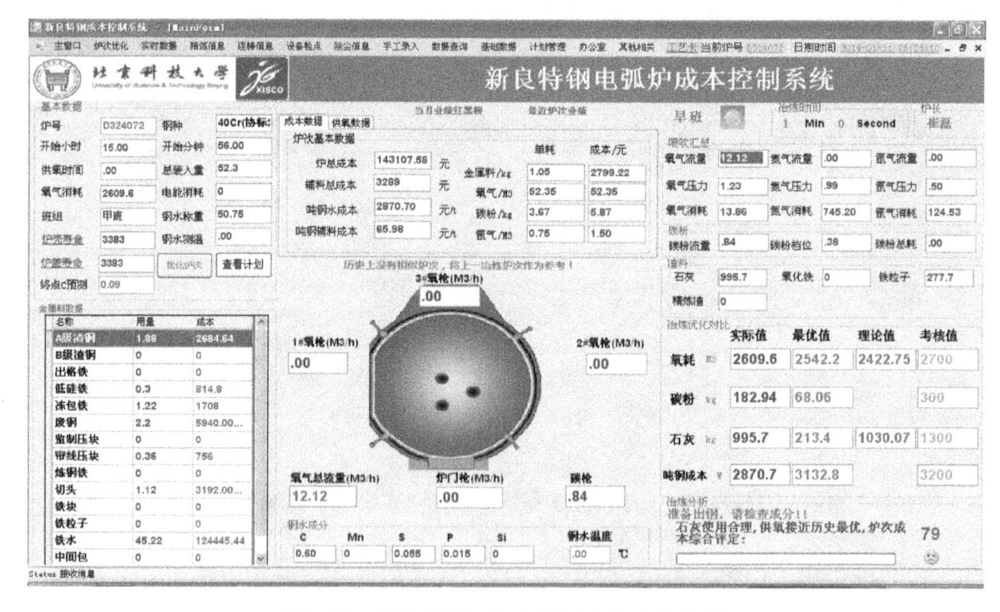

图 8-27　新良特钢 45t 电弧炉在线成本模型

天津钢管 150t 精炼炉合金加料优化系统的目标是在满足成分要求的前提下使投料成本最低，按照炉次冶炼钢种的技术指标及企业的规定要求进行合金添加。

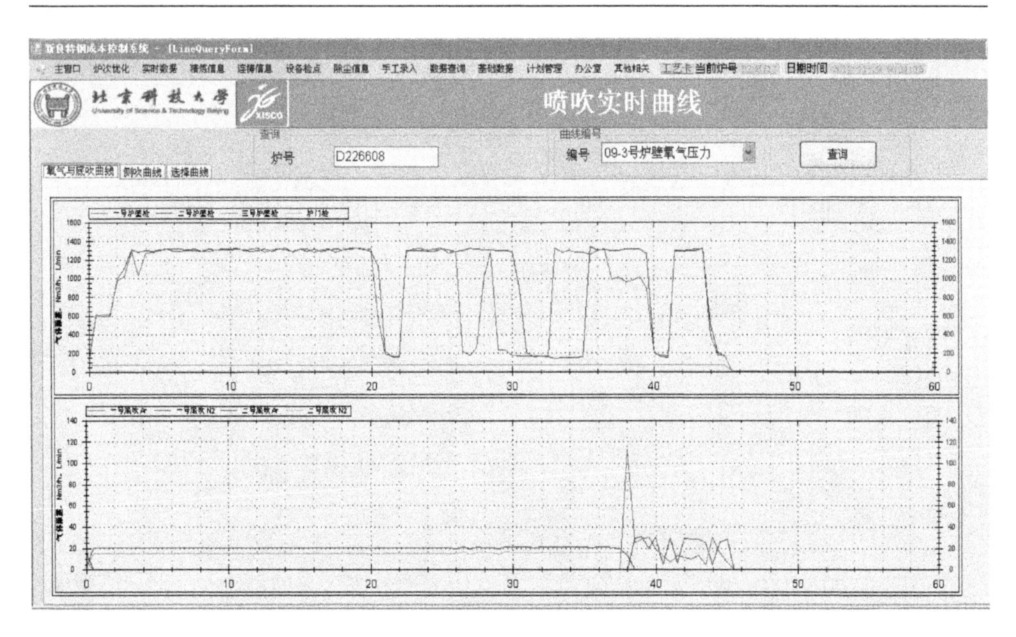

图 8-28 新良特钢 45t 电弧炉在线成本模型供氧界面

图 8-29 天津钢管 150t 精炼炉在线成本模型

在合金加料过程中，元素收得率对合金投料量的计算具有至关重要的作用。准确判断和控制元素收得率，是提高钢液成分调整的关键。而收得率对于不同的精炼炉、不同钢种以及不同电弧炉出钢条件都是不同的，在快节奏的生产过程

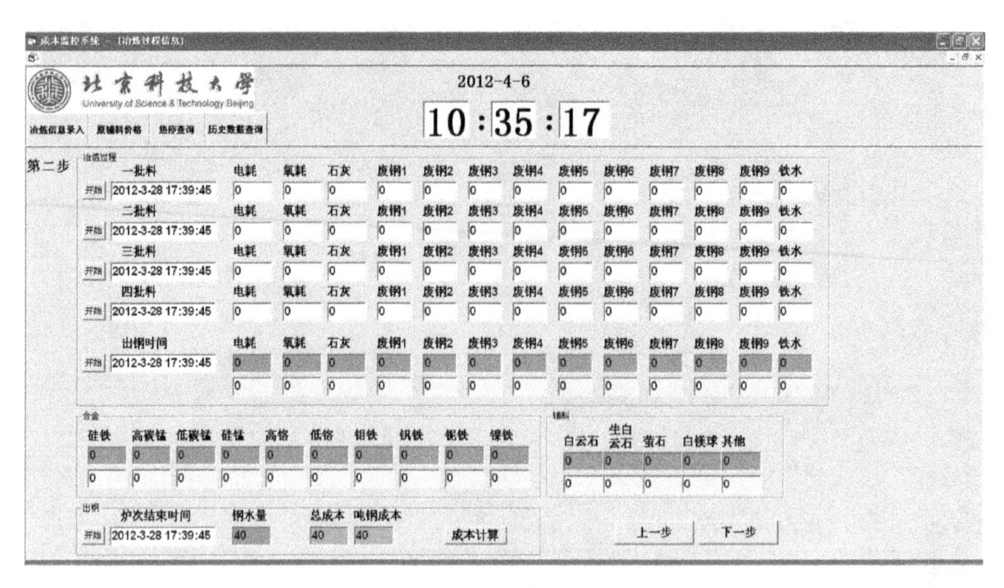

图 8-30　台湾易昇钢铁成本监控模型

中，也无法依靠人工进行每炉次收得率的核算与修正。因此，为了获得准确、实时的合金元素收得率，将通过历史加料数据自学习的方法，利用计算机技术建立起合金元素收得率动态库，从而提高合金加料量的准确度。

天津钢管 150t 精炼炉合金加料优化系统按照线性规划的方法建立，由决策变量、目标函数和约束条件构成。其中，决策变量是每种合金的使用量，目标函数以满足合金成本最低为原则，约束条件包括钢种成分约束、合金最大用量、冶炼技术规范等，从而计算出最佳的合金加料方案。系统主要工作内容包括：

（1）数据采集。实时采集与保存合金加料信息、钢水成分信息等。

（2）收得率动态库。为了获得准确、实时的合金元素收得率，通过历史加料数据自学习的方法，建立起合金元素收得率动态库，从而提高合金加料量的准确度。

（3）计算优化。在满足成分要求的前提下投料成本最低，按照炉次冶炼钢种的技术指标及企业的规定要求计算合金加料。

（4）分析汇总。提供历史数据查询、数据汇总、数据分析等功能，为事后分析各个炉次冶炼状况提供依据。

（5）合金加料优化。分析电弧炉出钢钢水成分、精炼包成分与精炼冶炼结束成分的化学成分（包括氧含量）；分析钢水中影响氧含量的因素，进而研究氧含量与各主要合金元素收得率的关系。

9 各种形式电弧炉供氧及典型厂家应用情况分析

化学反应热在电炉能量输入中占了相当大的比例，达到20%~30%；特别是电炉使用铁水后，化学热的比例达到40%~80%，这是现代电弧炉炼钢工艺的一个重要特点。供电与供氧的结合是电炉提高生产节奏及节能降耗的重要手段。

吹氧助熔废钢技术在电弧炉炼钢发展过程中曾带来变革性的进步。为降低电（能）耗，提高能量输入强度以缩短冶炼周期，当前，各电炉厂家不断对现有设备进行改造，开发利用多种形式的能量利用技术，如炉门碳氧枪、EBT氧枪、二次燃烧枪、炉壁氧燃烧嘴、底吹技术等。将传统烧嘴的亚声速喷吹变为超声速即成为炉壁喷枪。通过集束射流技术，使得氧气流股的动能损失减小，实现向熔池高速供氧脱碳，不仅改善了炉内热量和成分的均匀性，而且可关闭炉门冶炼，达到降低热损失和噪声的良好效果。采用炉壁喷枪使冶炼周期缩短10min以上，吨钢电耗降低50kW·h以上。

目前，在电炉炼钢供氧技术不断更新发展的情况下，又出现了集预热烧嘴、集束射流吹氧脱碳、碳粉喷吹造泡沫渣以及二次燃烧等功能于一体的组合电炉供氧装置，如Danieli公司的Oxygen Module技术、Praxair公司的Cojet技术、ACI公司的PYREJET技术[1]、美国PTI公司的JetBox技术[2,3]，以及北京科技大学开发的USTB集速射流技术。

从20世纪90年代起，我国相继建设了多座大容量超高功率电弧炉，电弧炉炼钢技术有了长足的进步，缩小了与先进国家的差距。据报道，1990~1999年我国共建设60~150t高功率、超高功率电弧炉19座，总容量为1645t[4]，2000年以后，又新建50台以上电弧炉投产[5]。

为了提高电弧炉生产率和钢的质量，并与连铸机实现有效配合，一些电弧炉钢厂在建设大型电弧炉的同时，全都建有钢包精炼装置（LF）并采取全连铸生产。一些钢厂还建有VD真空精炼装置，如上海宝钢、天津钢管公司、成都无缝钢管公司，为生产石油管、油气输送管、高压锅炉管等优质钢，均建有VD真空精炼装置，形成了UHP-EAF→LF(VD)→CCM的优化工艺，从而保证了钢的质量，满足了用户需求。

以下介绍了国内宝钢、天管和莱钢的电弧炉供氧及应用情况，并对德国等国外电弧炉用氧技术进行了简单介绍。

9.1　宝钢电弧炉供氧

9.1.1　电弧炉简介

宝山钢铁股份有限公司宝钢分公司电弧炉厂设计年产钢水 100 万吨、坯 96 万吨，冶炼设备为 150t 超高功率双壳直流电弧炉，于 1994 年从法国 Clecim 公司引进，精炼设备为 150t 钢包精炼炉和 VD 真空脱气装置，连铸设备为 150t 六流圆/方坯弧形连铸机，精炼及连铸设备主要从意大利的 Danieli 公司引进[6]。电弧炉的主要参数见表 9-1。铸坯断面分为三种规程，ϕ178mm、ϕ153mm 和 ϕ160mm。圆坯用于轧制无缝管，主要钢种包括油井管、各类锅炉管以及碳素结构管钢；方坯主要用于轧制线材，主要钢种包括冷镦钢、弹簧钢、硬线钢等。

表 9-1　电弧炉主要参数

项目	参数
电弧炉公称容量/t	150
留钢量/t	40
变压器容量/MV · A	99
底电极/mm	3 根 ϕ250 水冷钢棒
石墨电极直径/mm	711
炉膛直径/mm	6248
出钢方式	偏心炉底出钢

此外，全连铸炼钢厂中，生产顺行的最重要因素是每个工位的可控性，而在 EAF+LF+VD+CCM 生产线上 EAF 则最难以做到完全可控。为此，建立 EAF 冶炼标准工艺模式并进而实现定量或模式化炼钢是极为重要的。

宝钢电弧炉形成包括主原料加入、供电、吹氧、石灰加入与碳粉喷吹等内容的标准工艺冶炼模式，且在不同的生产条件下推出不同的标准工艺模式（图 9-1）[7]。

9.1.2　多功能氧枪的主要结构

在宝钢 150t 电弧炉的双炉座上，分别装有 4 组多功能集束射流枪，分别安装在下水冷炉壁炉门和偏心区两侧的水冷板上，每组多功能集束射流枪包括 1 支主氧枪、1 支碳粉枪及 1 支二次燃烧氧枪。多功能集束射流枪由五个部分组成：安装框架、水冷底板、集束射流主氧枪、碳粉枪及二次燃烧枪。

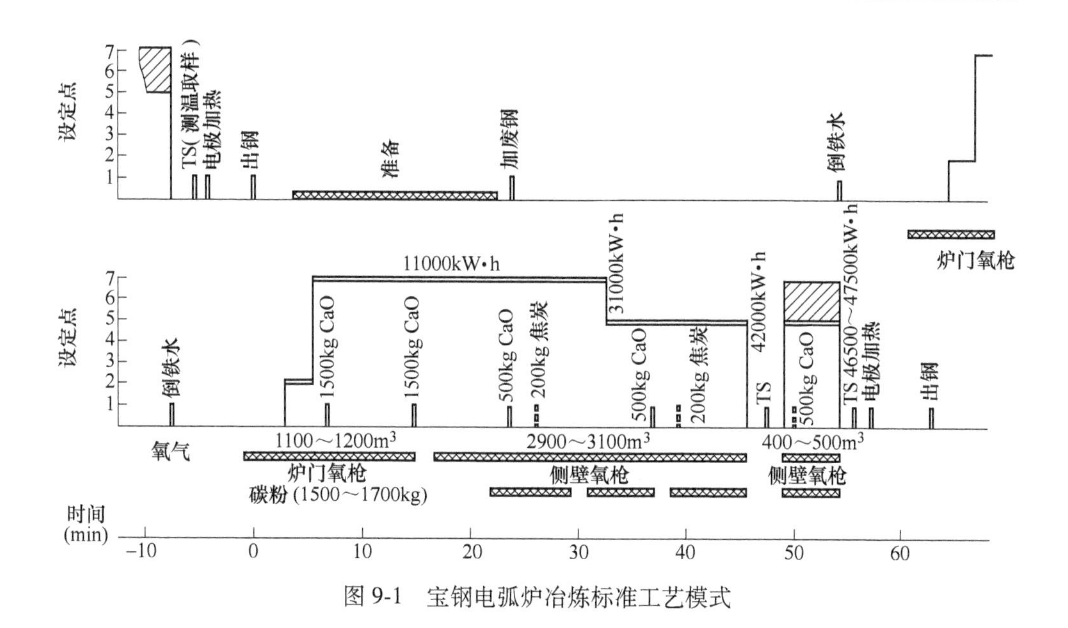

图 9-1 宝钢电弧炉冶炼标准工艺模式

9.1.2.1 安装框架

多功能集束射流枪安装在水冷炉壁上，在对应的安装位置开孔，开孔处固定多功能集束射流枪的安装框架。安装框架材质为碳钢，其作用是固定多功能集束射流枪的水冷底板。

9.1.2.2 水冷底板

水冷底板采用铜质制造，用楔钉固定在安装框架上，可快速拆装。水冷底板的作用是固定喷枪并对喷枪进行冷却。

9.1.2.3 集束射流主氧枪

主氧枪采用楔钉固定在主水冷底板的安装孔内。主氧枪为三层套管结构：中心管通主氧气，中间管通焦炉煤气，外层管通辅助氧气（环氧）。图 9-2 为多功能主氧枪喷孔结构示意图。辅助氧气和焦炉煤气燃烧，在主氧气射流周围形成环状高温保护气流，使主氧射流的衰减速度大大减慢。主氧枪与水平方向及炉体径向呈一定夹角，枪头距熔池表面适当，以确保主氧射流的脱碳效果及对熔池的搅拌作用。

主氧枪在冶炼前期用作烧嘴模式预热废钢，通过调节主氧气和焦炉煤气流量，利用焦炉煤气燃烧产生的热量，对废钢进行预热和助熔，并对熔池中钢水进行预脱碳，有显著的节能效果，并能缩短冶炼时间，提高生产效率。对于宝钢的

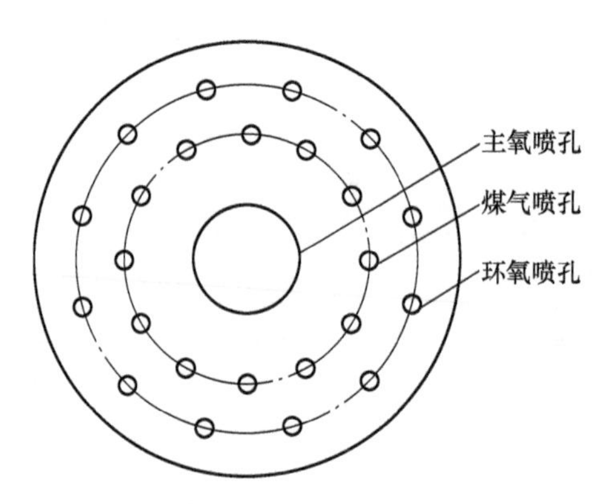

图 9-2　多功能主氧枪喷孔结构示意图

一电两炉，在当前炉冶炼的同时，待机炉座主原料入炉后，可采用烧嘴功能进行废钢预热，大大延长了废钢预热时间，节能及提高生产率的效果更好。在冶炼中后期，主氧气以集束射流形式吹入钢水中，集束射流对熔池的穿透、搅拌能力强，有利于钢水快速脱碳和熔池温度的均匀。

9.1.2.4　碳粉枪

多功能集束射流氧枪包括一个专用的碳粉喷枪，喷吹碳粉流量可调。当钢水熔池形成后，向钢-渣界面喷吹碳粉，形成良好的泡沫渣。碳粉枪是一根自耗钢管，由楔钉固定在主水冷板上。碳粉枪利用压力大于 0.4MPa 的压缩空气作为介质，在需要时将碳粉喷入渣-钢界面造泡沫渣。碳粉枪位于主氧枪一侧，高度略低于主氧枪，为了保证造泡沫渣效果，碳粉枪需与主氧枪保持一定角度。

碳粉的贮存仓为 100m^3，贮存仓下分为 4 个 1m^3时的喷吹仓，每个喷吹仓下各安装一个旋转给料机，其给料能力为 10~50kg/min，碳粉出旋转给料机后经分配器分成两路，输送到两支碳粉枪进行喷吹。

9.1.2.5　二次燃烧枪

二次燃烧枪位于主氧枪一侧，由楔钉固定在主水冷板上，其作用是向炉内喷入氧气，与炉气中的 CO 反应产生热量，达到节电和提高生产率的目的。多功能氧枪的结构如图 9-3 所示。

9.1.3　多功能氧枪现场使用情况

9.1.3.1　介质消耗情况

表 9-2 给出了多功能氧枪的介质消耗情况。

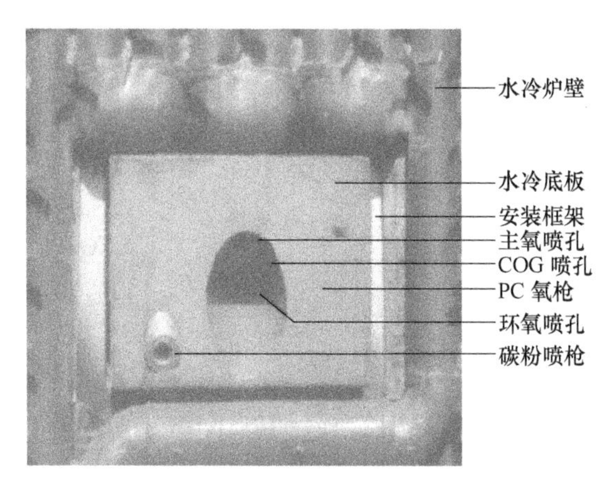

图 9-3 多功能氧枪结构图

表 9-2 多功能氧枪的介质消耗情况

介质/$m^3 \cdot t^{-1}$				介质/$kg \cdot t^{-1}$
主氧	PC	环氧	COG	碳粉
34.6	5.2	4.0	8.4	6.1

9.1.3.2 效果

(1) 采用多功能氧枪后，废钢熔化明显加快，熔池形成时间提前约 5min，通电在 12000kW · h 后即可形成较好的泡沫渣，电弧噪声明显下降，在中后期泡沫渣埋弧效果相当好，几乎听不到电炉噪声。

(2) 原氧枪需专人操作，多功能氧枪设定点在大部分时间里均可自动切换，采用多功能氧枪后不需专门的操枪人员，且实现了吹氧的标准化、模式化作业。

(3) 取消原炉门氧枪后，炉门在前期可完全关闭，炉门流渣后，炉门的开度较使用原氧枪时要小约 2/3，减少了炉门冷空气的吸入量，对降低电耗及降低钢水吸氮有利。

(4) 采用多功能氧枪后，集束射流脱碳速度加快，供氧与供电趋于匹配，在铁水比 33%的情况下，消除了原氧枪的“电等氧”现象。由于脱碳能力加强，铁水比有进一步提高的潜能，在所做的 50%、72%铁水比试验中，通电—出钢毕时间分别为 32min 和 36min，电耗分别为 205kW · h/t 和 80kW · h/t。

(5) 对宝钢的“一电两炉”，在一炉座冶炼的同时，待机炉座可在主原料入炉后即采用多功能氧枪的烧嘴模式进行废钢预热。铁水比为 33%，通电前预热为 19min，通电到出钢毕时间为 24min，电耗为 154kW · h/t。

(6) 多功能氧枪投入后，电炉的电耗、氧耗、电极单耗及冶炼周期等主要技术指标显著改善，冶炼周期缩短约 8min，电耗下降 30kW · h/t 以上，电极单耗下降 0.1kg/t 左右。多功能氧枪投入后技术指标与投入前（2004 年前 10 个月）的对比情况如图 9-4 和图 9-5 所示。

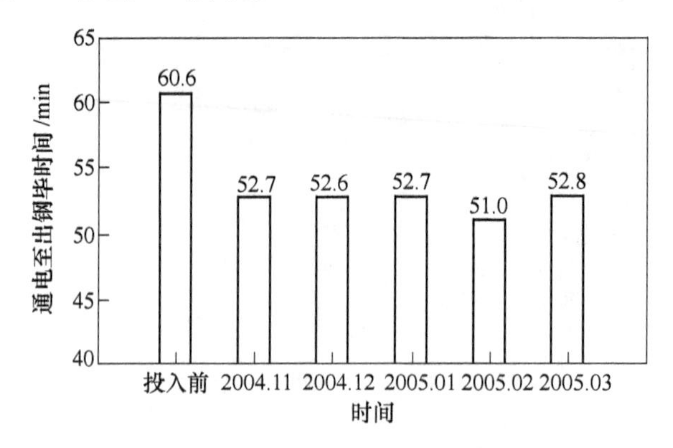

图 9-4　Cojet 投用前后出钢周期对比

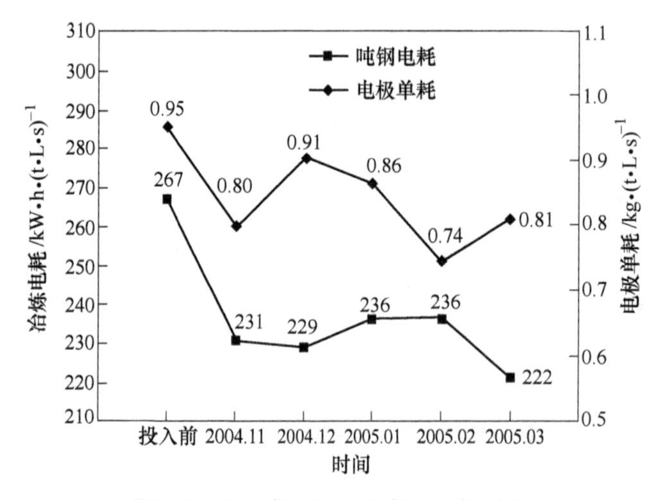

图 9-5　Cojet 投用前后电耗、电极对比

9.1.4　氧枪现存问题

9.1.4.1　水冷氧枪粘渣粘钢

一方面由于水冷氧枪的水冷强度偏低（冷却水流量仅为 $80m^3/Hr$）；另一方面由于两根枪氧枪枪管较粗，且两根枪管之间还有一根碳枪，三根枪管之间的空间较小，造成炉渣、钢水容易在枪管上黏结，如不及时清理容易造成枪管损坏。在电炉投产初期，由于枪管粘渣粘钢严重，曾经造成水冷枪一度停用。随着造渣

制度及吹氧操作的改进，此问题已得到有效控制。

9.1.4.2 铜喷头熔损

吹氧过程中，高温火焰会对铜喷头造成一定的熔损，特别是当熔池中有大块未熔废钢时，如氧气射流正对废钢，反射火焰会对铜喷头造成严重的熔损。因此，在采用水冷氧枪吹氧之前，必须用自耗氧枪将炉门口区域废钢熔化掉，并保证形成一定大小的熔池，这样可避免铜喷头的非正常熔损。

9.1.4.3 渣钢飞溅

超声速的氧气射流具有很高的动能，在吹到熔池表面时，造成炉渣、钢水的剧烈飞溅（铁水比越高越严重），从而造成如堵塞炉盖测压孔、黏结烟道挡板等问题，严重者甚至使炉盖黏结到炉壳上。为避免此问题，应适当控制氧枪高度。此外，据日本某厂的经验，增加主燃烧氧喷孔的数量是解决此问题的最有效方法。

9.1.4.4 二次燃烧问题

作为一种节能降耗的措施，炼钢工作者在二次燃烧方面完成了多项研究，目前也有多种实现二次燃烧的方法。宝钢电炉的氧枪在设计上具备了二次燃烧的功能，主燃烧氧与二次燃烧氧集中在一根枪管中，构成了所谓的“背上式”（piggy-back）二次燃烧方式。但实际应用过程中，由于二次燃烧在炉膛内较高的位置进行，虽然炉气温度较高，但传至熔池的热量有限，且由于炉气温度高，容易造成炉壁、炉盖的冷却水温度高，发生报警，致使冶炼过程被迫中断。这一问题至今未能得到较好的解决。

9.2 天津钢管公司电弧炉供氧

天津钢管公司（简称“天管”）是生产大口径无缝钢管的专业化公司，从国外成套引进炼钢、轧管及管加工技术与设备。炼钢厂的设备与技术全部从德国曼内斯曼德马克引进，主要包括 150t UHP-EAF、LF、VD 各 1 座，四流弧形圆坯连铸机 1 台，是国内第一台 150t 超高功率电炉。生产过程采用 100%钢水精炼和全连铸方式[8]。

为提高钢的质量和改善钢材的使用性能，天津钢管公司在电弧炉生产工艺上采用喷入氧气、碳粉、石灰粉和直接还原铁（DRI）细粉、二次燃烧、炉顶喷吹等技术。通过不同工艺的实践对比，形成了合理的装备及生产工艺流程，提高了 EAF 的生产效率，同时还降低了生产成本。

9.2.1 电弧炉简介

天管电炉采用了当时国际上最先进的电弧炉配套技术：（1）使用海绵铁/热压块（DRI/HBI）技术；（2）废钢预热装置；（3）大容量变压器有载调压技术；（4）水冷炉壁和水冷炉盖技术；（5）长弧泡沫渣技术；（6）炉盖第四孔及屋顶罩二次除尘系统；（7）高位料仓连续加料装置；（8）炉壁氧-油烧嘴和炉门悬臂式自耗氧枪装置；（9）偏心炉底无渣出钢（留钢留渣）技术。再加上实行全精炼、全连铸、过程全计算机控制，因此使其成为当时国内大型超高功率电弧炉的典型代表。

9.2.1.1 150t 电弧炉原设计工艺参数

（1）炉料结构：50%废钢+50%海绵铁；（2）废钢预热温度：250℃（可节能 25kW·h/t 钢水）；（3）电弧炉变压器容量：90MV·A；（4）炉门自耗氧枪工作流量：1×3000m^3/h（标态）；（5）炉壁轻油烧嘴辅助能量：3×3MW；（6）除尘风机风量：700000m^3/h（标态）；（7）电炉冶炼电耗：580kW·h/t 钢水；（8）氧枪氧气消耗：17m^3/t 钢水；（9）轻油消耗：8kg/t 钢水；（10）石灰消耗：50kg/t 钢水；（11）冶炼周期：100min；（12）日生产炉数：14.4 炉/日；（13）出钢量：150t 钢水/炉；（14）年生产钢水量：60 万吨。

9.2.1.2 电弧炉工艺流程

天津钢管公司为扩大产量，提高电弧炉用氧量，对原设计工艺参数进行改进，由巴登公司引进带有双氧枪的炉门吹氧装置，其供氧能力为 6000m^3/h，并配有造泡沫渣的喷粉装置。电弧炉炼钢的原料以统购废钢为主，每炉配加海绵铁和生铁各 20t。

天津钢管公司电弧炉采用偏心炉底出钢，装完第一篮料后即开始吹氧，到基本熔清之前都用双枪吹氧，氧流量为 6000m^3/h，并喷吹碳粉造泡沫渣。炉渣碱度在化清时达到 2 左右，并大量放渣以保证有效脱磷。当熔池达到 1550℃时，连续加入海绵铁。采用两支氧枪吹氧每分钟可以多熔化海绵铁 357kg。钢水成分、温度合格后即可出钢。从装料到出钢一般约为 70min，其中吹氧时间为 50~55min[9,10]。

9.2.2 泡沫渣工艺的完善和炉门机械氧枪的创新

原设计造泡沫渣是采用炉顶第 5 孔加入焦炭粉的方法，由于焦炭粉被除尘系统吸走或随炉渣流到炉外，故造成消耗大、利用率低、泡沫渣高度不理想、保持时间短、埋弧差等问题。针对上述问题，开发了炉门喷吹焦炭粉技术，并制定合理的造渣工艺，控制炉渣碱度、FeO 含量、钢渣比等；泡沫渣高度平均可达 600mm 左右，埋弧好，护炉效果明显，炉壁寿命由原 300 多次达到 500 次以上，电能利用充分，脱磷速度加快，钢中气体含量降低。

原机械式自耗氧枪，由于吹氧效率低、供氧量不足、吹氧管剩余过长、更换频率高，不能很好地配合造泡沫渣，为此对原有的机械氧枪进行了改造创新，完成引进 BSE 炉门三枪操作（两枪供氧，一枪喷吹焦炭粉），强化了供氧操作，满足了熔化和泡沫渣工艺的需求。

9.2.3 炉壁喷枪及二次燃烧系统和炉顶喷吹系统

为满足用户对管材质量和产量的更高要求，天管主要在以下几方面对炼钢系统进行了一次较大的创新改造[11]，电弧炉喷枪系统主要由 LANGE/STEIN 公司负责。

（1）全面完善现有的炉门喷碳系统，在炉壳周围增设 3 支炉壁超声速氧枪（2.5MW/个），分布在 3 个冷区。其作用是前期可通过双射流工艺切割废钢助熔，缩短熔化期，中后期优化供氧工艺，降低电耗，保持炉渣的一致性；完善泡沫渣操作，强化冶炼，使炉内用氧制度更加合理。

（2）炉壁增加 2 支碳粉喷枪，优化炉后及出钢位泡沫渣工艺，保护炉壁。中后期配合氧枪、燃气烧嘴进行二次燃烧。

（3）在炉壁上安装 4 支燃气烧嘴（2.5MW/个）缩短熔化期，实施二次燃烧。烧嘴装在氧枪旁边使“火焰形状及燃烧”最佳化，能以较低的能耗更快地熔化炉料，其作用是熔炼前期助熔废钢，中后期进行二次燃烧。

（4）安装 1 个 DRI 细粉喷射系统，可直接喷吹 DRI（或粉料），降低熔化 DRI 的能耗，达到“DRI 粉料”能充分利用的目的，无需再造冷压块，提高收得率，降低成本。

（5）炉顶安装 3 个轻烧镁砂、石灰喷射系统，分别向炉内 3 个热区的渣线部位喷吹轻烧镁砂或氧化钙来覆盖“热区”，以降低炉壳热区耐火材料损耗，提高耐火炉衬寿命。该措施有利于缩短补炉时间和喷补次数，缩短停电时间，提高作业率。

9.2.4 效果分析

经过生产实践证明，主要技术经济指标完全达到创新设计目标，与生产初期比较，效果非常明显，达到了节能降耗、改善环境的目的，同时在保证生产纯净钢时，作业率明显提高。表 9-3 是 2002 年天管 150t 电弧炉各项技术指标。

表 9-3　2002 年天津钢管公司 150t 电弧炉主要技术指标

技术创新项目	技术创新前	技术创新后
天然气消耗/$m^3 \cdot t^{-1}$	—	6
碳粉消耗/$kg \cdot t^{-1}$	10	8
MgO 喷吹速度/$kg \cdot min^{-1}$	—	≤90
DRI 喷吹速度（粉）/$kg \cdot min^{-1}$	—	≤500
日冶炼炉数	≥14	≥20
出钢—出钢时间/min	≤100	≤65
年产量/万吨	60	≥90
电耗（不含 LF）/$kW \cdot h \cdot t^{-1}$	531	402
电极消耗（不含 LF）/$kg \cdot t^{-1}$	2.9	1.4
氧耗/$m^3 \cdot t^{-1}$	21	43
气体含量（$\times 10^{-6}$）	O<40，H<2	O<20，H<2
炉壳寿命/次	>300	>500

通过技术创新，使铸坯质量、产量明显提高，达到了节能降耗的目标，主要表现在以下方面：

（1）熔化期化学能转变成热能可有效利用。

（2）进入除尘系统的气体温度降低。除尘燃烧室处理 CO 负担减轻，CO 的排放量降低。

（3）有效快速脱碳，缩短冶炼周期。炉壁得到了有效保护（高温区），降低耐火材料消耗。

（4）碳粉喷入利用率高。泡沫渣形成快，连续性长，可以保证炼钢工艺所需的泡沫渣厚度。

（5）提高电弧稳定性，有效提高输入功率。

（6）实现了全自动控制操作等。

2010 年后，天管采用热装 40%铁水并采用北京科技大学氧枪技术后，生产效率大幅度提高，日冶炼 30 炉，生产成本下降。

9.3　莱钢电弧炉供氧

9.3.1　电弧炉简介

在现代化的“EAF—LF—CC”短流程炼钢工艺中，现代电弧炉已取消了传统的“熔化、氧化、还原”三段式冶炼工艺，其功能主要体现在快速化料和升温上，要求冶炼周期短，以满足连铸快节奏的要求。节能降耗、高效生产也已成为当代电弧炉的主要技术发展趋势。

莱钢50t电弧炉（AC）是从德国引进的二手主体设备，经配套与改造，现已形成“1座50t电弧炉→1座60t钢包精炼炉→1座60t VD真空脱气炉→1台三机三流大方坯合金钢连铸机”的炼钢生产线[12]。改造后，其炼钢设备充分吸收和利用了现代炼钢技术，如超高功率供电及导电横臂技术、电极调节智能控制系统、水冷炉盖炉壁技术、电极水冷喷淋技术、炉门超声速氧枪供氧及喷粉罐喷粉造泡沫渣技术、炉壁氧枪强化供氧技术、偏心底无渣出钢及留钢留渣操作技术等。经过近几年的工艺实践，电弧炉平均冶炼周期从初期的100min降至42.7min，平均冶炼电耗从550kW·h/t降至249kW·h/t，实现了高效低耗。50t超高功率电弧炉的主要技术参数列于表9-4。

表9-4 50t超高功率电弧炉的主要技术参数

参数	单位	数值	参数	单位	数值
公称容量	t	50	二次电压	V	333~603
平均出钢量	t	52	二次电压级数	级	13
最大出钢量	t	58	调压方式		有载电压
留钢量	t	5	最大二次电流	kA	44
炉壳内径	mm	4600	电极直径	mm	500
炉内容积	m^3	35	电极极心圆	mm	1150
变压器容量	MV·A	35	电极自调方式		液压
一次电压	kV	31.5	出钢口至中心	mm	3000

9.3.2 电弧炉用氧状况

9.3.2.1 电弧炉原供氧系统

50t UHP电弧炉原供氧系统由北京科技大学提供，包括炉门氧枪1个、炉壁枪（原来炉壁枪布置为炉体西侧2个炉壁枪加1个EBT枪，炉体东侧为1个炉壁枪，见图9-6）3个及吹氧管，正常生产吹氧管主要用于清理炉门口废钢以及渣面吹氧[13]。

原供氧系统存在的问题：（1）氧气利用率低，氧耗高；（2）化料速度慢，冶炼周期长；（3）脱碳速度慢；（4）炉盖粘钢严重，水冷炉盖连电打漏频繁。

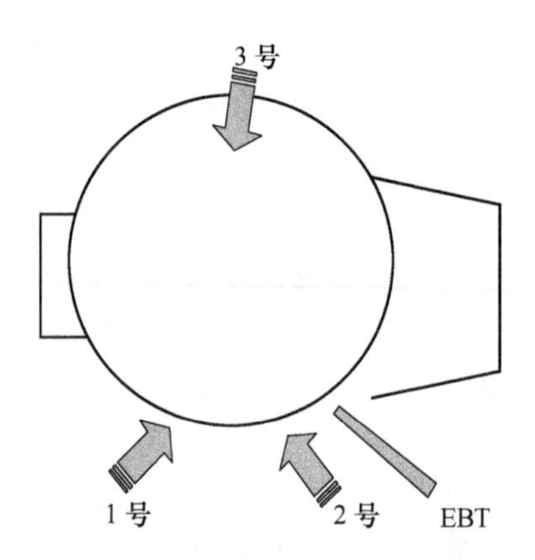

图 9-6　原炉壁枪布置示意图

9.3.2.2　电弧炉现供氧系统

近代电弧炉炼钢为了进一步提高生产率、降低成本而大量使用替代能源，主要为氩气。电弧炉强化用氧技术包括氧燃烧嘴助熔、炉门喷碳粉与吹氧机械手、底吹氩气、二次燃烧技术等。结合不同时期的生产条件，莱钢利用北京科技大学冶金喷枪研究中心技术，先后开发应用了炉门水冷氧枪吹氧、油氧助熔、EBT 氧枪吹氧和炉壁氧枪吹氧。目前，莱钢 50t 电弧炉供氧配置为 1 支炉门水冷氧枪+4 支炉壁氧枪。

炉门水冷氧枪功能框图如图 9-7[14] 所示。炉门水冷氧枪由枪体、机械系统、液压系统、电气系统、水冷系统五部分组成，其结构简图如图 9-8 所示。枪体（图 9-9）包括拉瓦尔喷头和枪身两部分，喷头设计参数为：氧气流量（标态）$1800m^3/h$，氧气流速 2.0 马赫，供氧压力 0.7～1.1MPa。喷头采用导热系数好、熔点高的紫铜加工而成。枪身由三层同心无缝钢管套装焊接而成，ϕ48mm 内管通氧气，ϕ89mm 外管通进水，ϕ70mm 内管通出水，对枪身和喷头循环冷却。拉瓦尔喷头喷口向下与枪身中心线呈 35°夹角，呈喇叭口形状，实现了稳定的超声速供氧，氧气射流集中具有极强的穿透金属熔池的能力，增加了氧气对钢水的搅拌强度，促进钢渣反应，均匀成分及温度，减少喷溅，提高氧气利用率，使炉料融化期缩短，并减少供氧时间。枪体技术参数见表 9-5。

表 9-5　枪体主要技术参数

参数	冷却水量 $/m^3 \cdot h^{-1}$	水流速 $/m \cdot s^{-1}$	进水压力 /MPa	氧气流量 $/m^3 \cdot h^{-1}$	氧气流速 $/m \cdot s^{-1}$	氧气压力 /MPa	喉口直径 /mm
数值	9.71	2.3	0.6～0.8	600	1.7	0.6～0.8	18

炉门口两侧及靠近凸腔的两侧炉壁，安装了 4 支炉壁枪即集束氧枪（炉体东

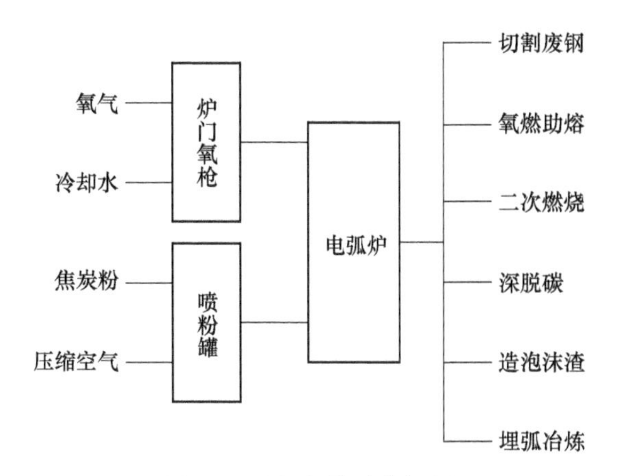

图 9-7 炉门氧枪功能框图

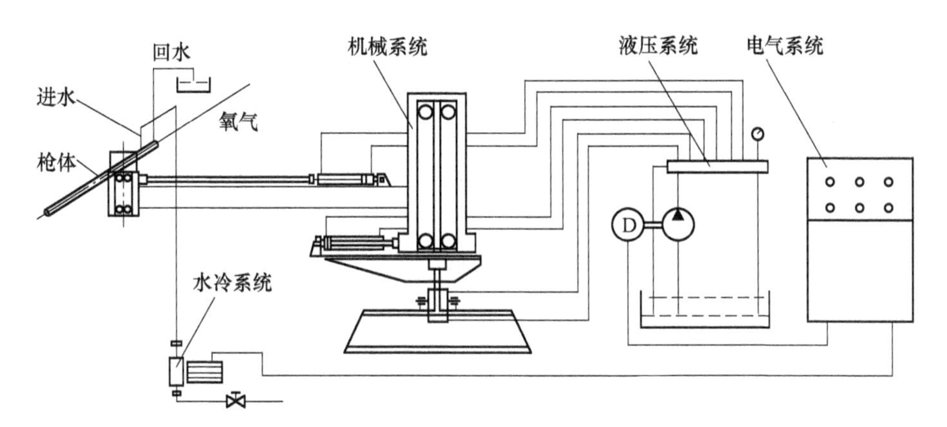

图 9-8 炉门氧枪结构简图

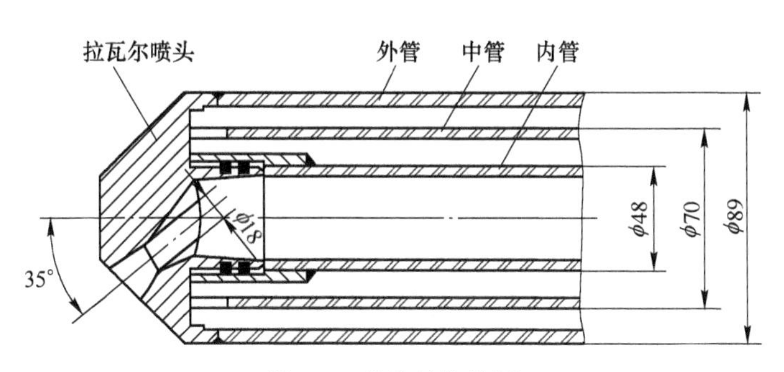

图 9-9 枪体结构简图

西两侧各两个氧枪，见图 9-10)，以强化供氧。每支炉壁枪主氧流量（标态）700~900m^3/h，环氧流量（标态）80m^3/h，流速 1.7~1.8 马赫，拉瓦尔喷头。炉壁氧枪安装在距离钢水液面 350~450mm 的炉壁耐火材料的上方，由水冷铜板保护，对炉子中心的下倾角为43°~45°，因此可大大减少喷射距离，保证氧气的穿透能力和搅拌作用。

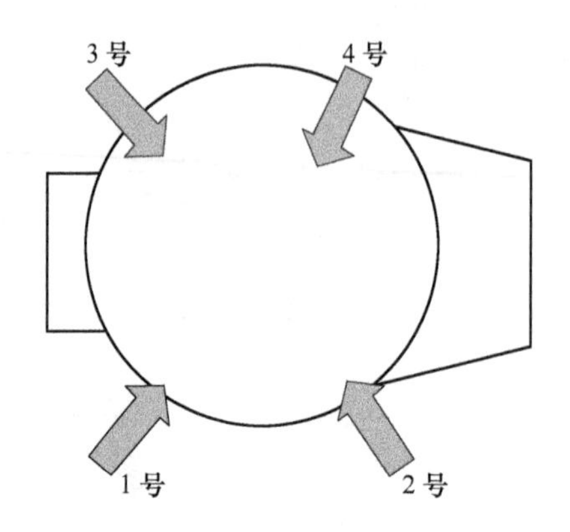

图9-10　炉壁枪布置示意图

安装及使用炉壁氧枪后，电弧炉没有了碳高停电脱碳现象，特别适用于铁水热装冶炼。由于炉壁氧枪布置在电炉冷区，强烈的搅拌作用使炉内温度、成分更加均匀，不易发生大喷溅，提高了电弧炉操作的安全性。炉壁氧枪，配合炉门和炉壁喷吹焦炭粉，稳定造泡沫渣，提高金属收得率。合适的高度，钢渣喷溅大大减少，炉盖粘钢现象大为改善，炉顶三角区的寿命提高了近一倍。良好的泡沫渣埋弧，减少了电弧热辐射，水冷炉壁和水冷炉盖粘钢放电或烧坏漏水机率降低，减少了热停工。

9.3.3　应用效果

氧枪在电弧炉中应用示意如图9-11所示。氧枪在工作时，超声速氧气射流以一定角度射出，该射流穿透能力强，切割效果明显增强，并可以穿过炉渣层射入钢液深处，使钢渣乳化，极大地增加钢渣界面，氧气充分与钢中碳反应，生成大量CO气泡，使炉渣形成了厚度500mm以上的泡沫渣，可以充分埋住电弧，提高电弧热能利用率，脱碳速度快，明显缩短钢液升温时间。CO气泡增加了钢渣接触面积，提高了钢渣反应速度，使得钢液脱气、去夹杂、脱磷效果好。炉渣中FeO含量由以前的25%~28%降到18%~20%，提高了钢铁料收得率，节约电炉冶炼时间，提高生产效率，降低能源消耗和原材料消耗。

炉门氧枪使用前后的电弧炉主要指标对比见表9-6。由表可看出，使用炉门氧枪后，消耗明显降低，扣除氧枪消耗与折旧，测算吨钢冶炼成本可降低45元，经济效益显著。

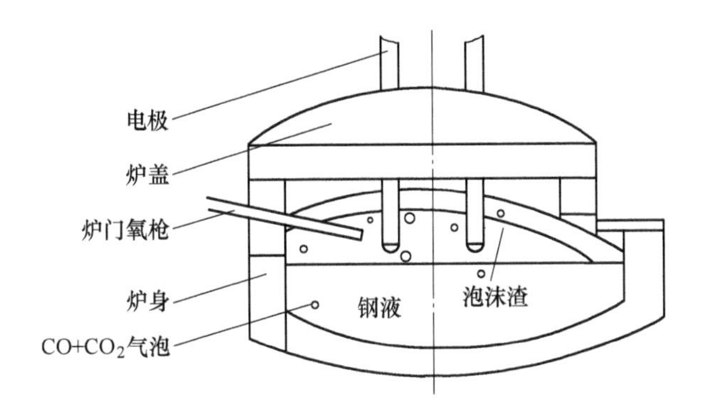

图 9-11　氧枪在炉中使用情况

表 9-6　氧枪使用前后电弧炉主要指标对比（吨钢）

名称	吹氧管消耗 /kg	冶炼电耗 /kW·h	电极消耗 /kg	氧气消耗 /m^3	每炉冶炼时间 /min
使用前	4.0	230	2.0	30.18	60
使用后	1.5	180	1.15	24	44

9.4　国外供氧技术分析

9.4.1　国外电弧炉用氧

电弧炉炼钢厂技术进步的主流是提高生产率。目前，生产率在 100 万吨/年以上的电炉钢厂已很普遍。提高生产率有两个途径，即扩大炉容和缩短冶炼周期。就炉子容量而言，国外 20 世纪 90 年代以后建成的电炉容量一般都在 100t 以上。从冶炼周期来讲，20 世纪 90 年代以来已缩短至 40min 左右。

20 世纪 60~70 年代主要是发展超高功率供电及其相关技术，包括高压长弧操作、水冷炉壁、泡沫渣技术等，在这一阶段钢包精炼及强化用氧已开始采用。80 年代末大型超高功率直流电弧炉开始出现，由于其对电网冲击小、石墨电极消耗低，80 年代末到 90 年代初直流电弧炉占了一定优势。与此同时，强化用氧技术（包括超声速氧枪、氧燃烧嘴等）趋于成熟。近年来，美国普瑞克斯气体公司（Praxair）发明了一种新氧枪即聚流氧枪（Coherent Jet）用于电炉炼钢中。聚流氧枪与超声速氧枪相比，具有氧气射流长度长、吸入空气少、射流发散少、衰减慢和射流冲击力大等优点。

目前，西欧、日本、北美几乎所有的电弧炉都采用氧燃烧嘴进行强化冶炼。

取得了很好的经济效益。德国巴登公司在 2001 年 2 月 22 日至 23 日所创造的 50 炉日产记录得益于所安装的 Cojet 喷枪。50 炉钢的主要操作指标为：平均电耗 318kW · h/t；平均氧耗 38.78m^3/t；平均天然气消耗 4.73 m^3/t；平均出钢—出钢周期 29.5min，最低 25.8min；平均通电时间 22.3min，最低 19min。1980 年夏季，联邦德国蒂森钢铁公司在 65t 电弧炉底部安装透气塞砖吹氩气搅拌。之后，日本、美国、意大利、前苏联也都在不同吨位的电弧炉上采用了底吹气体搅拌技术[15]。但底吹搅拌技术使用效果不理想。

9.4.2 二次燃烧技术

德国 BCW 公司的大量试验得到，一般用于二次燃烧的氧量为 16.8m^3/t，该厂实际节电 62kW · h/t；若能将冶炼过程中来自吹氧和泡沫渣中产生的 CO 完全燃烧成 CO_2，可节电 80kW · h/t。美国 Nucor 公司在一座 60t 电炉上实测得到，采用二次燃烧技术后，电耗从 380 ~ 400kW · h/t 降为 332kW · h/t，降低 40 ~ 70kW · h/t[16]。

法国 Vallourec Saint-Saulve 钢厂在 96t 电弧炉上使用该技术，电耗降低 43kW · h/t，冶炼周期缩短 5min[17]。而在日本 Tao Steel-鹿岛制造所的 150t 直流电弧炉中使用该技术，使电耗由原先的 370kW · h/t 降低了 100kW · h/ t。

9.4.3 德国电弧炉供氧

20 世纪 80 年代以来，德国的粗钢年产量在 4000 万吨左右。同时，电弧炉钢生产得到平稳发展，如图 9-12 所示。在德国，采用电弧炉冶炼品种的比率见表 9-7。

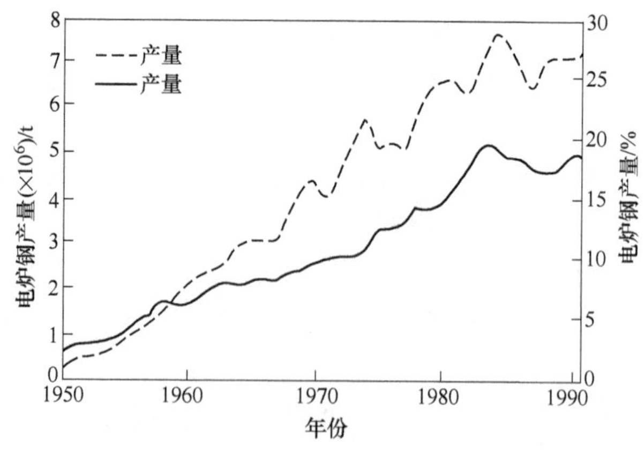

图 9-12 德国电弧炉产量

表 9-7 德国电弧炉炼钢的品种结构 （%）

品种	普碳钢	低合金钢	高合金钢	特殊钢
比例	52.60	29.71	17.64	0.05

9.4.3.1 德国主要钢厂的电炉炼钢生产设备和工艺路线

A 德国主要电弧炉炼钢厂的炼钢生产设备

目前，德国主要电弧炉炼钢厂的炼钢生产设备见表 9-8。

表 9-8 德国主要电弧炉炼钢厂的生产设备

<table>
<tr><th colspan="2">名　称</th><th>电弧炉
（吨位×台数）</th><th>炉外精炼</th><th>连铸</th><th>钢种</th></tr>
<tr><td colspan="2">巴蒂斯赫钢厂</td><td>70×2</td><td>LF</td><td>5 流方坯</td><td>碳钢</td></tr>
<tr><td colspan="2">汉堡钢厂</td><td>110×1</td><td>LF</td><td>6 流方坯</td><td>碳钢</td></tr>
<tr><td rowspan="2">蒂森钢铁公司</td><td>哈廷根钢厂</td><td>150×1，40×1</td><td>RH，TN</td><td>1 流方坯</td><td>碳钢</td></tr>
<tr><td>欧本豪森钢厂</td><td>125×2</td><td>LF</td><td>6 流方坯</td><td>碳钢</td></tr>
<tr><td rowspan="2">蒂森特殊钢公司</td><td>克瑞非得钢厂</td><td>80×1</td><td>AOD</td><td>1 流方坯</td><td>不锈钢</td></tr>
<tr><td>韦特钢厂</td><td>110×1</td><td>LF，VOD</td><td></td><td>结构钢，工具钢，高速不锈钢</td></tr>
<tr><td colspan="2">福克灵根</td><td>125×1</td><td>LF，VOD</td><td>6 流方坯</td><td>合金钢</td></tr>
<tr><td rowspan="3">克虏伯公司</td><td>波鸿钢厂</td><td>140×1</td><td>LF，VOD，VD</td><td>1 流方坯</td><td>不锈钢，耐热钢等</td></tr>
<tr><td>锡根钢厂</td><td>140×1，80×1</td><td>LF，RH，VOD</td><td>6 流扁坯，2 流水平</td><td>调质钢，表面硬化轴承钢，弹簧钢</td></tr>
<tr><td>镍硅厂</td><td>30×1</td><td>真空感应炉</td><td></td><td>特殊合金钢</td></tr>
<tr><td colspan="2">布得茹斯特殊钢公司</td><td>80×1，45×1</td><td>VD，TN</td><td></td><td>特殊钢</td></tr>
<tr><td colspan="2">乔奇斯玛丽赫特钢厂</td><td>125×1</td><td>LF，VD</td><td>6 流矩坯和大模坯</td><td>特殊钢</td></tr>
</table>

由表 9-8 可知：（1）电弧炉都配备了炉外精炼设备，主要有 LF、RH、TN、VD、AOD、VOD 等；（2）生产一般碳钢的电弧炉配备 LF 炉外精炼设备，而生产品种结构较复杂的电弧炉则配备多种炉外精炼设备组合的处理站；（3）电弧炉都配备了连铸机。

B　德国电弧炉炼钢的工艺路线

德国电弧炉钢厂的工艺路线，根据生产的品种，可分为两类：一类以生产品种结构较为复杂的特殊钢或合金钢为主，如克虏伯公司的 Siegen Geisweid（锡根）钢厂和乔奇斯玛丽赫特钢厂，其工艺路线为：UHP 电弧炉（交流或直流）—钢包炉—真空处理—连铸或模铸；另一类以生产普碳钢为主的炼钢厂，如巴蒂斯赫钢厂和汉堡钢厂，其工艺路线为：UHP 电弧炉—钢包炉—方坯连铸。

9.4.3.2　多功能喷枪技术

德国巴蒂斯赫钢厂开发的多功能喷枪由 3 组独立可移动的喷枪单元组成，每单元有 1 个或 2 个喷枪。图 9-13 所示为多功能喷枪系统的工作位置。

多功能喷枪枪架通过紧固的钢结构、转动支座和龙门架来支持喷枪，喷枪头移动由线性传动装置来进行，以补偿喷枪管的烧损。喷枪由夹持机构灵活自如地进入炉内或者退出；喷枪遥控机构可以自由调节熔池中的喷枪枪管。喷枪位置可用上述方法或者由工人在操作室控制台调整其在熔池中的位置。

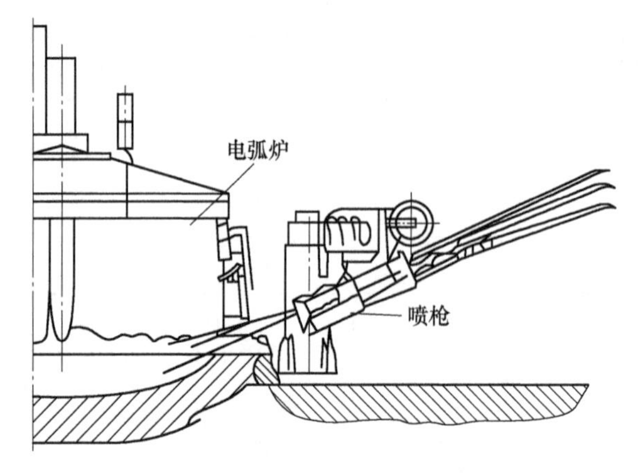

图 9-13　多功能喷枪工作位置示意图

使用多功能喷枪，喷枪枪管可准确定位，进而强化氧气喷入，明显缩短熔化时间。另外，多功能喷枪设计成既可同时喷吹氧气、含碳燃料和其他固体燃料，又可实现熔池搅拌。而且，喷枪在渣层中或钢水熔池中的位置可以调整，从而保证氧气和其他固体燃料不至于未加利用而逸出炉外。

使用多功能喷枪，可以有效控制泡沫渣，从而加速了能量和质量交换，改善了脱磷和脱碳反应。采用喷枪技术和节能效果见表 9-9。

表 9-9 采用多功能喷枪技术和节能效果

钢厂/国家	节能项目			
	电能/kW·h·t^{-1}	冶炼时间/min	电极消耗/kg·t^{-1}	喷枪消耗/cm·t^{-1}
A/德国	30	4	0.2	
B/日本	10	2	0.1	2
C/巴西	20	5	0.1	
D/比利时	65	21	0.12	10.4
E/马来西亚	125	50		2
F/南非	15	3	0.3	
G/南非	60	5	0.3	0.4

9.4.3.3 二次燃烧技术的应用

A 二次燃烧技术的内容及其系统

二次燃烧技术主要是为了充分利用炉气中的潜能。电弧炉炉气中可以利用的潜能以 CO 和 H_2形式存在。

德国巴蒂斯赫钢厂与法国 Air Liquide 公司合作开发的 ALARC-PC 二次燃烧技术具有炉气成分连续测量、自动计算燃烧用氧数量的功能，并据此调节逆流喷入的氧气数量。炉气成分分析信号可立即传递到 ALARC-PC 控制系统。该系统设有与电弧炉计算机控制的接口。ALARC-PC 控制系统通过完全自动控制的安全氧气阀门组来控制喷氧的喷嘴数量。氧气通过不锈钢管输送到每一个喷嘴上。考虑到最佳流场，二次燃烧的喷吹效率以及喷嘴寿命等各方面，每个电弧炉的喷嘴数目与位置有所不同，一般示意图如图 9-14 所示。

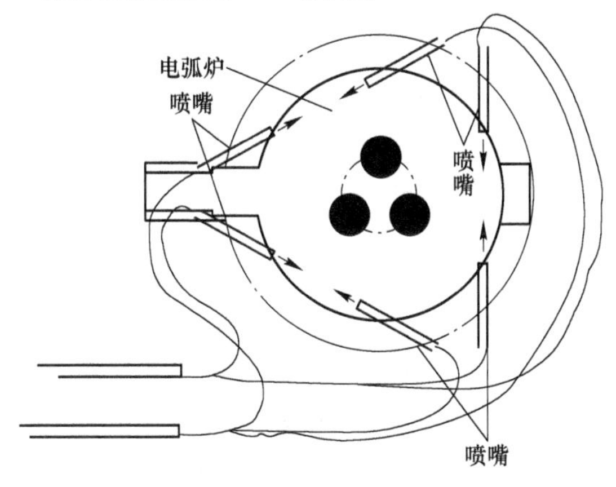

图 9-14 二次燃烧技术的喷嘴布置

ALARC-PC 二次燃烧技术的关键是喷嘴设计和布置、炉气测量系统取样探头设计与安放以及对二次燃烧控制参数的调整。

ALARC-PC 系统主要包括：

（1）炉气取样探头与分析系统；

（2）喷嘴；

（3）控制系统；

（4）电弧炉计算机与控制系统的接口；

（5）控制阀门组；

（6）ALARC 控制计算机。

图 9-15 所示为 ALARC-PC 系统示意图。ALARC-PC 系统依据电弧炉第 4 孔附近炉气取样分析值操作。取出气体经过专门导管传送到 ALARC-PC 冷却室。测量分析前先要除去炉气中的尘粒与其他有害物质。然后对炉气成分进行快速分析，取样分析的关键是分析响应时间须在 5~15s 之间。

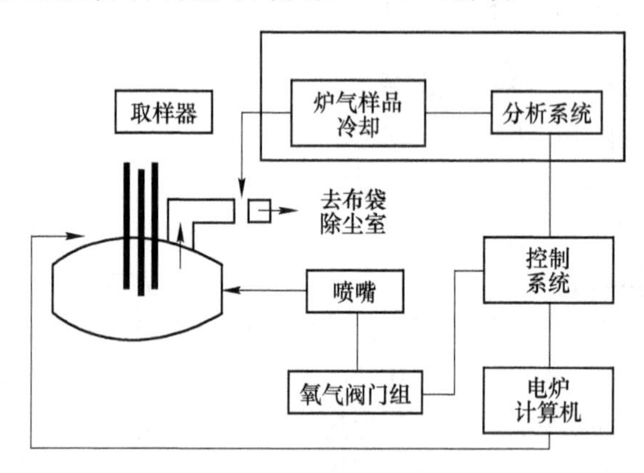

图 9-15　ALARC-PC 逆流系统示意图

B　ALARC-PC 二次燃烧技术的节能效果

1992 年 12 月，法国 Air Liquide 公司与德国巴蒂斯赫钢厂开始在 80t UHP（即原来的 70t 电弧炉）电弧炉上安装 ALARC-PC 二次燃烧装置。1993 年 4 月，该电弧炉的 ALARC-PC 二次燃烧系统投入运行。

同时，德国巴蒂斯赫钢厂使用 ALARC-PC 技术，利用 CO 二次燃烧所带来的节能效果，并通过电弧炉废气中 CO 含量进行物质与能量的平衡计算，而建立了节能模型。

德国巴蒂斯赫钢厂的电弧炉在独特的 ALARC-PC 炉气分析系统的支持下，可有效控制最佳的喷氧量（二次燃烧吨钢喷氧量为 15m^3），从而减少炉气中 CO 的含量，加速废钢熔化，炉气中 CO 含量从 25%降为 10%。

采用 ALARC-PC 技术后，德国巴蒂斯赫钢厂的 80t UHP 电弧炉的冶炼技术经济指标得到明显改善，见表9-10。

表 9-10 ALARC-PC 二次燃烧技术对 80t UHP 电弧炉操作指标的影响

项目	使用前	使用后①	变化值
炉数	723	488	
日产钢量/t	2202	2373	171
金属收得率/%	89.1	88.9	-0.2
冶炼时间/min	51.5	47.8	-3.7
供电时间/min	40.5	36.8	-3.7
电耗/kW·h·t^{-1}	372	347	-25
天然气消耗/m^3·t^{-1}	5.3	3.6	-1.7
电极消耗/kg·t^{-1}	1.6	1.7	0.1
碳消耗/kg·t^{-1}	12.6	11.8	-0.8
氧气消耗/m^3·t^{-1}	35.6	45.6	10.0

① 为使用二次燃烧技术20天的操作数据。

参 考 文 献

[1] 苏晓军. 凝聚射流氧枪及其在炼钢生产中的应用 [J]. 冶金能源, 2001, 20 (6): 6~8.
[2] 韩建淮. PTI JetBox 系统在70t电炉上的应用 [J]. 工业加热, 2003, 32 (6): 34~36.
[3] 李桂海, 等. 电弧炉炼钢集束射流枪的射流特征 [J]. 特殊钢, 2002, 23 (1): 11~13.
[4] 中国金属学会. 2000年全国钢铁企业焦化、炼铁、炼钢技术经济指标要览, 2001.
[5] 郑淑胜. 石横特钢65t Consteel电弧炉炼钢生产线 [J]. 特殊钢, 2002, 23 (3): 51.
[6] 周建平, 王军, 刘晓. 宝钢150t超高功率直流电弧炉炼钢自动化实践 [J]. 冶金自动化, 2006 (3): 39~43.
[7] 顾文兵, 刘晓, 杨宝权. 宝钢电炉体系的主要进展 [J]. 特殊钢, 1999 (12): 39~41.
[8] 赵新民, 邹立新, 姚如松, 等. 天津钢管公司150t EAF-LF/VD-CC工艺实践 [J]. 特殊钢, 1996 (2): 50~51.
[9] 宋嘉鹏, 姜桂连. 150t超高功率电弧炉生产高质量钢的工艺技术 [J]. 炼钢, 2000, 16 (5): 17~18.
[10] 徐德红, 于平, 杨文远, 等. 大型电弧炉提高用氧量的研究 [J]. 钢铁, 2002, 37 (6): 9~11.
[11] 谷立功, 张露, 周国平. 天津钢管公司150t超高功率电弧炉炼钢工艺技术的进展 [J].

特殊钢，2003，24（4）：55~56.

[12] 董杰吉，王广连，李猛．50吨电弧炉高效化生产技术措施［J］．莱钢科技，2005（6）：19~22.

[13] 卢栋，王学利，李猛，等．50吨电炉用氧工艺优化［C］//山东金属学会炼钢学术交流会论文集，2005.

[14] 张秀荣，工胜．UHP-50t电弧炉炉门氧枪的设计与应用［J］．设备管理与维修，2007（7）：35~36.

[15] Opolka W A. Electric steelmakers look to the future［J］. Iron and Steelmaker，2000（1）：31.

[16] Daughrtidge G，et al. Recent developments in post-combustion technology at Nucor plymouth［J］. Iron and Steelmaker，1995，22（2）：29.

[17] Vonesh F A Jr，et al. Post-combustion for the electric arc furnace［J］. Iron and Steel Engineer，1995，72（6）：30.

10 电弧炉炼钢复合吹炼技术的应用

冶炼周期长、能量利用率低、生产成本高等问题一直困扰着我国电弧炉炼钢的进一步发展。研究认为，电弧炉熔池搅拌强度弱、动力学条件差，难以满足炉内物质和能量的传输要求，抑制了炼钢反应的快速进行，是造成上述问题的主要原因。

国内外研发并广泛采用的超高功率供电、高强度化学能输入等技术，还没有从根本上解决熔池搅拌强度不足的问题。电弧炉通电过程中，电磁场对熔池热传递和流体流动的影响规律还不明确；而氧气射流受炉内复杂环境的影响，难以确定满足工艺要求的喷吹参数。

20 世纪 80 年代，德国蒂森·克虏伯钢铁公司和美国联合碳化物公司等企业分别尝试在电弧炉底部安装底吹装置，但其长寿及安全问题未能解决。20 世纪 90 年代初，钢铁研究总院提出了“电弧炉顶底复吹”的概念，即以供电为基础，采用熔池上方吹氧及炉底吹氩的方式，实现电弧炉炼钢的节能降耗。该研究曾被立为原冶金工业部“七五”项目，在长城特钢公司电弧炉进行工业试验，但由于各种技术原因项目未能实现工程化。

2007 年，针对国内外电弧炉炼钢的现状，作者在前期研究基础上提出“电弧炉炼钢复合吹炼技术”，并赋予新的技术内涵，即以集束供氧应用新技术和同步长寿的多介质底吹技术为核心，实现供电、供氧及底吹等单元的操作集成，满足多元炉料条件下的电弧炉炼钢复合吹炼的技术要求，并从 2011 年开始实现工程化。

将探明氧气射流、电磁场和底吹流股三者对熔池搅拌强度影响的耦合规律；研究复合吹炼条件下满足不同工艺要求的集束供氧方式，确定合理的工艺参数；开发安全长寿的底吹元件及喷吹工艺，达到与炉役同步；完成各单元操作的精确控制及技术集成；实现电弧炉炼钢高效、优质、环保、低成本生产的目标。

10.1 技术简介

针对电弧炉炼钢的发展现状，提出了电弧炉炼钢复合吹炼技术。以强化熔池搅拌为核心，从提高单元操作的功能入手，重点解决集束供氧的多功能化和底吹安全长寿问题；探明氧气射流、电磁场和底吹流股三者对熔池搅拌强度的多元耦合影响规律，完成多元炉料结构条件下的各单元操作技术集成；开发电弧炉炼钢温度和成分预报系统，形成操作软件包，满足复合吹炼的精确控制要求，最终实现电弧炉炼钢复合吹炼技术目标。

研究内容为：

（1）电弧炉炼钢熔池搅拌强度研究。分别研究供电、供氧、底吹各单元操作对熔池搅拌的影响；基于“氧气射流+底吹流股”与“氧气射流+底吹流股+电磁场”多相等效模拟构架，建立电弧炉“气-渣-金”三相等效耦合全尺寸模型，研究氧气射流、底吹流股和电磁场三者对熔池搅拌强度影响的耦合规律，为复合吹炼的参数设计提供理论依据。

（2）集束射流技术的拓展应用研究。研究集束射流技术的多功能化应用，开发了炉壁集束模块化供能、炉顶集束供氧及炉壁埋入式供氧等多种形式的喷吹工艺；进一步提升集束射流的穿透及搅拌能力，设计满足复合吹炼不同工艺要求下的喷吹参数；研究不同炉型、不同炉料条件下的氧枪配置，确定供氧方案。

（3）电弧炉炼钢安全长寿底吹技术的开发。研究电弧炉冶炼过程中底吹元件的损毁机理；确定不同炉型、吨位、炉料结构条件下的底吹参数，确定合理的底吹元件位置、流量及压力；开发具有高透气性、耐高温、抗热震性、抗剥落性的底吹元件；设计开发全自动电弧炉底吹系统和报警装置，实现电弧炉底吹的安全长寿。

（4）电弧炉炼钢复合吹炼技术集成研究。研究多元炉料条件下熔池冶金反应特征，确定各时段电弧炉炼钢对供氧强度、温度、搅拌强度的需求，制定最优化算法，研发电弧炉炼钢终点温度和成分预报系统，形成电弧炉炼钢复合吹炼技术软件和电弧炉成本质量控制软件，满足复合吹炼的精确控制要求，实现电弧炉炼钢复合吹炼单元集成。建立智能型“供电-供氧-脱碳-余热”能量平衡系统，实现电弧炉复合吹炼单元操作和余热回收协调运行。

研究和应用将解决电弧炉炼钢熔池搅拌弱、金属料消耗高、能量利用率低等关键问题，实现高效、优质、环保、低成本生产。

研究的技术路线如图 10-1 所示。

10.2　技术方案

根据电弧炉炼钢复合吹炼技术的研究目标及内容，通过理论计算、参数设计、数值模拟、水模型模拟、冷热态实验及工业试验等方法，对单元操作及技术集成进行了深入研究，作者从以下四个技术内容进行详细阐述。

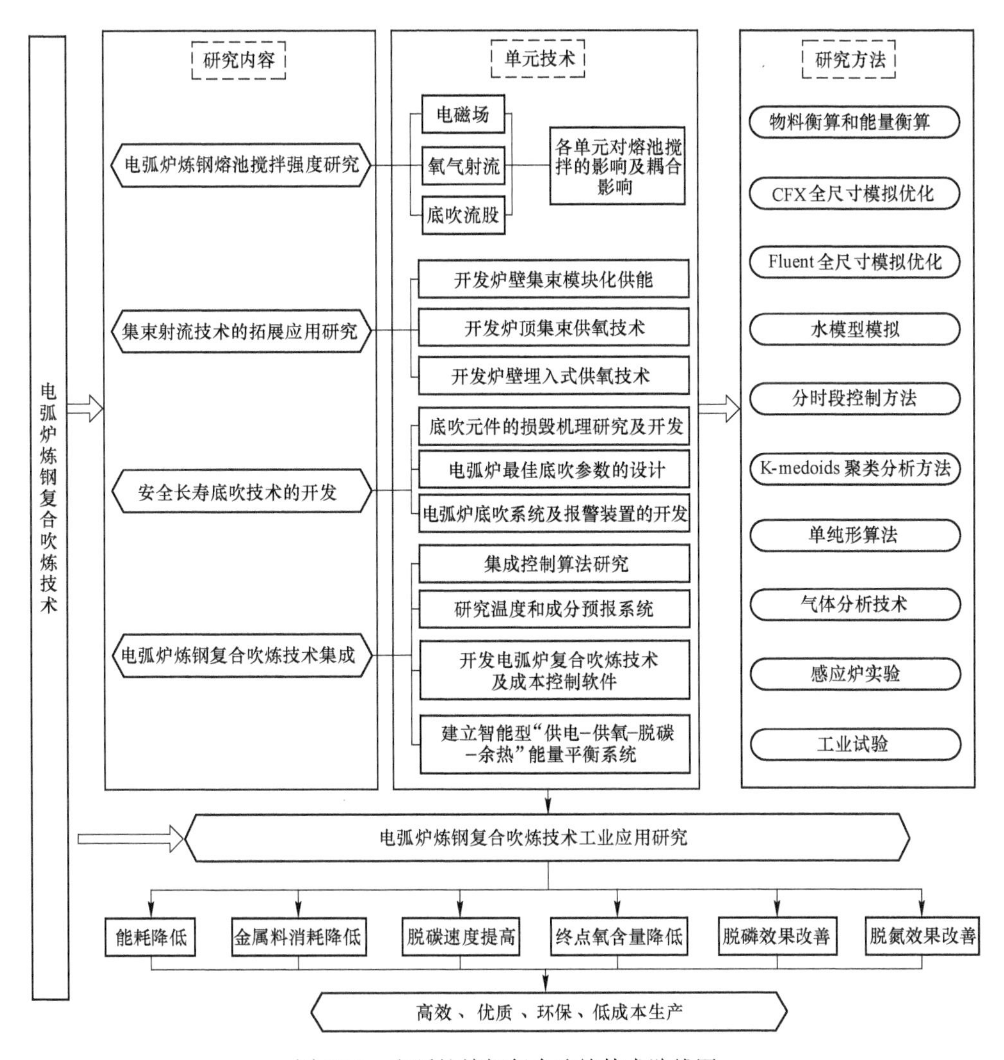

图 10-1 电弧炉炼钢复合吹炼技术路线图

10.2.1 电弧炉炼钢熔池搅拌强度

10.2.1.1 电弧炉炼钢动力学条件分析

熔池冶金反应动力学条件较差，一直是电弧炉炼钢的技术难题。电弧炉炼钢熔池搅拌强度不足与其炉型特点有很大关系，传统电弧炉是以废钢为基本原料，以电能为主，辅以化学能生产合格钢水的装置，因此在炉型设计上具有炉膛大、熔池浅的特点。如表 10-1 和图 10-2 所示，100t 电弧炉的高径比仅为同容量转炉的 53%。通常来讲，高径比越大，可承受的供氧强度越大，考虑到废钢熔化和炉门流渣的影响，电弧炉熔池搅拌强度进一步受到限制，仅为转炉的10%~20%。

表 10-1　转炉与电弧炉炉型参数对比

项　目	电炉	转炉
容量/t	100	100
熔池深度 *H*/mm	880	1170
熔池直径 *D*/mm	5988	4372
自由高度 *h*/mm	4650	6453
高径比 *h*/*D*	0. 776	1. 476

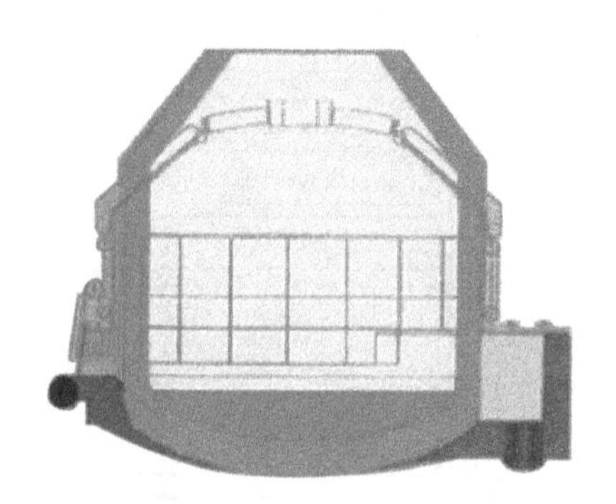

图 10-2　电弧炉与转炉炉型对比

熔池搅拌强度可由钢液流动速度来描述。使用数值模拟方法对100t电弧炉的熔池钢液流动情况进行模拟研究，发现电弧炉的钢液平均流动速度为0. 06m/s，而对比100t转炉的钢液平均流动速度为0. 31m/s。电弧炉的熔池搅拌强度和转炉相差很大。

在实际生产中，电弧炉炼钢与转炉炼钢相比，冶炼消耗及生产成本差距明显。表10-2对比了国内某典型钢厂的生产指标，其70t电弧炉炼钢指标在钢铁料、合金、氧气消耗等方面均高于转炉，生产成本较转炉高约190元/t。

表 10-2　70t 电弧炉与转炉消耗及成本对比

成本项目	转炉（70t）		电弧炉（70t）	
	消耗/kg	金额/元 · t^{-1}	消耗/kg	金额/元 · t^{-1}
1. 钢铁料	1087	2391. 4	1104	2428. 8
2. 合金料	25. 78	180. 46	26. 9	188. 3
3. 铁矿石	16. 99	16. 99		

续表 10-2

成本项目	转炉（70t）		电弧炉（70t）	
	消耗	金额/元·t^{-1}	消耗	金额/元·t^{-1}
4. 熔炼费		109		256.1
（1）能源动力	减煤气回收	50.6		196.5
（2）辅助材料		37.5		22.7
（3）耐火材料		20.9		36.9
5. 制造费用		36.6		51.8
变动成本合计		2734.56		2924.9

注：1. 假设废钢与铁水同价；
2. 铁水比：转炉 93%，电弧炉 60%；
3. 电弧炉废钢质量较差，收得率低。

炼钢终点碳氧积、氧含量和渣中氧化铁含量是体现熔池搅拌强度的重要指标，对产品的质量有显著的影响。利用多家先进钢铁企业提供的电弧炉及转炉冶炼终点碳含量、氧含量、终渣氧化铁含量等数据，如图 10-3 和图 10-4 所示。图中表明，电弧炉炼钢终点碳氧积平均值在 0.0032 左右，平均终渣氧化铁含量超过 22.00%，均高于转炉炼钢。

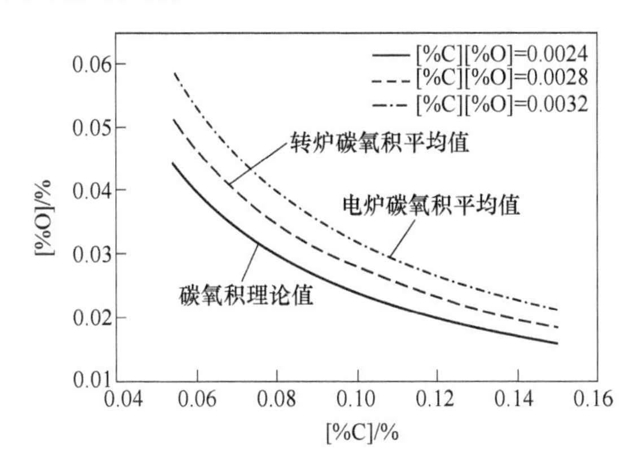

图 10-3 电弧炉与转炉终点碳氧积对比（1600℃）

综上所述，受炉型和冶炼工艺等限制，电弧炉熔池搅拌强度低，制约了电弧炉炼钢的技术进步。

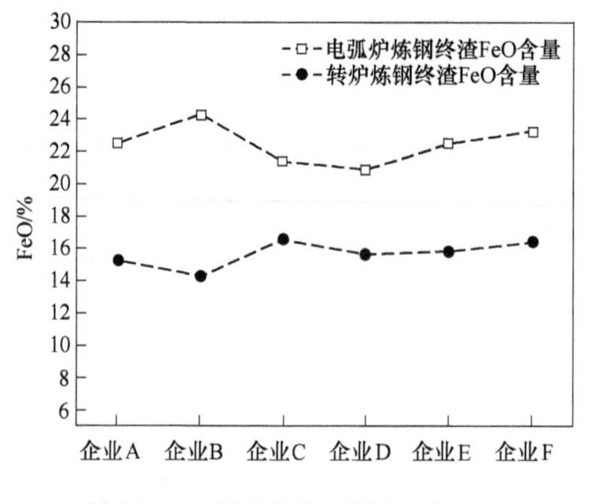

图 10-4　电弧炉与转炉终渣 FeO 对比

10.2.1.2　各单元操作对熔池搅拌的影响

A　电磁场对熔池搅拌的影响

在电弧炉冶炼过程中，通电既为熔池提供能量，同时产生电磁场搅拌熔池。近年来，项目组采用 CFX、Fluent 等数值模拟软件研究了电磁场对 100t 电弧炉熔池的搅拌影响，并取得了较大进展。如图 10-5 所示，在仅有电磁场作用的条件下，电极附近区域钢液流动速度约为 0.03m/s（图 10-5（a）），而靠近炉壁和炉底的速度约为 0.006m/s（图 10-5（b）），黑色线条及封闭圆圈处显示流场内形成速度漩涡，可以看出电弧炉通电产生的电磁场对熔池电极附近区域有搅拌作用，但对远离电极的区域搅拌作用十分有限。

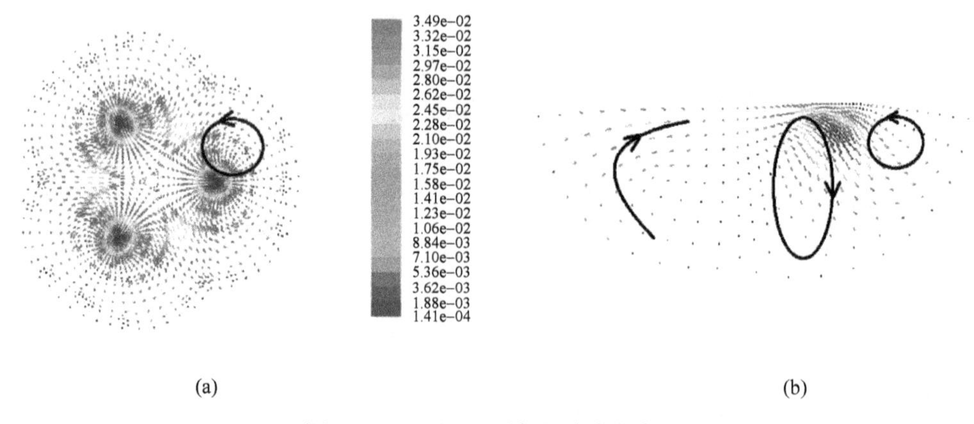

图 10-5　电弧炉电磁场的速度分布图

（a）俯视图；（b）侧视图

B 氧气射流对熔池搅拌的影响

氧气射流射入熔池，对熔池的搅拌作用将加速冶金反应的进行。针对侧吹、顶吹氧气射流的熔池搅拌特性进行了多相流的研究，如图 10-6 和 10-7 所示。利用 CFD 软件的 VOF 模型建立了不同供氧强度下氧气射流冲击电弧炉熔池的“气-渣-金”三相三维数值模型，随着氧流量的提高，熔池平均流动速度随之增加。100t 电弧炉炉壁采用 3 支集束氧枪，对比氧流量（标态）分别为 $500m^3/h$ 和 $2000m^3/h$，后者的熔池平均流动速度为 0.054m/s，速度分布呈现“周围高、中心低，表层高、底部低”的趋势。同样 100t 电弧炉采用单支炉顶集束氧枪，供氧流量（标态）分别为 $6000m^3/h$ 和 $4000m^3/h$ 条件下，熔池中部最大流动速度均超过 0.2m/s，有效改善了熔池中上部的搅拌强度。

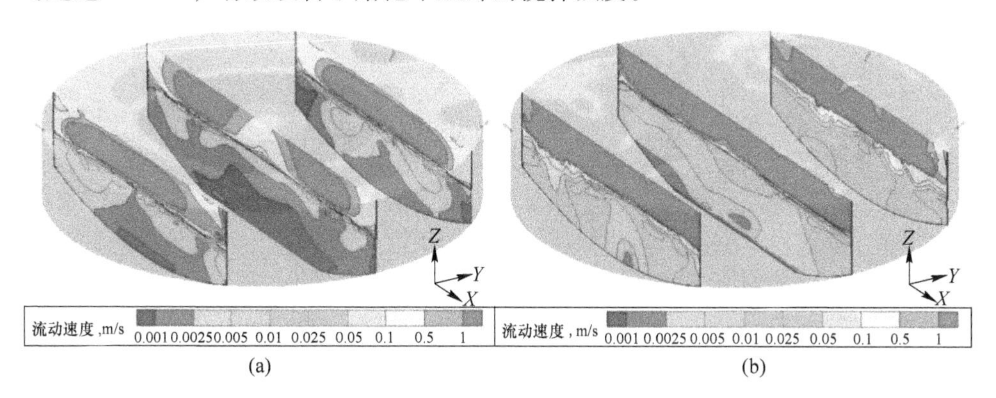

图 10-6 炉壁供氧条件下熔池速度分布

（a）供氧流量为 $500m^3/h$（单支）；（b）供氧流量为 $2000m^3/h$（单支）

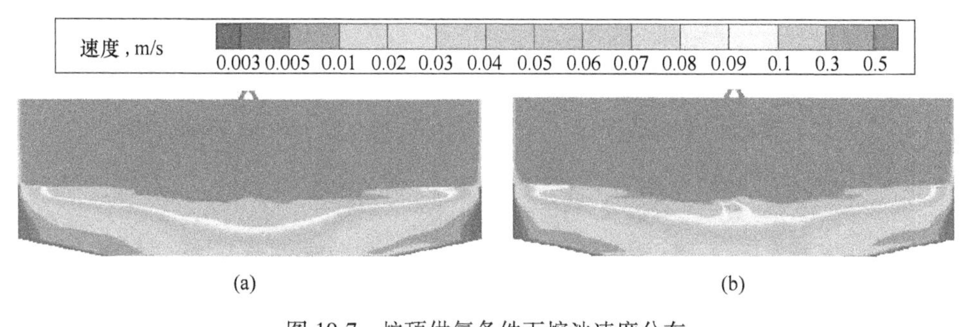

图 10-7 炉顶供氧条件下熔池速度分布

（a）供氧流量为 $6000m^3/h$；（b）供氧流量为 $4000m^3/h$

C 底吹流股对熔池搅拌的影响

从电磁场和氧气射流对熔池搅拌的数值模拟研究发现，熔池底部和 EBT 区域钢液流动速度很低，难以满足高效冶炼的需求。借鉴转炉底吹技术，探究了底吹对电弧炉冶炼过程搅拌强度的影响。

数值模拟研究发现：底吹条件下，熔池平均湍流动能和速度分别达到了 0.142m^2/s^2和 0.011m/s，尤其是熔池底部的湍流动能和流动速度大大提高，分别达到熔池表面的 1/3 和 1/2，钢液流速提高了约 10 倍，如图 10-8 所示。

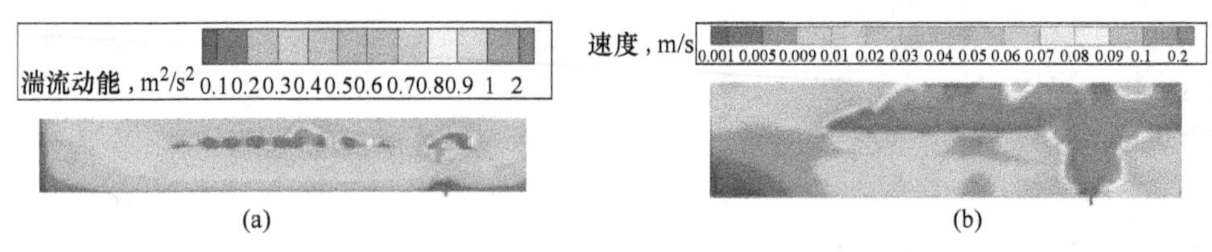

图 10-8 电弧炉底吹搅拌熔池模拟结果
（a）湍流动能云图；（b）速度分布图

10.2.1.3 各单元对熔池搅拌的耦合影响

通过各操作单元对熔池搅拌影响的模拟研究，证实电磁场对熔池的搅拌主要集中在电极附近区域，氧气射流对熔池的搅拌主要集中在熔池上半部分和靠近炉壁的区域，而底吹流股对熔池的搅拌主要集中在熔池底部区域。但电磁场、氧气射流、底吹流股对电弧炉熔池搅拌的共同作用规律还不明确，因此复合吹炼条件下熔池搅拌的多元耦合研究十分重要。

A “氧气射流+底吹流股”二元耦合对熔池搅拌的影响

不同冶炼工艺下，距熔池底部 200mm、400mm、600mm 截面的速度分布如图 10-9 所示。在“氧气射流+底吹流股”二元耦合条件下，熔池各个截面的速度均大于常规无底吹冶炼工艺，电弧炉熔池平均速度由 0.05m/s 升高到 0.07m/s，且速度小于 0.01m/s 的低流速区域也较常规无底吹冶炼工艺减小了 79.2%，电弧炉炼钢熔池搅拌强度与均匀性都得到明显改善。

B “氧气射流+底吹流股+电磁场”三元等效耦合对熔池搅拌的影响

在二元耦合模拟研究的基础上，尝试将电磁场搅拌作等效处理，确定“氧气射流+底吹流股+电磁场”三元等效耦合对熔池搅拌的影响规律。

如图 10-10 所示，电弧炉熔池被划分为 8 个流动检测研究域，并细分为 A1、A2、B1、B2、C1、C2、D1、D2 动态观测块，实时记录和分析实体内部的瞬时质量、速度、湍动能、温度及磁场强度的变化情况，并将检测数据汇总进行全尺寸熔池的动态监测。

对数值模拟所得计算结果与水模拟所得数据（混匀时间、表面流动速度及熔池流线特征等）进行综合对比，显示计算模拟结果可靠。根据监测数据分别建立电弧炉侧吹、底吹、电磁搅拌及三元耦合计算模型，得出不同阶段内的熔池流动特性。不同冶炼工艺熔池各区域内的平均流动速度如表 10-3 和图 10-11 所示，三元耦合条件下的熔池搅拌强度大幅提高。

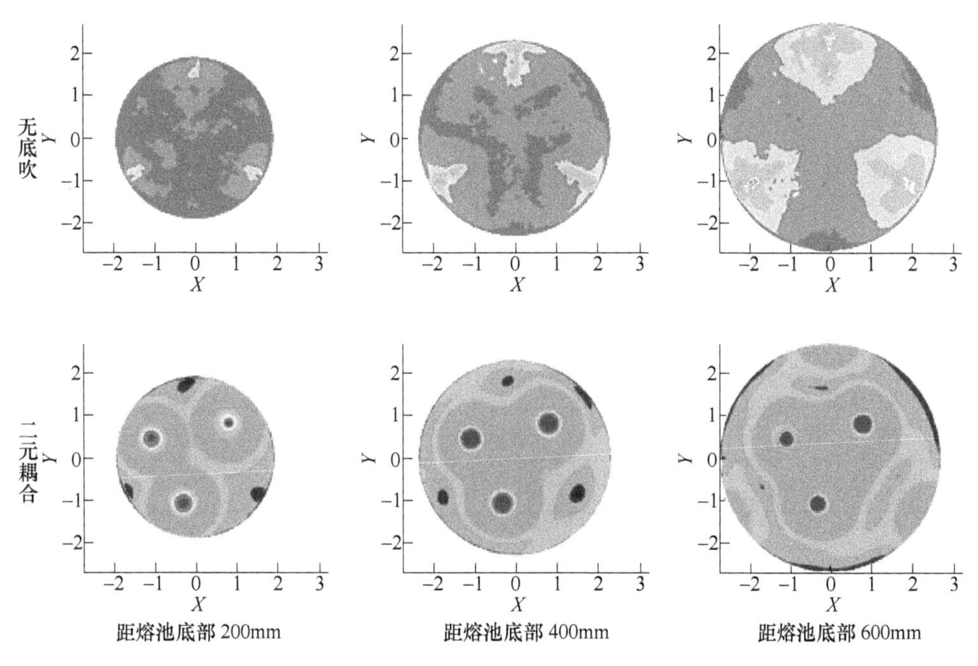

图 10-9 不同冶炼工艺熔池速度分布图

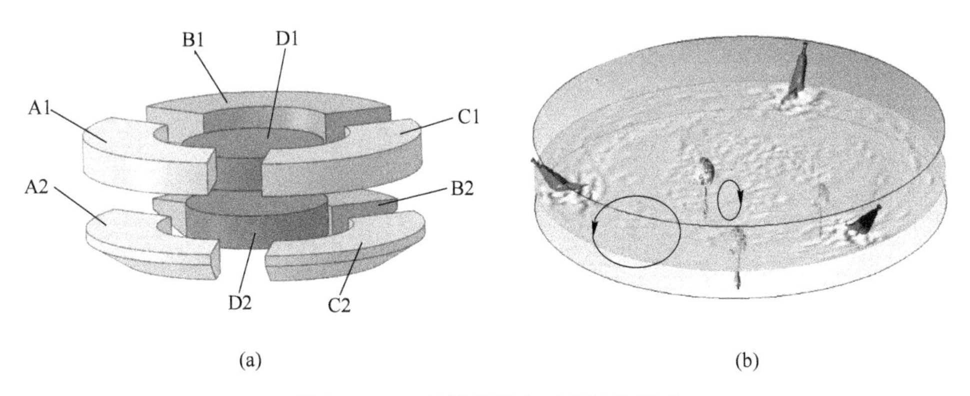

(a) (b)

图 10-10 三元等效耦合对流场的影响

(a) 熔池的区域划分；(b) 流场模拟图

表 10-3 各区域熔池平均流动速度 (m/s)

区域	侧吹 (2500m^3/h)	底吹 (20L/min)	电磁搅拌 (视在功率 3000kV·A)	三元耦合
A1	0.114	0.012	0.0093	0.143
A2	0.074	0.017	0.0075	0.103

续表 10-3

区域	侧吹（$2500m^3/h$）	底吹（20L/min）	电磁搅拌（视在功率 3000kV · A）	三元耦合
B1	0.059	0.012	0.0093	0.115
B2	0.027	0.017	0.0075	0.081
C1	0.078	0.012	0.0093	0.134
C2	0.045	0.017	0.0075	0.098
D1	0.027	0.0071	0.0125	0.061
D2	0.007	0.0075	0.0061	0.027
平均值	0.054	0.0127	0.0086	0.095

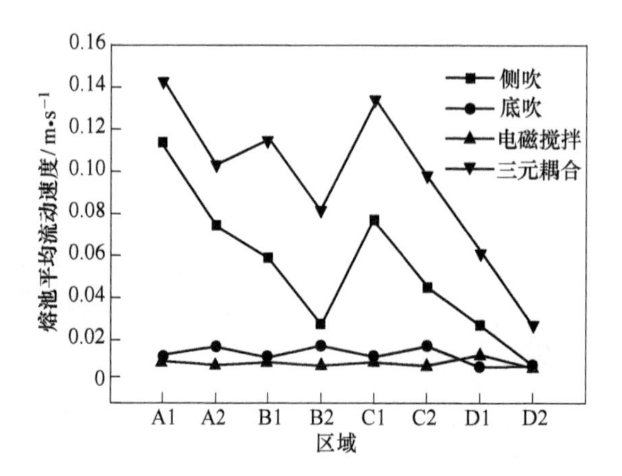

图 10-11　各区域熔池流动速度

通过对熔池瞬时流动特性进行线性分析，得出熔池流动速度与侧吹流量、底吹流量及供电功率三者耦合关系的数学表达式。

$$v = 0.217 \times \log\left(\frac{Q_{侧}}{1094}\right) + 0.1039 \times \log\left(\frac{Q_{底}}{1.073}\right) + 0.0013 \times e^{\frac{S}{4539}}$$

式中，v 为熔池平均速度，m/s；$Q_{侧}$ 为侧吹流量（标态），m^3/h；$Q_{底}$ 为底吹流量（标态），m^3/h；S 为视在功率，kV · A。

该关系表达式是首次对熔池流动速度进行定量分析，探明了氧气射流、电磁场和底吹流股对熔池搅拌强度的耦合规律，为电弧炉炼钢复合吹炼工艺参数的确定提供理论指导。

10.2.2 集束射流技术的拓展应用

10.2.2.1 集束射流技术的研究现状

针对超声速气体射流速度衰减快、氧气利用率低等问题，作者早在2002年利用气体可压缩特性，采用在超声速中心射流外包裹高温气体“伴随流”（图10-12）的方法成功自主开发了集束射流技术，比Praxair-Cojet氧枪更适应国内电弧炉炼钢炉料结构特点，达到国际领先水平，并已在国内外60余座电弧炉上应用。如图10-13所示的集束射流特性的模拟研究结果显示，包裹“伴随流”的集束射流中心核心段长度是原超声速射流的2倍，显著改善氧气射流的脱碳及搅拌能力。

图10-12 集束射流热态试验

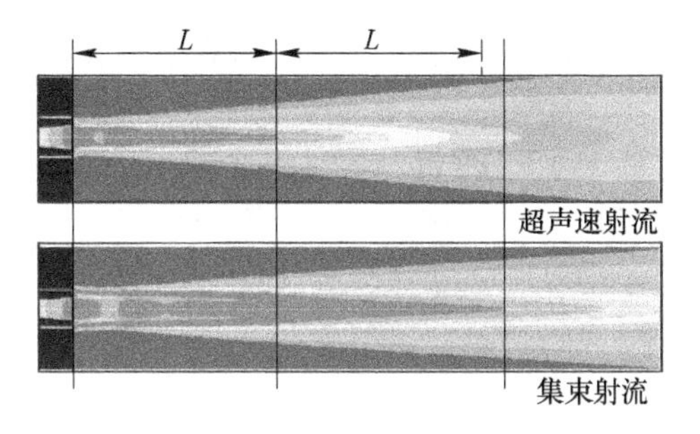

图10-13 集束射流与超声速射流数值模拟对比

10.2.2.2 集束射流技术的多功能化应用研究

炉料结构的变化改变电弧炉炼钢的能源构成，影响其生产节奏、成本及产品质量。为提高化学能输入强度和能量利用效率，需对集束射流供氧技术进行多功能化应用研究。开发了炉壁集束模块化供能、炉顶集束供氧及炉壁埋入式供氧等多种形式的喷吹技术，如图10-14所示。

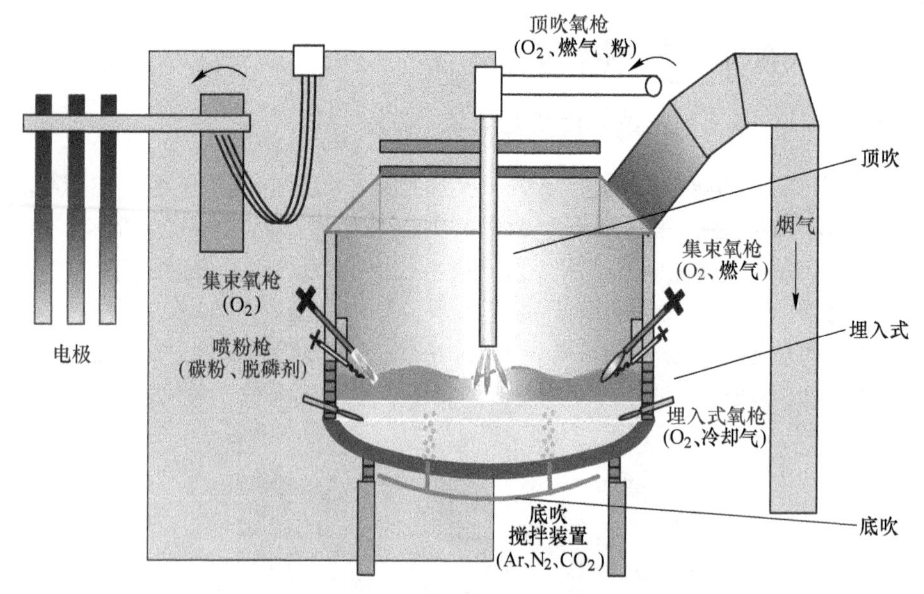

图 10-14　电弧炉复合吹炼喷吹装置布置图
（电极与顶吹氧枪可实现互换）

作者团队拥有国内外一流的冶金喷枪冷、热态实验基地，完成了集束射流技术的多功能化应用研究。

A　炉壁集束模块化供能技术

氧气射流在炉气中衰减速度快、有效射流长度较短，对电弧炉熔池的冲击力不足。冶炼过程中，为降低渣中氧化铁含量、提高金属收得率，通常采用喷吹粉剂的方法，但粉剂颗粒运动速度小，易受炉内气流扰动，难以进入熔池参加反应，粉剂利用率低。为解决上述问题，项目组开发了炉壁集束模块化供能技术。该技术包括集束供氧、喷粉、一体化水冷模块等多个单元，以满足不同冶炼工艺的要求。

集束射流供氧单元具备助熔、脱碳等多种模式。图 10-15 所示，助熔模式下集束射流火焰呈面状分布，增加了与金属炉料的接触面积，迅速预热废钢；脱碳模式下高温射流呈集束状态，中心氧流股具有极强的穿透能力，利于熔池脱碳。图 10-16 所示，集束供氧和喷粉单元共同安装在电弧炉炉壁的一体化水冷模块上，高温“伴随流”与粉剂形成气-固混合相，提高了集束射流的冲击深度，并增加了颗粒的动能，使粉剂高效输送到多相反应界面。

冶炼过程中，各类粉剂（碳粉、脱磷剂等）的喷吹可实现动态切换，满足泡沫渣及脱磷的要求。本技术使碳粉利用率提高 30%，保证了冶炼过程形成高质量泡沫渣，有效降低了终点氧含量，提高了金属收得率。100t 电弧炉采用本工艺喷吹脱磷剂，脱磷剂消耗量降低了 20%，脱磷率较常规工艺提升了 5%～10%，见表 10-4。

图 10-15 集束射流喷吹模式图
（a）助熔模式；（b）脱碳模式

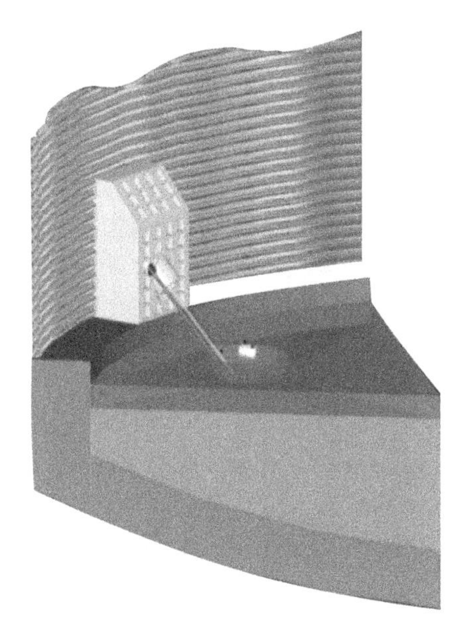

图 10-16 炉壁集束供能模块效果图

表 10-4　炉壁多功能喷粉脱磷与常规脱磷指标对比

脱磷方式	脱磷剂 /kg · t^{-1}	粉剂颗粒速度 /m · s^{-1}	喷粉强度 /kg · min^{-1}	磷变化/%	脱磷率/%
常规脱磷	42	—	—	0.080/0.012	80~85
喷粉脱磷	33	270	36	0.080/0.008	85~95

B　炉顶集束供氧喷吹技术

多元炉料（较高铁水比）带入大量的物理热和化学热，减少了电弧炉炼钢过程的电能需求。通过开发电弧炉炉顶集束供氧喷吹技术，可在供电与炉顶供氧供能间切换，同时在热量不足时辅助喷吹燃料，如图 10-17（a）所示。电弧炉炉顶集束供氧技术在炉盖上增加操作孔，通过升降机构调节氧枪枪位，完成脱碳、脱硅及造渣脱磷任务，如图 10-17（b）所示。本技术有效改善了熔池中心区域的冶金反应动力学条件，提高了熔池搅拌强度。

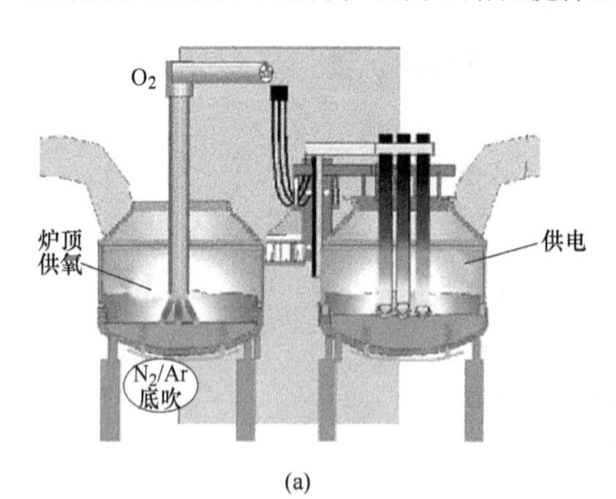

(a)

(b)

图 10-17　电弧炉顶吹供氧工艺
（a）炉顶供电供氧切换示意图；（b）炉顶氧枪图

C　埋入式供氧技术

电弧炉炼钢供氧主要采用熔池上方喷吹方式。氧气射流需依次穿过炉内烟气流、泡沫渣层，最终与钢液接触进行反应，因此氧气射流速度快速衰减，氧气损耗不可避免。开发了一种电弧炉双流道埋入式吹氧技术，如图 10-18 所示。采用气态冷却保护方式将双流道氧枪出口埋入钢液面下，氧气与钢水直接接触，有效地改善了熔池搅拌强度，提高了氧气利用率；通过优化冷却设计，稳定喷射参数，实现埋入式供氧装置与炉龄同步。

通过集束射流技术的拓展应用研究，实现了电弧炉炼钢多方式多点供氧，扩大了氧气射流对熔池的作用区域，满足了不同炉料结构条件下的供氧需求，提高

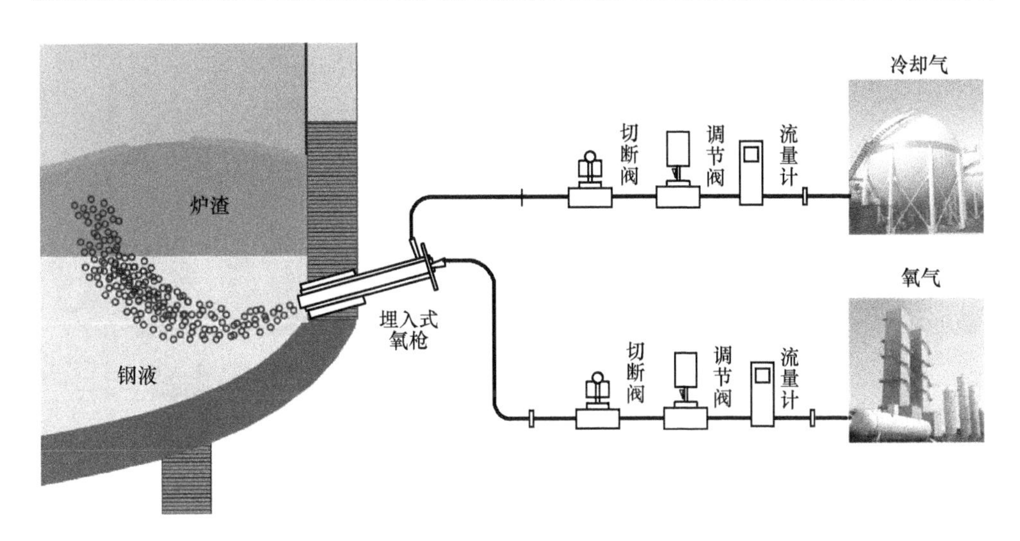

图 10-18 双流道埋入式氧枪工艺图

了供氧效率，进一步完善并发展了集束射流技术在电弧炉炼钢的应用。

10.2.3 电弧炉炼钢安全长寿底吹技术的开发

电弧炉底吹技术的关键在于长寿及安全。经过多年的研究探索，北京科技大学和中国钢研科技集团有限公司联合开发了电弧炉安全长寿底吹技术，从失效机理、底吹元件设计、底吹工艺制定及安全报警等方面展开研究，实现了电弧炉底吹的安全长寿。

10.2.3.1 电弧炉底吹元件失效机理研究

影响电弧炉底吹元件寿命的主要原因是底吹元件的质量及底吹工艺。通常底吹元件的损毁原因主要有剧烈热冲击引起的热应力、裂纹和剥落，钢液搅拌对透气砖工作面的冲刷与侵蚀。在高温下，镁砂颗粒与石墨发生固相反应：

$$MgO + C = Mg(g) + CO(g)$$

生成镁蒸气与 CO 一起挥发；镁碳砖在使用中表面氧化脱碳，砖体结合强度下降，使镁砂颗粒与砖体脱离。

采用回转炉侵蚀法，对底吹元件的抗渣侵蚀性能进行研究。在 MgO-C 材料中，熔渣与 MgO 的接触角很小，很容易被侵蚀，由于石墨的存在，熔渣不能润湿石墨，因此，加入适量的石墨可以提高含碳材料抗渣侵蚀性能。

对抗渣侵蚀后的 MgO-C 试样进行显微结构和物相分析，如图 10-19 所示，图中 1、2、3 分别表示渣侵蚀层、MgO 致密层、原砖层。研发的底吹元件经过高、低碱度渣侵蚀后，渣侵蚀层界面清晰，抗渣侵蚀性能良好。

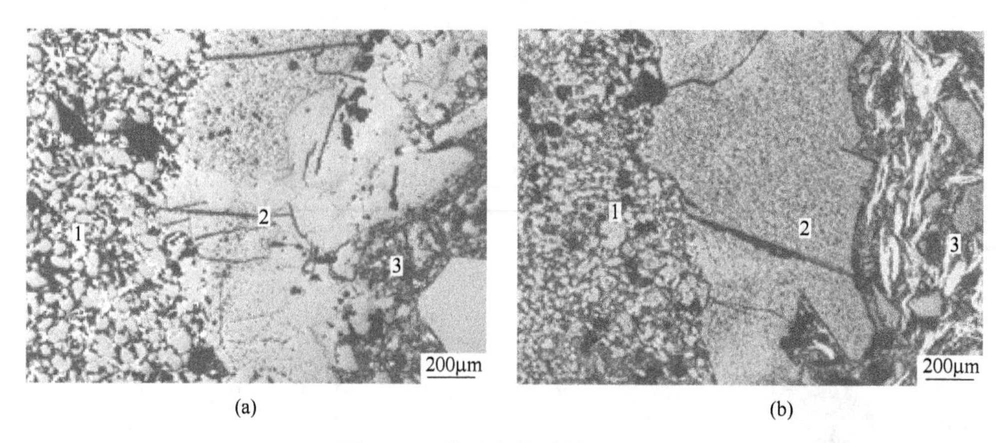

图 10-19　抗渣侵蚀试样 SEM 图

（a）高碱度渣（$R=3.0$）；（b）低碱度渣（$R=1.0$）

在 200kg 感应炉上对底吹元件耐侵蚀性能和底吹寿命进行了研究，结果如图 10-20 所示。随着底吹流量和熔池温度的升高，底吹元件的侵蚀速度加快，同时底吹元件的抗侵蚀性还与外形尺寸有关。

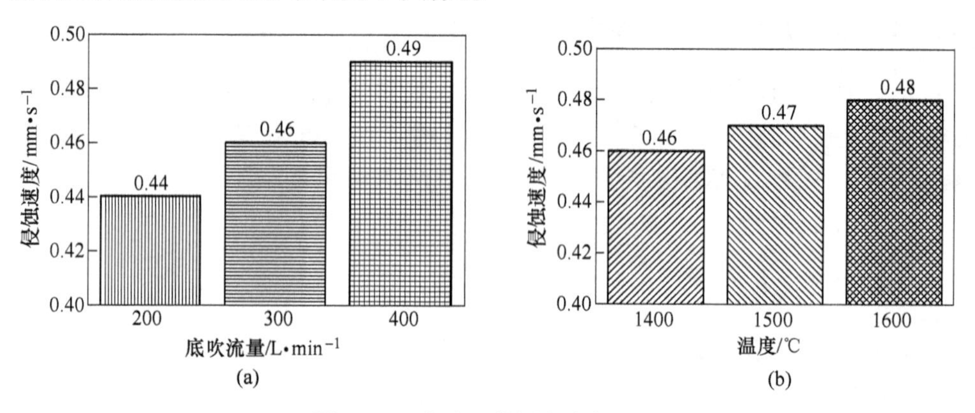

图 10-20　底吹元件侵蚀速度变化

（a）不同流量底吹元件侵蚀速度；（b）不同温度条件下底吹元件侵蚀速度

10.2.3.2　电弧炉底吹元件制备技术的研究

底吹元件是电弧炉底吹的关键部件，由 MgO-C 复合材料和不锈钢气道、气室组成，主要采用定向多微孔型结构，应具备良好的透气性、耐高温性、抗热震性、抗冲击性等性能。

镁砂中含有的 Al_2O_3、SiO_2、Fe_2O_3、B_2O_3 等杂质对镁砂中矿物分布和高温性能有很大影响。当 CaO/SiO_2 比值高时，硅酸盐成膜效应差，MgO 晶体彼此结合，使得材料的高温性能好。B_2O_3 是一种强熔剂，提高了硅酸盐对方镁石的润湿程度，降低了方镁石晶体间的直接结合程度，使镁砂的高温性能变差。

为了提高耐火材料的高温性能，在含碳耐火材料中添加少量的比碳更容易氧化的物质来抑止碳的氧化，金属添加剂有 Al、Si、Mg、Ca、Al-Mg、Al-Mg-Ca、Si-Mg-Ca 等，非金属添加剂有 SiC、B_4C、CaB_6、ZrB_2、TiO_2 以及 Al_2O_3 微粉等，从而提高抗氧化性能。采用的沥青-树脂复合结合剂，具有良好的润湿性、合适的黏度以及高的残碳率，将石墨与耐火材料结合成一个有效的网状结构。

经实验室和工业试验研究，最终选取镁碳材料的理化指标如下：（MgO）≥76%；（C）= 14%；体积密度不小于 2.9g/cm³，常温耐压强度不小于 30MPa，高温抗折强度不小于 12MPa。

对底吹元件中透气孔间隙进行了优化设计，采用稳态有摩擦加热管流微分方程组设计多孔不锈钢管气道的尺寸和数量。应用等静压成型技术生产电弧炉底吹透气元件，将高温合金气道定位镶嵌在特制的镁碳材料中，在 1550℃ 以上保压烧结成型。等静压成型技术与常规工艺相比，其底吹元件的孔隙率及体积密度等关键指标均大幅提升。

工业应用中，底吹元件外围采用防渗透结构，减少底吹流股对元件的侵蚀。图 10-21（a）所示为全新的底吹元件；图 10-21（b）所示为电弧炉冶炼 700 炉后的底吹元件，整体结构完整，侵蚀速度为 0.5mm/炉，满足了电弧炉炼钢底吹安全长寿的需求。

(a)

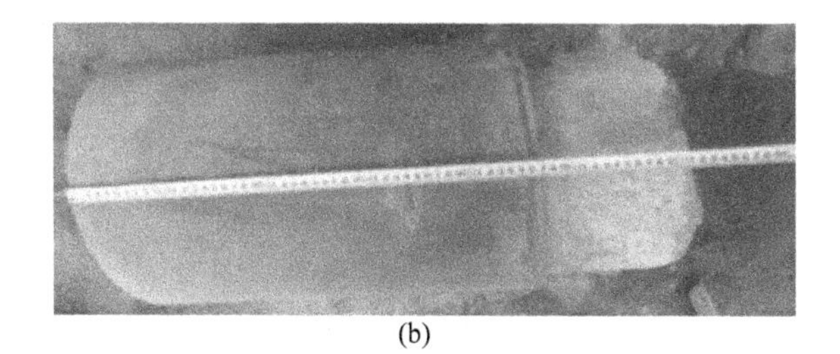

(b)

图 10-21 电弧炉底吹元件使用前后对比

（a）使用前；（b）使用后

10.2.3.3　底吹工艺和具有冗余功能的全程预警技术

电弧炉底吹工艺对底吹寿命及安全有重要影响。电弧炉冶炼过程熔池反应剧烈且变化较大，如何稳定底吹流股的压力和流量，保证底吹对熔池的搅拌效果是底吹安全同步长寿的关键。

通过水模型模拟、数值模拟、工业实验确定不同炉型、吨位、炉料结构条件下的底吹参数（底吹元件位置、流量及压力）；根据冶炼过程对搅拌强度的需求，实现动态调整流量、压力及气源种类。

电弧炉底吹系统由底吹阀组、流量报警装置、输气管道、底吹装置和控制系统组成，核心是具有冗余功能的电弧炉底吹全程预警技术。该技术采用多点阶梯分段监控的全程报警方式，保证了电弧炉炼钢的安全生产。图 10-22 所示为底吹单元操作控制系统界面。

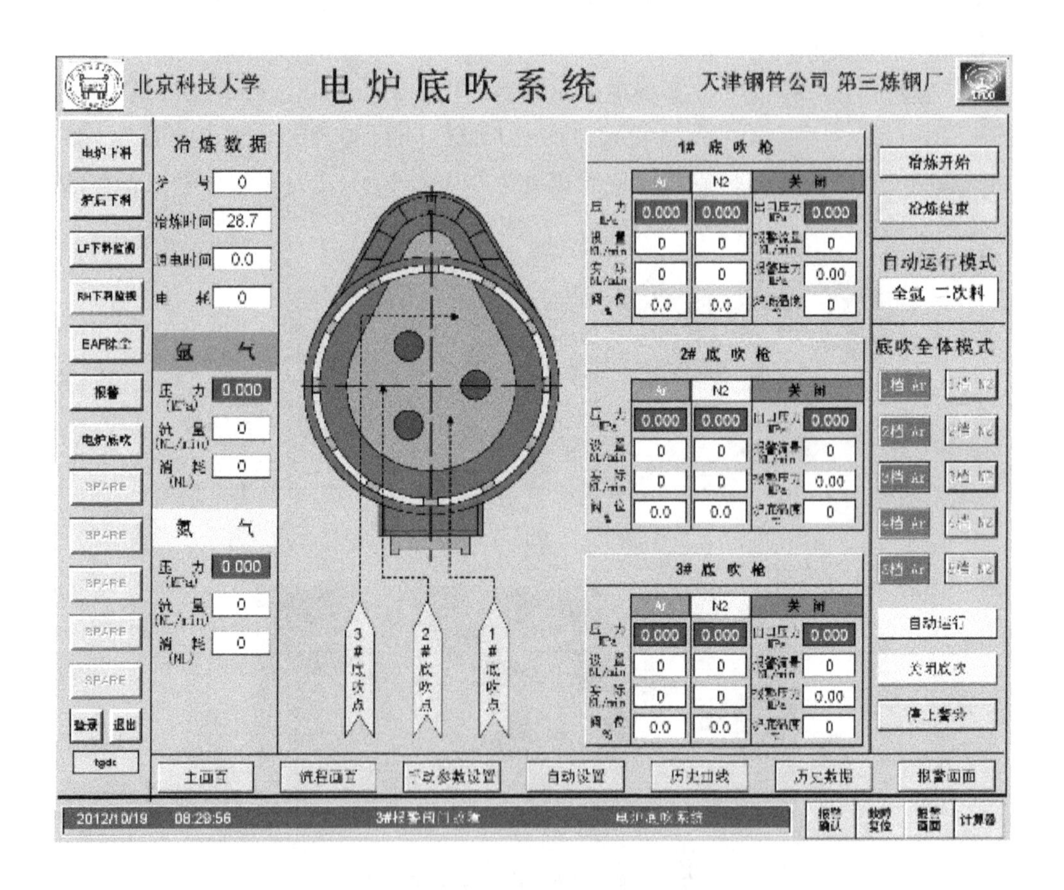

图 10-22　底吹操作控制系统界面

通过以上研究及工程实践，底吹元件的寿命已完全满足电弧炉冶炼工艺的需求，底吹搅拌情况如图 10-23 所示。目前本技术已在不同炉型、吨位的电弧炉上成功应用。西宁特殊钢股份有限公司等企业的电弧炉底吹元件寿命达 700 炉以上，实现与炉龄同步，达到国际领先水平。经测算，天津天管特殊钢有限公司最经济又满足钢水质量要求的电弧炉炉役为 400~500 炉，因此相应改变设计方案，使底吹寿命稳定保持在 500 炉，实现了底吹效益的最大化。

图 10-23 电弧炉底吹搅拌现场图

10.2.4 电弧炉炼钢复合吹炼技术集成

10.2.4.1 电弧炉炼钢复合吹炼集成理论研究

电弧炉炼钢是一个复杂的生产过程，单元操作的合理匹配才能充分发挥各自的冶金功能，实现电弧炉炼钢高效、优质、低成本生产。近年来我国电弧炉炼钢炉料结构呈现多元化的趋势，使复合吹炼的集成应用增大了技术难度。通过电弧炉炼钢物料及能量衡算研究，确定复杂炉料结构下的冶金反应操作参数。例如，在四元炉料结构工况下，即冷废钢：冷生铁：冷直接还原铁：热铁水 = 47%：14%：15%：24%，平均吨钢氧气的需求量为 43.4m^3（标态），而吨钢电能消耗量为 332kW·h，如图 10-24 所示。

电弧炉炼钢单元操作的合理匹配为：各单元操作按照冶金反应对热力学、动力学条件的需要，将电能、氧气、碳粉、石灰等原料输入熔池，并给予必要的搅拌强度，达到最佳的供需匹配。

将分时段方法引入集成控制，即冶炼过程分成若干时间段，根据各分段内冶金反应特征，分别设定供氧强度、钢水温度、熔池搅拌强度等目标参数，按照各

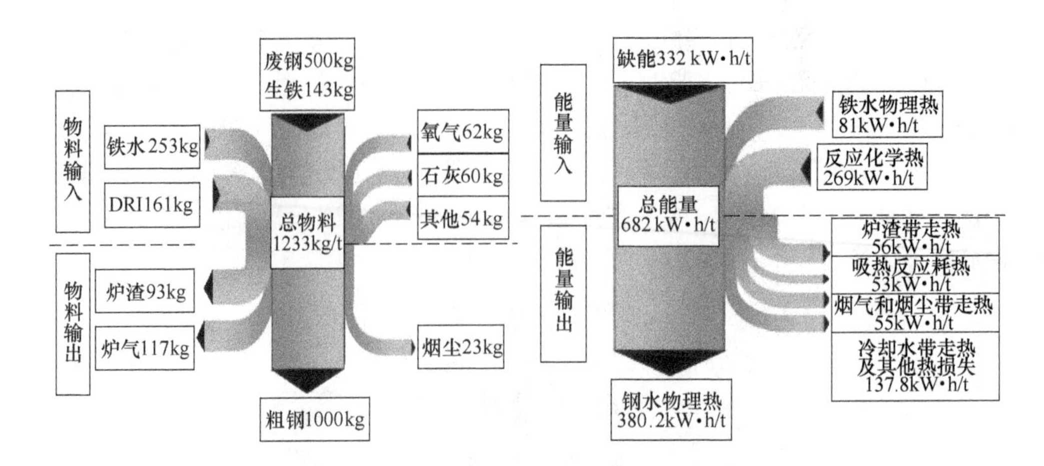

图 10-24　四元炉料结构下冶金反应参数

单元操作及三元等效耦合对熔池搅拌的影响，对供电、供氧、底吹、喷粉等单元进行集成控制，使各个时段内能量、物料、搅拌强度均满足冶金反应要求，实现电弧炉炼钢高效、节能生产。电弧炉炼钢复合吹炼技术的集成方案如图 10-25 所示。

以天津天管特殊钢有限公司第二炼钢厂 100t 电弧炉为例，对复合吹炼集成控制进行说明。

A　炉料结构分析

天管 100t 电弧炉采用铁水和废钢为主要原料，总装入量约为 115t，铁水比为 45%，见表 10-5，标准出钢量为 100t，出钢温度为 1640℃。

表 10-5　天管 100t 电弧炉炉料结构

物料	质量/t	铁水比/%
冷废钢装入量	63	54.8
热铁水装入量	52	45.2
总装入量	115	100.0

B　冶炼过程的分时段分析和目标参数设定

根据电弧炉炼钢过程冶金反应特征及操作工艺要求，将冶炼过程分为 6 个时段，分别记为 t_1、t_2、t_3、t_4、t_5、t_6，设定供氧强度、钢水温度、熔池搅拌强度等目标参数，见表 10-6。

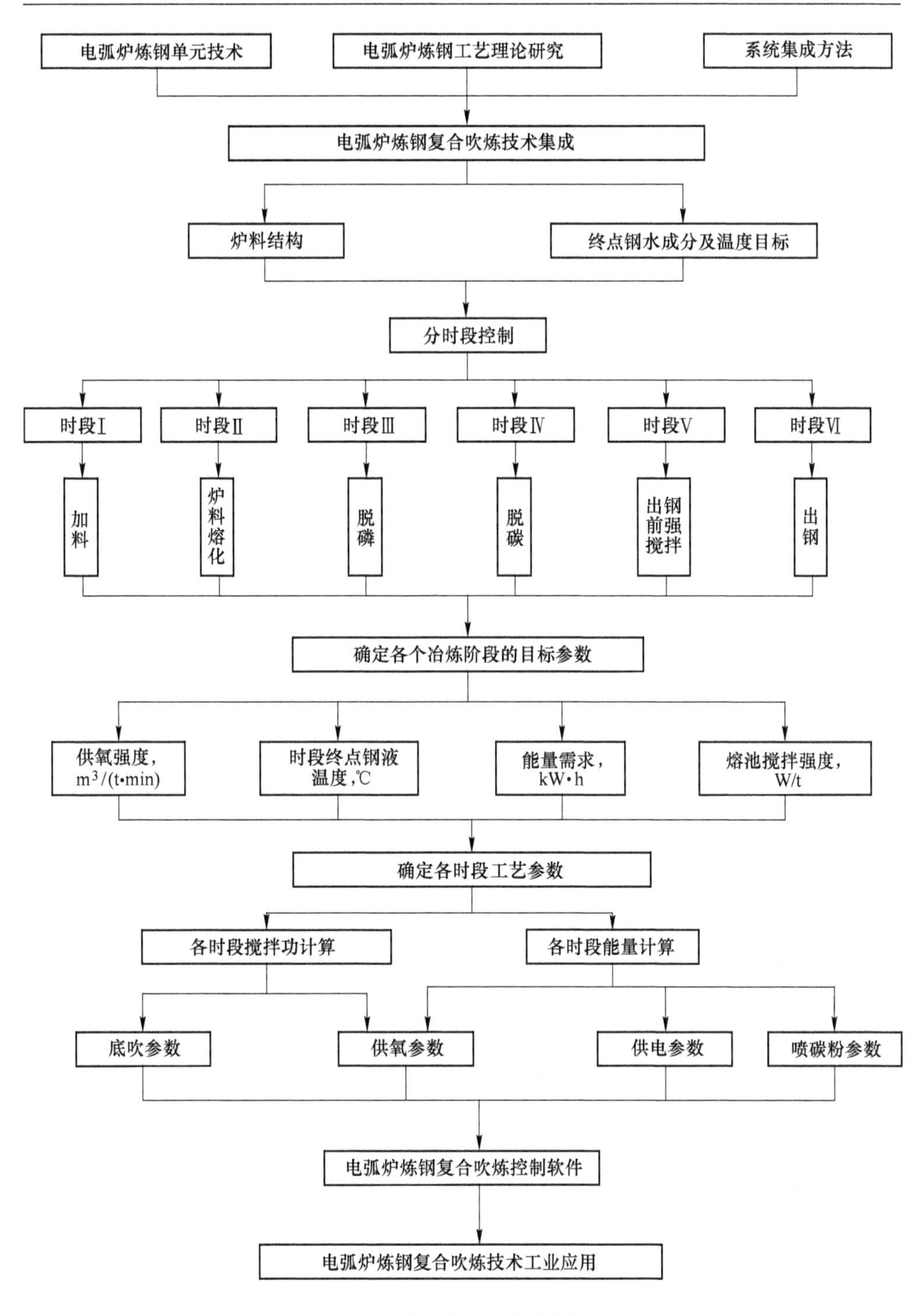

图 10-25 电弧炉炼钢复合吹炼集成方案

表 10-6　各个冶炼阶段的冶金参数要求

时段	时间长度	冶金操作	供氧强度 $/m^3 \cdot (t \cdot min)^{-1}$	目标温度 /℃	能量需求 /kW · h	搅拌强度 $/W \cdot t^{-1}$
时段Ⅰ	$t_1=5min$	装入废钢 63t，开始通电，“穿井”结束	0.27		6432	74
时段Ⅱ	$t_2=10min$	兑入铁水 52t，加石灰，熔化期结束	1.75	1452	46520	855
时段Ⅲ	$t_3=5min$	进入氧化期，测温、取样	1.33	1462	1020	386
时段Ⅳ	$t_4=15min$	进入脱碳期	1.33	1608	9040	455
时段Ⅴ	$t_5=3min$	出钢前测温，对熔池加热，调整底吹流量对熔池进行强搅拌	0.80	1638	3070	226
时段Ⅵ	$t_6=2min$	停电，准备出钢	0.20	1640	360	73
总计	$t=40min$	$t_T=t_1+t_2+t_3+t_4+t_5+t_6$	—	—	66442	—

C　复合吹炼的单元操作集成控制

按照各分段内供氧强度、钢水温度、熔池搅拌强度等目标参数，对供电、供氧、底吹、喷粉等单元操作进行集成控制。此处以脱碳期（时段Ⅳ）为例进行分析。

能量需求：根据钢液目标温度 1608℃，得出该分段的能量需求为 $E_{q4}=9040kW \cdot h$。

氧气需求：设定供氧强度为 $1.33m^3/(t \cdot min)$（标态）。

搅拌强度需求：设定搅拌强度为 $\varepsilon_4=455W/t$。

单元操作参数：

（1）四套炉壁集束供氧模块，每支氧气流量 $Q_{O_2 4}=2000m^3/h$（标态），天然气流量 $Q_{g4}=150m^3/h$（标态），功率 $P_{g4}=1568kW$；三支炉壁碳枪，每支碳粉质量流量 $\dot{m}_{C4}=25kg/min$，功率 $P_{C4}=7750kW$。

（2）三个底吹供气点，每个供气点底吹氩气流量 $Q_{Ar4}=100L/min$（标态）。

搅拌能分析：炉壁集束供氧模块可提供搅拌强度 $\varepsilon_{氧4}=314W/t$，底吹单元可提供搅拌强度 $\varepsilon_{底4}=144W/t$。总搅拌强度为 458W/t。

能量集成：本时段时间长度 $t'_4=15min$

物理能：$E_{PH4}=0$

化学能：天然气燃烧放热：$E_{g4}=n\int_{20}^{35}P_{g4}dt=1569kW \cdot h$

碳粉氧化放热：$E_{C4}=m\int_{20}^{35}P_{C4}dt=5812kW \cdot h$

熔池内元素氧化放热：$E_{CH4}=1660kW \cdot h$

电能：$E_{e4}=\int_{20}^{35}P_{arc4}dt=0kW \cdot h$

总供能：$E_{s4}=E_{PH4}+(E_{g4}+E_{C4}+E_{CH4})+E_{e4}=9041kW \cdot h$

D 复合吹炼技术集成结果

按照复合吹炼的单元操作集成控制的计算方法，完成整个冶炼过程6个分段内冶炼单元操作控制参数的计算。天管100t电弧炉复合吹炼集成控制参数如图10-26所示。

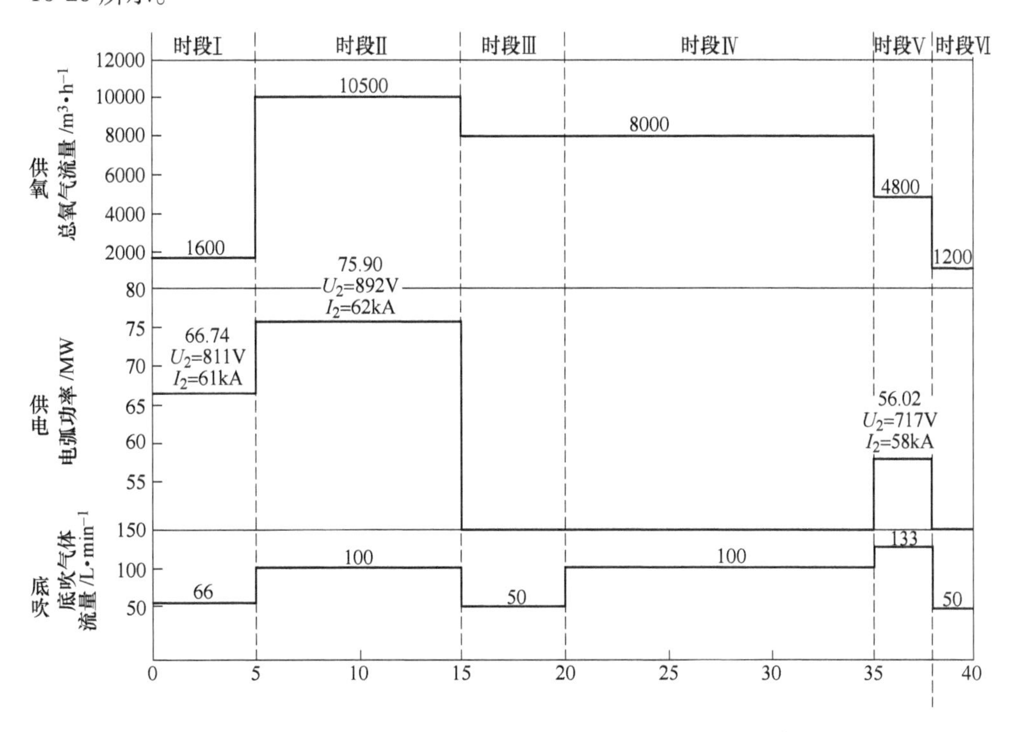

图10-26 天管100t电弧炉炼钢复合吹炼集成控制参数

10.2.4.2 电弧炉钢水终点温度和成分预报技术的研究

电弧炉炼钢复合吹炼需对多个供能单元进行协同控制，传统的经验操作方式已不能满足高效冶炼的要求，开发电弧炉钢水终点温度和成分预报是亟须解决的问题。基于理论模型、炉气分析和神经网络技术，对钢水终点成分和温度进行实时预报，更加合理地进行供电、供氧、底吹等多点冶炼操作，为复合吹炼的集成控制提供数据基础。

针对炉气温度高、粉尘量大的难题，搭建了电弧炉炉气成分在线分析系统，包括取样探头、炉气预处理器、气体分析仪和数据自动采集处理装置等，如图

10-27 所示。取样探头从电弧炉第四孔中采集炉气，降温、除水并过滤粉尘后，利用红外气体分析仪连续测定炉气中 O_2、CO 和 CO_2等成分含量，成功实现了电弧炉炼钢过程的炉气成分在线检测。结合熔池脱碳反应，建立了基于烟气成分分析和物质衡算的脱碳模型，实现了熔池碳含量的连续预报。预测值与实际值误差在±0.030%范围内的终点碳含量命中率为 83.7%，如图 10-28 所示。

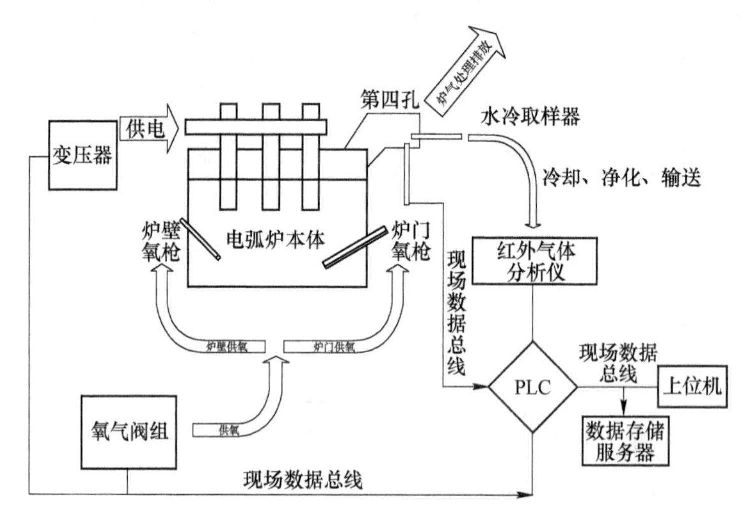

图 10-27 炉气成分分析系统图

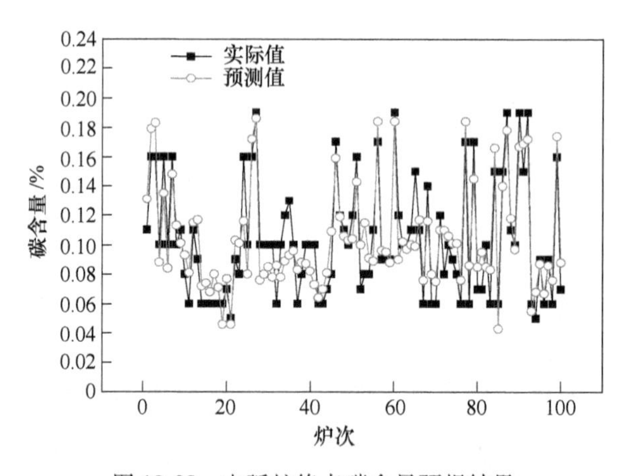

图 10-28 电弧炉终点碳含量预报结果

利用钢水碳含量预报结果和冶炼数据，以物料和能量平衡为基础，建立钢水终点温度智能神经网络预报模型，通过大量数据反馈和自学习，不断提高模型预报精度和泛化能力。钢水温度预报流程及结果如图 10-29 所示，预报值与实测值误差在±10℃范围内的命中率为 84.0%。

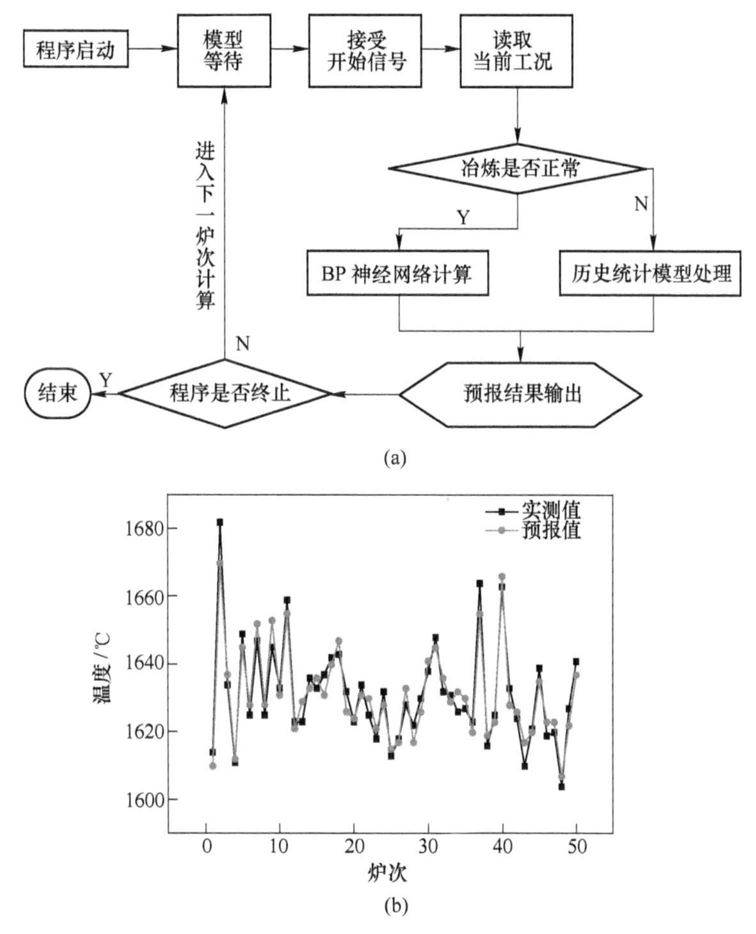

图 10-29 钢水温度预报流程及结果

（a）流程图；（b）预报结果

10.2.4.3 电弧炉炼钢复合吹炼的集成控制研究

在电弧炉炼钢复合吹炼集成理论研究的基础上，将操作单元和控制逻辑实体化，建立了电弧炉冶炼能量分段模块、动态物料衡算预测模块、动态能量衡算模块、能量输入控制模块、供电模块和化学能输入模块。使用 PLC 现场总线将供氧、供电、底吹、喷粉等单元设备进行协同控制。使用炉气温度、炉气流量测量仪和气体取样器，对冶炼过程的炉气进行在线检测，对钢水的成分和温度进行预报。

开发了电弧炉成本控制软件和电弧炉炼钢复合吹炼控制软件，基于配料结构的 K-medoids 聚类分析方法，以能耗、成本为指标对海量数据进行筛选、评价，得到冶炼指导范例群组，应用模糊相似理论归纳总结范例的操作特征，制定最优的供电、供氧、喷粉、底吹等工艺参数，实现电弧炉炼钢复合吹炼的集成控制，其逻辑控制过程如图 10-30 所示。本软件基于网络技术、SQL-Sever 数据库和 visual-studio 工具，已成功应用于电弧炉炼钢复合吹炼的实际操作，操作界面如图 10-31 所示。

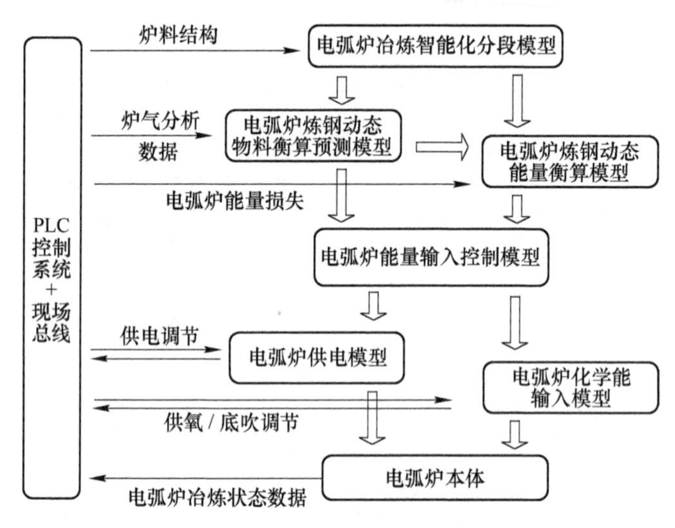

图 10-30　电弧炉分时段控制技术控制逻辑

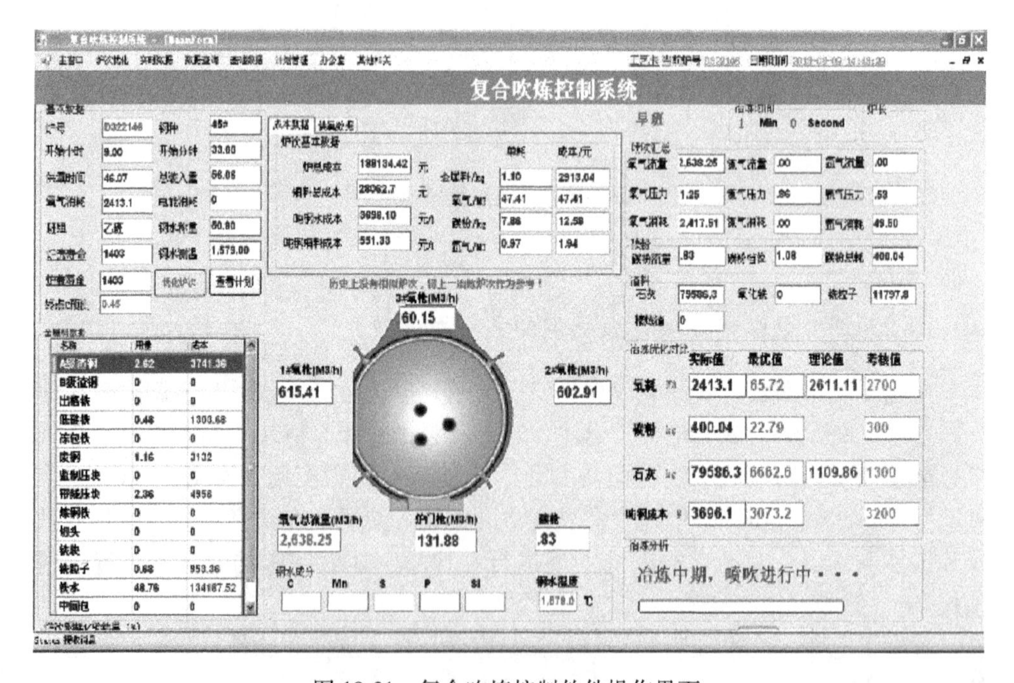

图 10-31　复合吹炼控制软件操作界面

10.2.4.4 复合吹炼工艺与烟气余热回收的匹配研究

炉料结构及能量来源的多样化使电弧炉炼钢余热的产生具有间歇性波动的特点。余热回收过程中常出现烟气温度过高或过低的状况，烟气温度过高时，传统工艺通过混入冷空气的方式降低烟气温度，虽然保证了设备安全生产，但是影响了富余热量的回收，降低了能量回收比例，是另外一种形式的能量浪费；烟气温度过低时，余热回收系统工作效率不高，系统回收能量不足。

发明了电弧炉炼钢复合吹炼条件下“一种电弧炉与余热回收装置协调生产的方法”，为提高余热回收效率提供了技术上的可能。以炉气分析检测数据为基础，建立了智能型“供电-供氧-脱碳-余热”能量平衡系统，稳定了余热回收系统的烟气温度，实现电弧炉复合吹炼单元操作和余热回收装置协调运行，如图 10-32 所示。该技术的使用减少了电弧炉烟气温度波动，如图 10-33 所示。

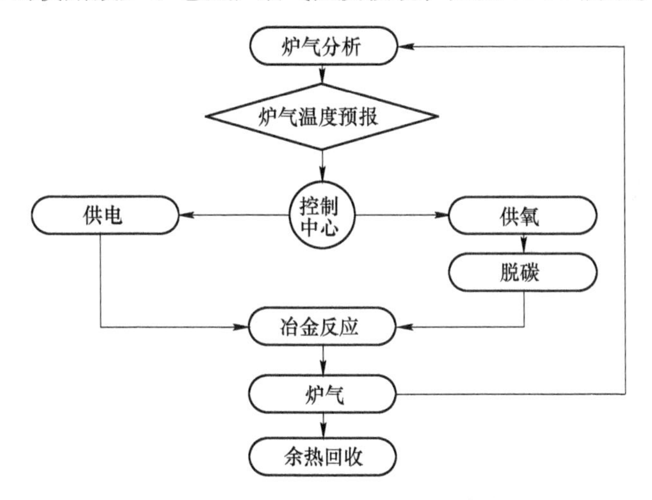

图 10-32 余热回收能量平衡系统框架图

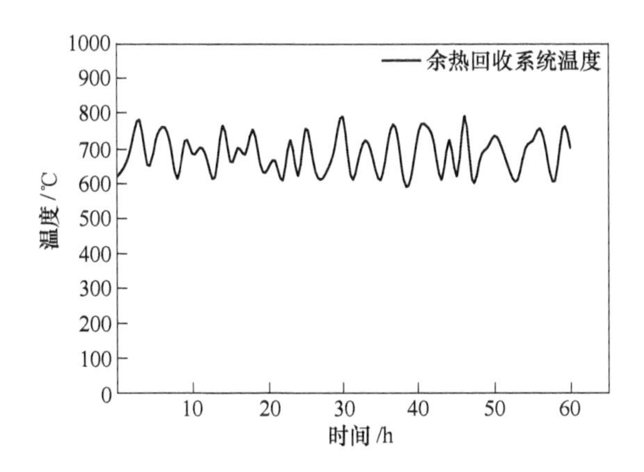

图 10-33 电弧炉炼钢烟气温度波动图

10.3　实施效果

2011 年至今，本项目成果在国内天津天管特殊钢有限公司等多家企业的 50~150t 电弧炉推广应用。其中，集束供氧、长寿底吹和成本控制等单元技术已出口至意大利、白俄罗斯、印度、印度尼西亚、越南、缅甸、伊朗、俄罗斯、韩国、马来西亚、中国台湾等国家和地区。

本技术在天津天管特殊钢有限公司、西宁特殊钢股份有限公司、新余钢铁集团有限公司、衡阳华菱钢管有限公司、唐山文丰山川轮毂有限公司 5 家企业的生产经济指标见表 10-7，冶金效果对比见表 10-8。

表 10-7　本技术在应用企业的生产经济指标对比

容量	炉型	冶炼模式	铁水比/%	冶炼时间/min	电耗/kW·h·t^{-1}	氧耗（标态）/$m^3 \cdot t^{-1}$	石灰消耗/kg·t^{-1}	氮气（标态）/$m^3 \cdot t^{-1}$	氩气（标态）/$m^3 \cdot t^{-1}$	钢铁料/kg·t^{-1}	回收余热/kg 标煤·t^{-1}	成本/元·t^{-1}
天管 100t	常规炉型	常规冶炼	36.6	54.2	236	49	56	—	—	1160	—	4135
		复合吹炼	41.8	53.2	224	47.5	48	—	6.1	1141	—	4065
新余 50t	常规炉型	常规冶炼	61.2	59	136	42.5	61.5	—	—	1116	5.3	2960
		复合吹炼	60.5	55	128	40.1	58.1	6	0.166	1099	12.23	2902
西宁 70t	康斯迪	常规冶炼	85.4	58	0	69	65	—	—	1155	8.5	3216
		复合吹炼	83.2	53	0	60	57	—	5.2	1144	10.4	3189
衡阳 90t	常规炉型	常规冶炼	55.4	61	156	49	53	—	—	1150	12.7	2987
		复合吹炼	54.5	58	147	45	49	—	5.6	1142	15.23	2944

续表 10-7

容量	炉型	冶炼模式	铁水比/%	冶炼时间/min	电耗/kW·h·t^{-1}	氧耗（标态）/m^3·t^{-1}	石灰消耗/kg·t^{-1}	氮气（标态）/m^3·t^{-1}	氩气（标态）/m^3·t^{-1}	钢铁料/kg·t^{-1}	回收余热/kg标煤·t^{-1}	成本/元·t^{-1}
文丰100t	常规炉型	常规冶炼	60	56	145	51	62	—	—	1179	—	3009
		复合吹炼	60	51	140	40	55	—	5.2	1153	—	2858
		常规冶炼	90	58	0	61	64	—	—	1189	—	3013
		复合吹炼	90	52	0	42	58	—	5.5	1134	—	2862

表 10-8 本项目应用前后冶金效果对比

参数		天管 100t	新余 50t	西宁 70t	衡阳 90t	文丰 100t
[%C] [%O]	应用前	0.00308	0.00331	0.00353	0.00336	0.00364
	应用后	0.00282	0.00295	0.00304	0.00303	0.00291
终渣（FeO）/%	应用前	23.45	24.23	23.39	25.13	26.55
	应用后	17.26	19.89	20.15	21.21	20.12